SEPU GUOCHENG LILUN JICHU

色谱过程理论基础

于世林　编著

化学工业出版社

·北京·

本书依据色谱方法发展的历史，对各个年代色谱工作者提出的概念、理论方法和实验结果做了系统介绍，主要内容包括：色谱保留值的热力学依据、评价固定相极性的方法演变、色谱过程中的分子间作用能及保留值的预测、色谱过程动力学、色谱分离选择性的优化方法、色谱柱设计方法。在各部分内容中，介绍了色谱工作者提出的多样思维方法，有助于启迪读者进一步开拓创新思路。

本书可供广大色谱分析工作者参考阅读，也可作为高等院校分析化学及相关专业的教学用书。

图书在版编目（CIP）数据

色谱过程理论基础 / 于世林编著. —北京：化学
工业出版社，2018.11（2023.1 重印）
ISBN 978-7-122-32975-2

Ⅰ.①色…　Ⅱ.①于…　Ⅲ.①色谱法　Ⅳ.①O657.7

中国版本图书馆 CIP 数据核字（2018）第 206190 号

责任编辑：傅聪智　　　　　　　　　　加工编辑：向　东
责任校对：王素芹　　　　　　　　　　装帧设计：王晓宇

出版发行：化学工业出版社（北京市东城区青年湖南街 13 号　邮政编码 100011）
印　　装：北京科印技术咨询服务有限公司数码印刷分部
710mm×1000mm　1/16　印张 16¾　字数 362 千字　2023 年 1 月北京第 1 版第 2 次印刷

购书咨询：010-64518888　　　　　　售后服务：010-64518899
网　　址：http://www.cip.com.cn
凡购买本书，如有缺损质量问题，本社销售中心负责调换。

定　　价：80.00 元　　　　　　　　　　　　版权所有　违者必究

　　"色谱过程理论基础"是笔者退休前在北京化工大学为硕士生开设的学位课程，本书是在原授课讲稿的基础上，经进一步整理、充实，并参阅近年发表的最新文献而撰写完成的。

　　在讲授"气相色谱法"和"液相色谱法"本科生基础课时，由于授课学时所限，总感到有些很重要的关键内容未能教授给学生。 在讲授"色谱过程理论基础"学位课时，才有机会把自己多年从事色谱教学中觉得重要的一些基础性关键内容整理出来。

　　本书依据色谱方法发展的历史，对各个年代色谱工作者提出的概念、理论方法和实验结果做了简明的介绍，从中读者可了解色谱工作者提出的多种多样的思维方法，可在前人创建的通途上不断吸收有益的观念，进而开拓自己的创新思维，为色谱理论、方法和技术的发展做出新的贡献。

　　本书分为六章。

　　第一章色谱保留值的热力学依据。 阐述了气相色谱和液相色谱中各种保留值和平衡常数的热力学依据，强调调整保留时间（t'_R）、容量因子（k）、比保留体积（V_g），科瓦茨保留指数（I）和保留参数（A）是最重要的保留参数，还强调了死时间测定的重要性、死时间探针选择及准确计算死时间的各种方法。

　　第二章评价固定相极性的方法演变。 对气液色谱固定液极性评价，介绍了罗胥那德常数、麦克雷诺兹常数、热力学参数［$\Delta G^E_{(CH_2)}$、ΔH^s_e、ΔG^m_s、$\Delta G(I)$］等评价方法。 对高效液相色谱固定相，介绍了评价反相固定相的 Tanaka 雷达图法，评价亲水作用色谱固定相的 Irgum 的主成分分析分类法、Tanaka 主成分分析分类法和雷达图法。

　　第三章色谱过程中的分子间作用能及保留值的预测。 首先介绍计算分子间作用能 ΔG 的方法，及保留指数和分子结构的关联，阐述了预测保留值的连通性指数法、灰色理论模型法、定量结构-保留关系等方法。

　　第四章色谱过程动力学。 由吸附和分配等温线导出四种色谱理论的分类。 在气相色谱过程动力学中，介绍了塔板理论、速率理论（紊流模型和质量平衡模型）和非平衡理论。 在高效液相色谱过程动力学中，介绍了全多孔球形粒子填充柱、整体柱和表面多孔粒子填充柱的动力学方程式。 最后阐述了柱外效应的来源和影响柱外效应的因素。

　　第五章色谱分离选择性的优化方法。 首先介绍分离选择性优化指标的选择，再介绍分离选择性的优化方法（因子设计、响应面设计、单纯形法、窗图法、混合液设计实验法、重叠分离度图法）和计算机辅助优化方法及专家系统。

第六章色谱柱设计方法。由色谱柱设计方案的制订，分别介绍气相色谱柱和液相色谱柱的设计方法，并介绍了色谱柱设计的应用实例（指数程序涂渍柱、快速和超快速气相色谱柱、超高效亚-2μm全多孔和表面多孔填充柱、整体柱）。

通过以上六章的学习，读者将对色谱过程基础理论、方法和技术的发展有一个比较全面的理解。

在本书编写中，许多学生提供了对原始文献的译文，经核校后提供了有益的资料支持。

鉴于笔者水平，对本书不妥之处，欢迎读者指正。

于世林

2019 年 5 月

于北京化工大学

目 录
CONTENTS

符 号 表

A	色谱峰的峰面积；保留参数；单位吸附剂表面积；涡流扩散项系数	f_i	溶质和固定相的相互作用因子
		GM	灰色（理论）模型
A_s	色谱峰的不对称因子；溶质分子的表面积	H	理论塔板高度
		H_{eff}	有效理论塔板高度
A_{was}	分子可接受水的表面积	H_{real}	真实塔板高度
B	分子扩散项系数	H_E	涡流扩散对理论塔板高度的贡献
C	传质阻力项系数	H_L	分子扩散对理论塔板高度的贡献
c	溶质在气相的浓度	H_s	固定相传质阻力对理论塔板高度的贡献
c_{max}	溶质在气相浓度的极大值		
$c_{g(m)}$	溶质在气相（流动相）的摩尔浓度	H_{MM}	移动流动相传质阻力对理论塔板高度的贡献
$c_{s(L)}$	溶质在固定相（液体固定相）的摩尔浓度		
		H_{SM}	滞留流动相传质阻力对理论塔板高度的贡献
c_B	流动相中强洗脱溶剂的浓度		
c_m	流动相中改性剂的浓度	H_{min}	最低理论塔板高度
$D_{m(g)}$	溶质在流动相（气相）的扩散系数	h	色谱峰峰高；折合理论塔板高度
$D_{L(s)}$	溶质在固定液相（固定相）的扩散系数	h_f	涡流扩散对折合理论塔板高度的贡献
D	Damköhler 数	h_d	分子扩散对折合理论塔板高度的贡献
d	因子设计中的因子数目		
d_c	色谱柱内径	h_m	传质阻力对折合理论塔板高度的贡献
d_f	固定液液膜（或薄壳）的厚度		
d_p	固定相（或载体）的粒径	I	科瓦茨保留指数
E	分离阻抗	ΔI	科瓦茨保留指数增量
E_m	流动相的标度扩散系数	I_M	分子保留指数
E_s	固定相粒子间的标度扩散系数	I_a	分子中的原子指数
F	流动相的体积流速（mL/min）保留分数	I_b	分子中原子间的化学键指数
		I_k	I 和 J 的关联值
F_0	流动相在柱出口温度、大气压下的流速	J	线性保留指数；柱入口和出口压力的比值
F_a	流动相经水蒸气校正后的实际体积流速	ΔJ	线性保留指数增量
		K_A	吸附系数
F_c	流动相经水蒸气和温度校正后的校正体积流速	K_a	弱酸的电离常数
		K_c	科瓦茨系数
F	流动相经水蒸气、温度和压力校正后的平均体积流速	K_F	柱渗透率
		K_H	亨利系数

K_P	分配系数	R_{id}	第 i 对峰希望达到的分离度
k	容量因子	R_z	过剩分子折射率
k_A	溶质在液-固两相的热力学平衡常数	RP	保留极性
k_D	溶质在液-液两相的热力学平衡常数	r	填充柱内半径
k_o	填充柱的比渗透系数	r_o	毛细管柱半径
k_o'	毛细管柱的比渗透系数	r_i	活度系数；连接管内径
k_T	溶质在气-液两相的热力学平衡常数	$r_{i/s}$	相对保留值
k_{ref}	非极性参考物质的容量因子	$r_{2/1}$	选择性系数
L	色谱柱柱长；因子分析中的水平数目	r_e	连接管外径
		r_m	连接管平均半径
M	分子量	S	分离因数；线性方程式的斜率
m	固定液质量	S_c	分子结构系数
N	载气的板体积数；因子分析格栅图中的格子节点数目	S_p	固定相特性
		S^{RX}	溶质 RX 的特性
n	理论塔板数；碳原子数	T	温度
n_a	分离因子的数目	T_0	室温；第一个色谱峰的最小允许保留时间
n_{eff}	有效理论塔板数		
n_g	溶质在气相的物质的量	T_c	柱温
Δ_{n_i}	正构烷烃保留值的差值	T_f	温度校正因子
n_s	吸附剂表面吸附的溶质物质的量	T_1	第一个色谱峰的实际保留时间
n_{real}	真实的理论塔板数	TZ	真实分离能力数
p	压力	TZ_{real}	真实分离数
P	峰分离函数（峰谷比）	t	分析时间
p_0	柱出口室温的大气压力	t_M	死时间
p_i	柱入口柱温下的压力；溶质在气相的蒸气压	t_m	最大允许分析时间
		t_n	最后一个峰的保留时间
p_i^o	纯态溶质的饱和蒸气压	t_{net}	净保留时间
P'	溶剂（或混合溶剂）的极性参数	t_R	保留时间
Δp	色谱柱的压力降	t_R'	调整保留时间
p_s	色谱柱的平均压力	u	流动相在柱出口的线速度
P_v	峰分离函数（峰谷对峰高比值）	u_{opt}	流动相的最佳线速度
p_w	室温下的饱和水蒸气压	V	体积；溶剂消耗量
$P_x(P_r)$	固定液的相对极性	V_D	检测池体积
		V_g	比保留体积
R	分离度	V_I	塞状进样体积
R_i	第 i 对峰的分离度	$V_{G(m)}$	柱中气体（流动相）的体积
		V_L	柱中固定液（相）的体积

符号	说明
V_M	柱死体积
V_R	保留体积
V_R'	调整保留体积
V_{max}	最大进样体积
V_x	摩尔体积；特征的 McGowan 体积
V_P^{RX}	溶质 RX 在固定液 P 的保留体积
W	管壁宽度
$W_{h/2}$	色谱峰半峰宽度
W_b	色谱峰基线宽度
w_f	水蒸气校正因子
W_i	色谱峰拐点宽度
^NW_r	泊松分布曲线函数
x	溶质分子摩尔分数；因子数目
^ix	分子连通性指数
x_d	质子给予体作用力
x_e	质子接受体作用力
x_n	强偶极作用力
x_m	在流动相中的溶质分子
x_s	在吸附剂表面上的溶质分子
y	色谱响应面函数
y_i	固定液溶解 1 mol（CH$_2$）产生的阻抗
Z	溶质沿柱长方向运动的距离
α	氢键酸度；载体表面键合官能团的浓度；标度吸附分配系数
$\alpha_{1/2}$	分离因子
$\alpha_{(CH_2)}$	疏水选择性
$\alpha_{B/P}$	离子交换容量
$\alpha_{C/P}$	氢键容量
$\alpha_{T/O}$	立体选择性
α_2^H	总有效氢键酸度
β	氢键碱度；相比
β_2^H	总有效氢键碱度
γ	表面张力；色谱柱内填料间的弯曲因子；活度系数
γ_O	填料颗粒内部孔洞的弯曲因子
δ	溶解度参数；分子体积
δ_{min}	负电性原子的电子过剩电荷
ε	柱内颗粒间孔率（外部孔度）
ε^O	溶剂强度参数
ε_P	固定相骨架内部孔度
ε_T	柱总孔率
ζ	折合柱径
η	流动相黏度；溶质的疏水性
κ	分子近似电荷
λ	波长；不均匀因子；折合柱长
μ	电偶极矩
ν	折合线速
Π	吸附剂表面压力
Π_2^H	磁极性/可极化性
ρ	密度
ρ_L	固定液密度
σ	溶质在吸附剂表面浓度
σ^2	方差（变度）
σ_E^2	涡流扩散对方差的贡献
σ_M^2	分子扩散对方差的贡献
σ_R^2	传质阻力对方差的贡献
$\sigma_{(D)}^2$	进样器死体积引起峰形扩张的方差
$\sigma_{(T)}^2$	毛细连接管引起峰形扩张的方差
$\sigma_{(D)}^2$	检测器死体积引起峰形扩张的方差
$\sigma_{(EC)}^2$	柱外效应引起峰形扩张的方差
φ	体积分数；阻抗因子；峰容量
Φ	填料颗粒孔洞中滞留流动相在总流动相中所占百分数
φ_B	流动相中强极性组分 B 的体积分数
Ω	柱填充因子

第一章 色谱保留值的热力学依据

第一节 气相色谱保留值

一、气相色谱流出曲线的特征

被分析的样品经气相色谱分离、鉴定后,由记录仪绘出样品中各个组分的流出曲线,即色谱图。色谱图以组分的流出时间(t)为横坐标,以检测器对各组分的电信号响应值(mV)为纵坐标。色谱图上可得到一组色谱峰,每个峰代表样品中的一个组分。由每个色谱峰的峰位、峰高和峰面积、峰的宽窄及相邻峰间的距离都可获得色谱分析的重要信息。

1. 色谱峰的位置

从进样开始至每个组分流出曲线达极大值(即$\frac{1}{2}$样品从色谱柱逸出时,达峰顶)所需的时间,可作为色谱峰位置的标志,此时间称为保留时间,用t_R表示。

图 1-1 为气相色谱流出曲线图,图中与横坐标保持平行的直线,叫作基线,它表示在实验条件下,纯载气流经检测器时(无组分流出时)的流出曲线。基线反映了检测器的电噪声随时间的变化。

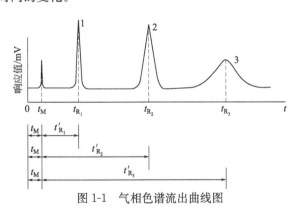

图 1-1　气相色谱流出曲线图

从进样开始到惰性组分(指不被固定相吸附或溶解的空气或甲烷)从柱中流出呈现浓度极大值的时间,称为死时间,用t_M表示。它反映了色谱柱中未被固定相填充的柱内死体积和进样器与检测器死体积的大小,与被测组分的性质无关。

　　从气相色谱流出曲线中可以看到，最初流出的色谱峰峰形狭窄且峰高较高，而随后流出的色谱峰，峰形逐渐加宽且峰高逐渐降低。

2. 色谱峰的峰高或峰面积

　　色谱峰的峰高是指由基线至峰顶间的距离，用 h 表示，如图 1-2 所示。色谱峰的峰面积 A，是指每个组分的流出曲线和基线间所包含的面积，对于峰形对称的色谱峰，可看成是一个近似等腰三角形的面积，可由峰高 h 乘以半峰宽 $W_{h/2}$（即峰高一半处的峰宽）来计算：

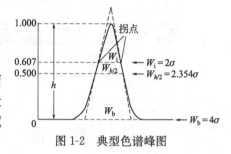

图 1-2　典型色谱峰图

$$A = hW_{h/2}$$

峰高或峰面积的大小和每个组分在样品中的含量相关，因此色谱峰的峰高或峰面积是气相色谱进行定量分析的重要依据。

3. 色谱峰的宽窄

　　在气相色谱分析中，通常进样量很小，可以获得对称的色谱峰形，可用正态分布函数表示。正态分布函数通常用来描述偶然误差的分布规律，正态分布曲线的宽窄表明了多次测量的精密度，它可用标准偏差 σ 的大小来表示，σ 值愈大，曲线愈宽，测量值分散，则测量精密度低；反之，若 σ 值愈小，曲线愈窄，测量值集中，则测量精密度高。

　　对称的色谱峰形和正态分布曲线相似，同样色谱峰的宽窄也可用标准偏差 σ 的大小来衡量，σ 大则峰形宽，σ 小则峰形窄。在正态分布曲线上标准偏差 σ 为曲线两拐点间距离的一半，曲线拐点高度相当于峰高 h 的 0.607 倍，即 $0.607h$。

　　在色谱图中色谱峰形的宽窄常用区域宽度表示，区域宽度是指色谱峰 3 个特征高度的峰宽：

　　① 拐点宽度　即位于 $0.607h$ 处的峰宽，为图 1-2 中的 W_i，$W_i = 2\sigma$。

　　② 半峰宽度　即峰高一半处，$0.5h$ 处的峰宽，为图 1-2 中的 $W_{h/2}$，$W_{h/2} = 2.354\sigma$。

　　③ 基线宽度　从色谱峰曲线的左、右两拐点作切线，其在基线上的截距为基线宽度（此处峰高为零），为图 1-2 中 W_b，$W_b = 4\sigma$。

　　上述 W_i、$W_{h/2}$ 和 W_b 都表示了色谱峰的宽窄，最常用的是易于测量的 $W_{h/2}$ 或 W_b。

　　色谱峰的宽窄不仅可用区域宽度表示，它还可用来说明色谱分离过程的动力学性质——色谱柱柱效率的高低，色谱峰形愈窄说明柱效愈高，峰形愈宽表明柱效愈低。用区域宽度的大小只能定性地表达柱效，其定量表达常用理论塔板数 n 或理论塔板高度 H 表示：

$$n = 16\left(\frac{t_R}{W_b}\right)^2 = 5.54\left(\frac{t_R}{W_{h/2}}\right)^2 = \left(\frac{t_R}{\sigma}\right)^2$$

$$H = \frac{L}{n}$$

式中，L 为柱长。

4. 色谱峰间的距离

在色谱图上，两个色谱峰之间的距离大，表明色谱柱对各组分的选择性好；两个色谱峰之间的距离小，表明色谱柱对各组分的选择性差。在色谱分析中，色谱柱的选择性表明它对不同组分的分离能力，可定量地用分离度(分辨率)R 来表示，见图 1-3。

$$R = \frac{2(t_{R_2} - t_{R_1})}{W_{b_1} + W_{b_2}}$$

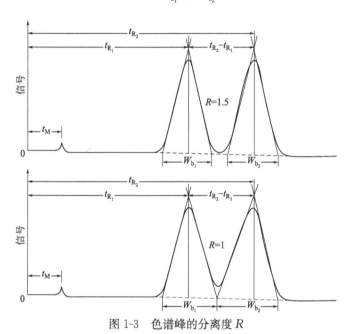

图 1-3 色谱峰的分离度 R

分离度综合考虑了保留时间和基线宽度两方面的因素。通常 $R = 1.5$，才认为两个相邻峰完全分离；$R = 1.0$，两个相邻峰恰好分离；$R < 1.0$，表明两个相邻峰不能分离开。

上述气相色谱流出曲线的几个特征，具有通用性，适用于各种色谱分离方法（如高效液相色谱法、超临界流体色谱法等）。

二、气相色谱保留值简介[1~6]

1. 保留时间和调整保留时间

保留时间表示样品组分从进样开始至每个组分的流出曲线达极大值（峰顶）所需的时间，用 t_R 表示。保留时间也可理解为 $\frac{1}{2}$ 样品组分通过色谱柱所需的时间，可以按照下式计算：

$$t_R = \frac{(1+k)L}{u}$$

式中，k 为组分的容量因子；L 为色谱柱柱长，cm；u 为载气在色谱柱中的线速度，cm/s。

调整保留时间表示从保留时间 t_R 中扣除死时间 t_M 后的剩余时间，用 t'_R 表示。

保留时间 t_R 和调整保留时间 t'_R 的关系如下：

$$t'_R = t_R - t_M$$

式中，t_M 为死时间，它与被测组分的性质无关。因此以保留时间与死时间的差值，即调整保留时间 t'_R，作为被测组分的定性指标，具有更本质的含义。t'_R 反映了被分析的组分因与色谱柱中固定相发生相互作用，而在色谱柱中滞留的时间，其由被测组分和固定相的热力学性质所决定，因此调整保留时间从本质上更准确地表达了被分析组分的保留特性，它已成为气相色谱定性分析的基本参数，比保留时间更为重要。

保留时间 t_R、死时间 t_M 和调整保留时间 t'_R 的关系见图 1-4。

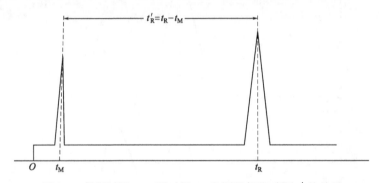

图 1-4　保留时间 t_R、死时间 t_M 和调整保留时间 t'_R 的关系

由调整保留时间 t'_R 和死时间 t_M 可以计算出气相色谱分析中的重要分配平衡常数——分配比（容量因子）k：

$$k = \frac{t'_R}{t_M}$$

由上述可知，色谱峰的峰位与气相色谱分离过程的热力学性质密切相关，是进行气相色谱定性分析的主要依据。

2. 保留体积和调整保留体积[7]

保留体积 V_R 表示 $\frac{1}{2}$ 样品组分通过色谱柱所消耗的载气体积。

$$V_R = t_R F_c$$

式中，F_c 为校正体积流速。

调整保留体积 V'_R 表示保留体积减去死体积，即 $\frac{1}{2}$ 样品通过色谱时，克服固定相滞留作用所消耗的载气体积。

$$V'_R = (t_R - t_M)F_c = t'_R F_c = V_R - V_M$$

式中，V_M 为死体积，$V_M = t_M F_c$。

3. 相对保留值

相对保留值 $r_{i/s}$：为了抵消色谱操作条件的变化对保留值的影响，可将某一物质的调整保留时间 $t'_{R(i)}$ [或调整保留体积 $V'_{R(i)}$] 与一标准物（如正壬烷）的调整保留时间 $t'_{R(s)}$ [或调整保留体积 $V'_{R(s)}$] 相除，即为相对保留值（如相对壬烷值）。

$$r_{i/s} = \frac{t'_{R(i)}}{t'_{R(s)}} = \frac{V'_{R(i)}}{V'_{R(s)}}$$

标准物可以选用沸点适中的有机物，如正壬烷、苯、乙酸乙酯、2-戊酮等，相对保留值 $r_{i/s}$ 仅与固定相的性质和柱温相关，与色谱分析的其他操作因素无关，因此具有通用性。

4. 比保留体积

比保留体积 V_g 是气相色谱分析中的另一个重要保留值，其定义为：

$$V_g = \frac{每克固定液中所溶解组分的质量}{0℃、柱平均压力下，每毫升载气中组分的质量}$$

其可按下式计算：

$$V_g = \frac{t'_{R(i)}}{m} \times \frac{273}{T_c} \times \overline{F}$$

式中，$t'_{R(i)}$ 为 i 组分的调整保留时间，min；$\overline{F}$ 为平均体积流速，它可由皂膜流量计测得的载气的**视体积流速** F_0 进行计算；F_0 为在色谱柱出口温度、压力（室温、大气压力）下，测得的载气流速；m 为固定液质量；T_c 为柱温。

由于测量载气流速时，使用皂膜流量计，引入了水蒸气，因此应对测得的载气流速进行水蒸气校正，可用水蒸气校正因子 w_f 进行校正，校正后得到**实际体积流速** F_a：

$$F_a = F_0 w_f = F_0 \frac{p_0 - p_w}{p_0}$$

$$w_f = \frac{p_0 - p_w}{p_0}$$

式中，p_0 为室温下的大气压力；p_w 为室温下的饱和水蒸气压力。

考虑到气相色谱分析是在柱温下进行的，而用皂膜流量计测量的视体积流速 F_0 是在室温下进行的，因此还应对载气流速进行温度校正，可使用温度校正因子 T_f 进行校正，校正后获得**校正体积流速** F_c：

$$F_c = F_0 w_f T_f = F_a T_f$$

$$T_f = \frac{T_c}{T_0}$$

式中，T_c 为柱温；T_0 为室温。

如果进而考虑气相色谱分析是在柱压下，而不是常压下进行的，因此还应考虑对载气流速进行压力校正，可使用压力校正因子 j 进行校正，最后获得经过水蒸气校正（w_f）、温度校正（T_f）和压力校正（j）的，真正用于柱温、柱平均压力下进行气相色谱分析的**平均体积流速**$\overline{F}$：

$$\overline{F} = F_0 w_{\mathrm{f}} T_{\mathrm{f}} j = F_{\mathrm{a}} T_{\mathrm{f}} j = F_{\mathrm{c}} j$$

$$\overline{F} = F_0 \times \frac{p_0 - p_{\mathrm{w}}}{p_0} \times \frac{T_{\mathrm{c}}}{T_0} j$$

$$V_{\mathrm{g}} = \frac{t'_{\mathrm{R}}}{m} \times \frac{273}{T_0} F_0 \frac{p_0 - p_{\mathrm{w}}}{p_0} j$$

式中，m 为固定液的质量，g；$\overline{F}$ 为在柱温、柱压下，柱内载气的平均体积流速；F_0 为室温下由皂膜流量计测得的视体积流速，mL/min；T_{c} 为柱温，K；T_0 为室温，K；p_0 为室温下的大气压力，Pa；p_{w} 为室温下的饱和水蒸气压，Pa；j 为压力校正因子。

j 可按下式计算：

$$j = \frac{3}{2} \times \frac{(p_{\mathrm{i}}/p_0)^2 - 1}{(p_{\mathrm{i}}/p_0)^3 - 1}$$

式中，p_{i} 为色谱柱入口压力，即柱前压，计算 j 时 p_{i} 和 p_0 应换算成相同的压力单位。

比保留体积由于考虑了对色谱操作条件的一系列校正，其数值仅与固定相的性质和柱温有关，具有通用性。

5. 科瓦茨保留指数[7,8]

1958 年科瓦茨(E. Kováts)提出科瓦茨保留指数(I)作为气相色谱分析的定性指标。

科瓦茨保留指数 I 是气相色谱领域现已被广泛采用的定性指标，其规定为：在任一色谱分析操作条件下，对碳数为 n 的任何正构烷烃，其保留指数为 $100n$。如对正丁烷、正己烷、正庚烷，其保留指数分别为 400、600、700。在同样色谱分析条件下，任一被测组分的保留指数 I_{x}，可按下式计算：

$$I_{\mathrm{x}} = 100 \left[n + z \frac{\lg t'_{\mathrm{R}(x)} - \lg t'_{\mathrm{R}(n)}}{\lg t'_{\mathrm{R}(n+z)} - \lg t'_{\mathrm{R}(n)}} \right]$$

式中，$t'_{\mathrm{R}(x)}$、$t'_{\mathrm{R}(n)}$、$t'_{\mathrm{R}(n+z)}$ 代表待测物质 x 和具有 n 及 $n+z$ 个碳原子数的正构烷烃的调整保留时间（也可以用调整保留体积、比保留体积或距离）。z 可以为 1，2，3，…，但数值不宜过大。

由上式可以看出，要测定被测组分的保留指数，必须同时选择两个相邻的正构烷烃，使这两个正构烷烃的调整保留时间，一个在被测组分的调整保留时间之前，另一个在其后。这样用两个相邻的正构烷烃作基准，就可求出被测组分的保留指数。保留指数用 I 表示，其右上角符号表示固定液的类型，右下角用数字表示柱温，如 I_{120}^{sq}，就表示某物质在角鲨烷柱上 120℃柱温的保留指数。因正构烷烃标记的保留指数与固定液和柱温无关，而对其他物质，保留指数就与固定液和柱温有关，所以用上述方法表示。

在计算科瓦茨保留指数时，也可选用具有不同碳数的正构 2-烷基酮或脂肪酸甲酯作为计算的标度。

图 1-5 为科瓦茨保留指数测定方法的图示。

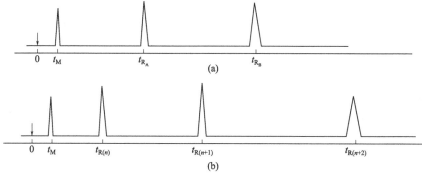

图 1-5　科瓦茨保留指数测定方法图示

（a）含 A、B 双组分样品的色谱图；

（b）在同一色谱柱，注入碳数为 n、$n+1$、$n+2$ 正构烷烃（如 C_5^0、C_6^0、C_7^0）的色谱图

　　如要测某一物质的保留指数，只要与相邻两正构烷烃混合在一起（或分别进行），在相同色谱条件下进行分析，测出保留值，进行保留指数 I 的计算，将 I 与文献值对照定性。例如，在 60℃角鲨烷柱上苯保留指数的计算，如图 1-6 所示。

　　正己烷、苯、正庚烷的调整保留时间的对数值如下：

$\lg t_R'(C_6^0) = 2.4185$；$\lg t_R'(苯) = 2.5969$；$\lg t_R'(C_7^0) = 2.8204$

　　苯在正己烷和正庚烷之间流出，$n=6$，$z=1$。所以：

$$I_{苯} = 100 \times \left(6 + 1 \times \frac{\lg 395.3 - \lg 262.1}{\lg 661.3 - \lg 262.1}\right)$$

$$= 600 + 100 \times \frac{2.5969 - 2.4185}{2.8204 - 2.4185}$$

$$= 644.4$$

　　从文献中查得 60℃角鲨烷柱上 I 值 644.0 时为苯，再用纯苯对照实验确证是苯。

　　此外也可使用作图法，以调整保留时间的对数作纵坐标，以保留指数 I 作横坐标，通过绘制 $\lg t_R'$-I 图（见图 1-7）就可求出苯的保留指数。

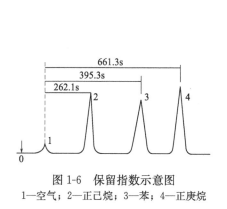

图 1-6　保留指数示意图

1—空气；2—正己烷；3—苯；4—正庚烷

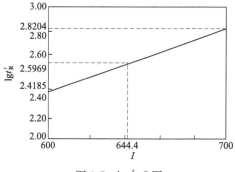

图 1-7　$\lg t_R'$-I 图

6. 线性保留指数[9~11]

线性保留指数（J）是 1968 年由 M. S. Vigdergauz 提出的，可按下式计算：

$$J = n + \frac{t_{R(x)} - t_{R(n)}}{t_{R(n+1)} - t_{R(n)}} = n + \frac{t'_{R(x)} - t'_{R(n)}}{t'_{R(n+1)} - t'_{R(n)}}$$

式中，$t_{R(x)}$、$t_{R(n)}$、$t_{R(n+1)}$ 和 $t'_{R(x)}$、$t'_{R(n)}$、$t'_{R(n+1)}$ 分别代表待测物质 x 和具有 n 和 $n+1$ 个碳原子的正构烷烃的保留时间和调整保留时间（n 和 $n+1$，也可用 z 和 $z+1$ 表示，即 $n = z$）。

(1) 线性保留指数增量 ΔJ

$$\Delta J = J - n = \frac{t_{R(x)} - t_{R(n)}}{t_{R(n+1)} - t_{R(n)}} = \frac{t'_{R(x)} - t'_{R(n)}}{t'_{R(n+1)} - t'_{R(n)}}$$

由 ΔJ 可导出线性保留指数 J 与科瓦茨保留指数 I 的关联：

设 $\sigma = \dfrac{t'_{R(n+1)}}{t'_{R(n)}} = \dfrac{t_{R(n+1)} - t_{R(n)}}{t_{R(n)} - t_{R(n-1)}}$，上式中分子、分母各项皆被 $t'_{R(n)}$ 除，则

$$\Delta J = \frac{\dfrac{t'_{R(x)}}{t'_{R(n)}} - 1}{\sigma - 1}$$

$$\frac{t'_{R(x)}}{t'_{R(n)}} = \Delta J(\sigma - 1) + 1$$

另由科瓦茨保留指数定义式可知，科瓦茨保留指数的差值 δI 为：

$$\delta I = I - 100n = 100 \frac{\lg[t'_{R(x)} / t'_{R(n)}]}{\lg[t'_{R(n+1)} / t'_{R(n)}]} = 100 \frac{\lg[\Delta J(\sigma - 1) + 1]}{\lg\sigma}$$

$$\frac{\delta I}{100} \lg\sigma = \lg[\Delta J(\sigma - 1) + 1]$$

$$\sigma^{\frac{\delta I}{100}} = \Delta J(\sigma - 1) + 1$$

$$\Delta J = \frac{\sigma^{\frac{\delta I}{100}} - 1}{\sigma - 1}$$

线性保留指数 J 的提出具有以下特点，J 值可由保留时间直接求出，无须测定死时间及进行对数运算，在理想情况下，J 值可被精确测定，其测量的标准偏差明显小于用科瓦茨保留指数测定的数值。

线性保留指数 J 的不足之处是，它不像科瓦茨保留指数，它不能反映在 GC 分析中，被测定物质在柱中洗脱过程的热力学，但此不足之处可以克服，即利用 ΔJ 和 σ 数值，代入科瓦茨定义式中，即可求出 I 值：

$$I = 100n + 100 \frac{\lg[\Delta J(\sigma - 1) + 1]}{\lg\sigma}$$

如在用角鲨烷涂渍的不锈钢色谱柱（100m×0.25mm），涂渍量 10%，柱温 50℃，以 N_2 作载气（2.5atm，1atm=101325Pa），由 FID 测得甲烷、正己烷、环己烷、正庚

烷的保留时间，分别用科瓦茨定义式和由 ΔJ、σ 计算环己烷的 I 值，所获结果见表 1-1。

表 1-1 两种方法计算环己烷的 I 值

组分	保留时间 t_R/s	调整保留时间 t_R'/s	由科瓦茨公式计算 I 值	由 J、ΔJ、σ 计算 I 值
甲烷	490.5			
正戊烷	645.5	155.0		
正己烷	915.0	424.5		
环己烷	1279.0	788.5	663.28	662.42
正庚烷	1631.6	1141.1		

由表 1-1 计算结果可知，I 值十分接近，后一方法计算中应用的 $J=6.51$（由保留时间 t_R 计算），$\Delta J=0.51$，$\sigma=2.66$ [由三个连续正构烷烃（C_5、C_6、C_7）的保留时间 t_R 计算]。

（2）表达 I 和 J 关系的参数：I_k' 值[12,13]

1982 年，A. S. Said 提出 I_k' 值。

对科瓦茨保留指数：$I=100n+100\dfrac{\ln t_x/t_n}{\ln t_{n+1}/t_n}$

设 $I_k=\dfrac{I}{100}=n+\dfrac{\ln t_x/t_n}{\ln t_{n+1}/t_n}=n+I_k'$，则有

$$I_k'=\frac{\ln t_x/t_n}{\ln\alpha}, \quad \alpha=\frac{t_{n+1}}{t_n}$$

式中，t_x、t_n 和 t_{n+1} 为待测物 x 和两个连续正构烷烃的净保留时间（net retention time，$t_{(net)}=t_R j$，j 为压力校正因子）。

对线性保留指数：$J=n+\dfrac{t_{R(x)}-t_{R(n)}}{t_{R(n+1)}-t_{R(n)}}=n+\Delta J$

已知 $\dfrac{t_{R(x)}}{t_{R(n)}}=\Delta J(\alpha-1)+1$

I_k' 和 ΔJ 之间的关联如下：

$$I_k'=\frac{\ln t_x/t_n}{\ln\alpha}=\frac{\ln[\Delta J(\alpha-1)+1]}{\ln\alpha}$$

已知 $\alpha=\dfrac{t_{n+1}}{t_n}$，其为两个相邻正构烷烃的净保留时间的比值，可称为相对挥发度（与前述 σ 含义相近）。

以 I_k' 为纵坐标，以 ΔJ 作横坐标，可绘制 I_k'-ΔJ 图（图 1-8），当 $\alpha=1$ 及 $I_k'=\Delta J$ 时，可获成 45°角的一条直线。当 α 为大于 1 的不定数值时，就获得凸形曲线，其应用罗必达（L'Hospital s）规则，数学表达式为[14]：

$$I_k'=\lim_{\alpha\to1}\frac{\alpha\Delta J}{\Delta J(\alpha-1)+1}=\Delta J$$

利用图 1-8 绘制（$I_k'-\Delta J$）-ΔJ 图（见图 1-9）。在此图中可以借助内插法，用三种十进位方法与图 1-8 中的两种十进位图进行比较，可作为评价 I_k' 值准确度的依据。

例如：当 $\Delta J=0.76$，$\alpha=1.88$ 时，可用三种方法计算 I_k' 的值：

① 用 $I_k'=\dfrac{\ln[\Delta J(\alpha-1)+1]}{\ln\alpha}$ 式计算：

$$I_k'=\frac{\ln[0.76\times(1.88-1)+1]}{\ln1.88}=0.8112$$

② 利用图 1-8，从 $\Delta J=0.76$，由纵坐标找到 $I_k'=0.81$。

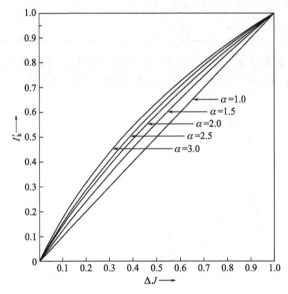

图 1-8　与 α 参数相关的 I_k'-ΔJ 图示

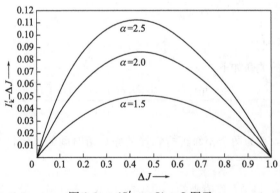

图 1-9　（$I_k'-\Delta J$）-ΔJ 图示

③ 利用图 1-9，用 $I_k'=\Delta J+(I_k'-\Delta J)$ 公式，由横坐标 $\Delta J=0.76$ 可对应从纵坐标找到 $I_k'-\Delta J=0.0513$，$I_k'=0.76+0.0513=0.8113$。

7. 保留参数 A[15~17]

保留参数 A 是 1977 年由 J. Ševčik 提出的，他在研究正构烷烃同系列保留值的过程中，找到它们的保留值，及两个相邻正构烷烃保留值的差值存在相关性，并由连续两组保留值差值的比值，提出了保留参数 A 的概念。

图 1-10 为一个正构烷烃系列的气相色谱分离后的谱图。

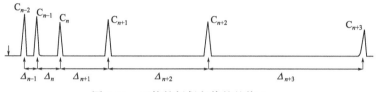

图 1-10　正构烷烃保留值的差值 Δ_{n+i}

由图中可求出任何两个相邻正构烷烃保留时间（t_R）的差值，用 Δ 表示：

$$\Delta_{n-1} = t_{R(n-1)} - t_{R(n-2)}$$

$$\Delta_n = t_{R(n)} - t_{R(n-1)}$$

$$\Delta_{n+1} = t_{R(n+1)} - t_{R(n)}$$

$$\Delta_{n+2} = t_{R(n+2)} - t_{R(n+1)}$$

$$\Delta_{n+3} = t_{R(n+3)} - t_{R(n+2)}$$

$$\cdots\cdots$$

显然 Δ 值可由调整保留时间 t_R' 的差值进行计算，也可由各个差值的加和求出每个组分的调整保留时间，如对组分 C_{n+3}，其 $t_{R(n+3)}'$ 为：

$$t_{R(n+3)}' = \Delta_{n-1} + \Delta_n + \Delta_{n+1} + \Delta_{n+2} + \Delta_{n+3}$$

他还发现连续两组保留值差值的比值，在同系列中基本上等于一个常数，因而提出了保留参数 A：

$$A = \frac{\Delta_n}{\Delta_{n-1}} = \frac{\Delta_{n+1}}{\Delta_n} = \frac{\Delta_{n+2}}{\Delta_{n+1}} = \frac{\Delta_{n+3}}{\Delta_{n+2}} = \cdots\cdots$$

文献中已提供多个测定正构烷烃系列 A 值的实例，我们使用 FID 在 120℃柱温测定了由正己烷至正十二烷系列在角鲨烷柱的保留时间 t_R、Δ_n、A_i 和 $\overline{A}$，如表 1-2 所示。

表 1-2　正构烷烃系列在角鲨烷柱上的 A 值

C_n	C_{12}	C_{11}	C_{10}	C_9	C_8	C_7	C_6
t_R/min	55.340	28.636	14.956	7.952	4.360	2.536	1.614
Δ_n/min	26.704	13.680	7.004	3.592	1.824	0.922	
A_i		1.9520	1.9532	1.9499	1.9672	1.9783	
$\overline{A}$		1.9605					

由测定的数据可知，A_i 值与两个相邻的碳数相关，并呈现由低碳数成员测得的 A_i 值波动较大，但它们的平均值 $\overline{A}$ 可近似认为是一个常数。

利用 A 值提供了一种不使用死时间来准确计算调整保留时间 t'_R 的新方法：

$$t'_{R(n)} = \sum_{i=1}^{n} \Delta_i$$

此几何级数的加和可表述为 A 的函数：

$$t'_{R(n)} = \Delta_n \frac{A^{n+1} - A}{A^{n+1} - A^n} = \Delta_n \frac{1 - \left(\frac{1}{A}\right)^n}{1 - \frac{1}{A}}$$

如用此式可求出 C_{12} 的调整保留时间 $t'_{R(C_{12})}$：

$$t'_{R(C_{12})} = 26.704 \times \frac{1 - \left(\frac{1}{1.9605}\right)^{12}}{1 - \frac{1}{1.9605}} = 54.48 (\text{min})$$

另依据碳数规律：$\lg t'_{R(n)} = a + bn$，其斜率 b：

$$b = \lg t'_{R(n+1)} - \lg t'_{R(n)} = \lg \frac{t'_{R(n+1)}}{t'_{R(n)}}$$

$$= \lg \frac{t'_{R(n+1)} - t'_{R(n)}}{t'_{R(n)} - t'_{R(n-1)}} = \lg \frac{\Delta_{n+1}}{\Delta_n} = \lg A$$

因而：$A = 10^b$（或 $A = e^{2.3b}$）。

由上述保留值简介可知，调整保留时间 t'_R 是气相色谱（也是各种色谱方法）中保留值的最重要的基本量；相对保留值 $r_{i/s}$，比保留体积 V_g 和科瓦茨保留指数 I_x 是气相色谱保留值中三个重要的基础参数；线性保留指数 J 和保留参数 A 是在科瓦茨保留指数 I_x 和保留时间 t_R 的基础上扩展、衍生的新参数，它们在固定液极性评价中都有重要的应用。

三、死时间的测量和计算

1. 死时间的重要性

在保留值简介中，已指出调整保留时间 t'_R 是气相色谱定性分析中最重要的保留参数，而要获得 t'_R，必须首先测定死时间 t_M：$t'_R = t_R - t_M$

因此，准确测定死时间 t_M，是准确测定一系列保留值，如 t'_R、V_g、$r_{i/s}$、I 和准确测定溶质热力学性质，如亨利定律常数的前提条件。

死时间 t_M 是载气通过气相色谱仪系统中，柱外效应构成的总体积所需的时间。柱外效应系指由色谱柱外空间引起色谱峰扩张的效应。柱外空间系指从进样口到检测器之间，除色谱柱填充固定相以外的所有死空间，它包括进样器的死体积，进样器到色谱柱的连接管、色谱柱内填充固定相颗粒间的空隙及颗粒内的孔洞、色谱柱到检测器的连接管和检测器的死体积，它们都可导致色谱峰的展宽，因此可以认为，死时间 t_M 是用来表征色谱仪系统柱外效应的一个表观参数。

死时间（dead time、gas hold-up time、mathematical dead time）可用直接进样法由实验测定，它也可依据碳数规律用一系列数学方法［如算术计算、统计方法、迭代法（外推法）等］进行计算。

2. 死时间的实验测量方法

由实验测定死时间通常采用不被固定相吸附或溶解的低挥发度的化合物（或混合物）作探针，文献中已报道使用的探针为惰性气体氖或氩、或空气（适用于热导检测器 TCD）；正构烷烃中的甲烷（CH_4 适用于氢火焰离子化检测器 FID 或火焰光度检测器 FPD）；以及二氯甲烷（适用于电子捕获检测器 ECD）。

作为死时间测量的探针空气（N_2）和 CH_4，认为它们是惰性物质，在固定液中的溶解度和它们与固定液的相互作用可以忽略，但实际上，它们在固定液中有一定的溶解度，并与固定液发生较弱的分子间相互作用，如文献上已有报道 N_2 在角鲨烷上的溶解度，在100℃时是（0.15±0.006）mL/g，CH_4 在角鲨烷上的分配系数，在70℃时是0.16，因此，用 CH_4 或 N_2 来测定死时间都会在计算保留值，特别是数值小的保留值时引入一定的误差。

由实验测定 t_M 数值的准确性会受到气相色谱仪操作条件和工作人员操作技能的影响，要准确测定 t_M 有一定的难度，正是由于此原因，才引发色谱工作者，提出一系列数学计算方法，以获得简单、快速、准确的 t_M 数值。

3. 死时间的数学计算方法

求死时间的计算方法都是基于碳数规律，即同系物的调整保留时间 t'_R 的对数与其碳原子数 n 成线性关系而推导出来的，即

$$\lg t'_R = \lg(t_R - t_M) = a + bn \tag{1-1}$$

式中，t_R 为保留时间；t'_R 为调整保留时间；t_M 为死时间；n 为碳数；a、b 为常数，a 为截距；b 为直线斜率。

（1）Peterson 和 Hirsch 方法[17]

由三个碳数相邻的烷烃同系物（C_{n-1}、C_n、C_{n+1}）在色谱柱流出的保留时间 $t_{R(n-1)}$、$t_{R(n)}$、$t_{R(n+1)}$ 来进行计算死时间 t_M，见图 1-11。

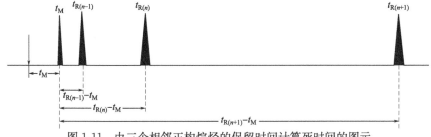

图 1-11　由三个相邻正构烷烃的保留时间计算死时间的图示

这三个同系物的碳数必须符合下列条件：

$$C_n - C_{n-i} = C_{n+i} - C_n \tag{1-2}$$

上式可变换成

$$n = m \lg t'_{R(n)} + p = m \lg(t_{R(n)} - t_M) + p \tag{1-3}$$

其中 m、p 皆为常数，$m = \dfrac{1}{b}$；$p = -\dfrac{a}{b}$。

与碳数 C_{n-1}、C_n、C_{n+1} 对应的保留时间为 $t_{R(n-1)}$、$t_{R(n)}$、$t_{R(n+1)}$，可得出：

$$C_{n-1} = m \lg(t_{R(n-1)} - t_M) + p \tag{1-4}$$

$$C_n = m \lg(t_{R(n)} - t_M) + p \tag{1-5}$$

$$C_{n+1} = m \lg(t_{R(n+1)} - t_M) + p \tag{1-6}$$

式 (1-5) 一式 (1-4) 得：

$$C_n - C_{n-1} = m \lg \frac{t_{R(n)} - t_M}{t_{R(n-1)} - t_M} \tag{1-7}$$

式 (1-6) 一式 (1-5) 得：

$$C_{n+1} - C_n = m \lg \frac{t_{R(n+1)} - t_M}{t_{R(n)} - t_M} \tag{1-8}$$

因为：$C_n - C_{n-1} = C_{n+1} - C_n$

所以：$\dfrac{t_{R(n)} - t_M}{t_{R(n-1)} - t_M} = \dfrac{t_{R(n+1)} - t_M}{t_{R(n)} - t_M}$

最后导出：

$$t_M = \frac{t_{R(n+1)} t_{R(n-1)} - t_{R(n)}^2}{t_{R(n+1)} + t_{R(n-1)} - 2t_{R(n)}} \tag{1-9}$$

由计算结果可知，当 n 数值越大时，计算出的死时间 t_M 越准确。

Gold 对 Peterson 方法进行改进，不使用具有相同碳数差别的三个连续同系列烷烃，而提出由三个任意碳数的烷烃同系物（C_{n-i}、C_n、C_{n+i} 在色谱柱流出的保留时间 $t_{R(n-i)}$、$t_{R(n)}$、$t_{R(n+i)}$）来进行计算，见图 1-12[18,19]。

与式 (1-4) ～式 (1-6) 相似，可列出：

$$C_{n-i} = m \lg(t_{R(n-i)} - t_M) + p \tag{1-10}$$

$$C_n = m \lg(t_{R(n)} - t_M) + p \tag{1-11}$$

$$C_{n+i} = m \lg(t_{R(n+i)} - t_M) + p \tag{1-12}$$

由式 (1-11) 一式 (1-10) 导出

$$m_{n(n-i)} = \frac{C_n - C_{n-i}}{\lg \dfrac{t_{R(n)} - t_M}{t_{R(n-i)} - t_M}} \tag{1-13}$$

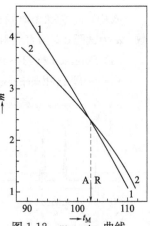

图 1-12　$m_{(n)}$-t_M 曲线

1—$m_{n(n+i)}$；2—$m_{n(n-i)}$

由式（1-12）—式（1-11）导出

$$m_{n(n+i)} = \frac{C_{n+i} - C_n}{\lg \dfrac{t_{R(n+i)} - t_M}{t_{R(n)} - t_M}}$$ (1-14)

将不同的 t_M 值代入式（1-13）、式（1-14），画出 $m_{n(n-i)}\text{-}t_M$，$m_{n(n+i)}\text{-}t_M$ 两条线，此两条线的交点，即为欲求的死时间 t_M。

曾前东等对 Peterson 公式做了讨论，并指出为兼顾测定精度和测定速度建议在填充柱中用 C_6、C_7、C_8 或 C_6、C_8、C_{10} 来测定 t_M；在毛细管柱用 C_5、C_8、C_{11} 或 C_6、C_9、C_{12} 来测定 t_M[20]。

（2）Vigdergauz 法

由线性保留指数可知：

$$\sigma = \frac{t_{R(n+1)} - t_{R(n)}}{t_{R(n)} - t_{R(n-1)}} = \frac{t'_{R(n+1)}}{t'_{R(n)}}$$

$$\sigma = \frac{t_{R(n+1)} - t_M}{t_{R(n)} - t_M}$$

可以导出：

$$t_M = \frac{t_{R(n)}\sigma - t_{R(n+1)}}{\sigma - 1}$$

从表 1-1 知三个连续正构烷烃的保留时间正戊烷、正己烷、正庚烷分别为645.5s、915.0s、1631.6s，可计算出 $\sigma = 2.6589$，代入上式，由正庚烷、正己烷计算出 $t_M = 483.0$s；由正己烷、正戊烷计算出 $t_M = 483.0$s。此二结果与实验测定的 $t_M = 490.5$s 已很接近了。

上述计算死时间 t_M 的公式也可由下述图示（图 1-13）表示。

$$\frac{t_{R(n+1)} - t_{R(n)}}{t_{R(n)} - t_{R(n-1)}} = \frac{t'_{R(n+1)}}{t'_{R(n)}}$$

$$\frac{t_{R(n+1)} - t_{R(n)}}{t'_{R(n+1)}} = \frac{t_{R(n)} - t_{R(n-1)}}{t'_{R(n)}}$$

$$\frac{t_{R(n+1)} - t_{R(n)}}{t_{R(n+1)} - t_M} = \frac{t_{R(n)} - t_{R(n-1)}}{t_{R(n)} - t_M}$$

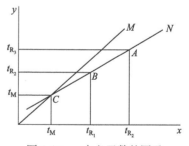

图 1-13 σ 定义函数的图示

以 t_M、t_{R_1}、t_{R_2}、…作 x 横坐标，以 t_M、t_{R_2}、t_{R_3} 作 y 纵坐标，绘制两条直线，一条为斜率等于 1，x、y 坐标单位相同，包括同系列的全部成员的直线 M；另一条为省略同系物中第一个成员的直线 N，两条线在 C 点相交，注意图 1-13 中，A、B、C 三点的坐标，即 A（t_{R_2}，t_{R_3}）、B（t_{R_1}，t_{R_2}）、C（t_M，t_M）。此图表明 σ 定义的函数关系，即 σ 为碳数规律图示中直线的斜率。

（3）Grobler 和 Balizs 法[21]

1974 年 Grobler 和 Balizs 提供了 Kovats 保留指数的统计计算方法。他们认为计算宽范围的保留指数，仅用两个正构烷烃是不够的，并且 VanKemenade 和 Groenendijk

也指出，特别当死时间来考虑作为一个校正保留指数（称作碳指数）时，使用三个正构烷烃可以消除一些系统误差。

Grobler 和 Balizs 提出至少使用四个连续的正构烷烃，来准确计算 Kovats 保留指数的统计计算机程序。他们依据相邻正构烷烃来校正保留时间的差值对数对碳数作图，计算出线性回归的斜率 b 值：

$$b = \frac{n \sum_{i=z_1}^{z_{n-1}} z_i \lg(t_{R(i+1)} - t_{R(i)}) - \sum_{i=z_1}^{z_{n-1}} z_i \sum_{i=z_1}^{z_{n-1}} \lg(t_{R(i+1)} - t_{R(i)})}{n \sum_{i=z_1}^{z_{n-1}} z_i^2 - (\sum_{i=z_1}^{z_{n-1}} z_i)^2}$$

z 为碳数，用已知的 b，可计算死时间 t_M：

$$\lg(t_R - t_M) = bz + C$$
$$t_M = t_R - Aq^z$$

式中，A 为 C 的反对数，$\lg A = C$；q 为 b 的反对数，$\lg q = b$，t_M 可利用非线性回归进行计算：

$$t_M = \frac{\sum_{i=z_1}^{z_n} q^{z_i} \sum_{i=z_1}^{z_n} t_{R(i)} q^{z_i} - \sum_{i=z_1}^{z_n} q^{2z_i} \sum_{i=z_1}^{z_n} t_{R(i)}}{(\sum_{i=z_1}^{z_n} q^{z_i})^2 - n \sum_{i=z_1}^{z_n} q^{2z_i}}$$

此时可由计算出的 t_R'，用线性回归计算截距 a：

$$a = \frac{\sum_{i=z_1}^{z_n} \lg t_{R(i)}' - b \sum_{i=z_1}^{z_n} z_i}{n}$$

常数 b 和 a 定义为 $\lg t_R'$ 的线性标度：$z = (\lg t_R' - C)/b$

Grobler 和 Balizs 提供了统计计算程序的框图和由 ALGOL60 编制的计算程序。

(4) Guardino 和 Albaiges 法[22]

1976 年 Guardino 等在研究测定 Kovats 保留指数的准确度时，提出用迭代法来计算死时间 t_M，指出用此法可降低测定正构烷烃保留指数的偏差，其计算依据为：

$$\lg t_R' = dI + c$$
$$I = \frac{\lg(t_R - t_M) - c}{d}$$

式中，I 为 Kovats 保留指数；d 和 c 分别为由 $\lg t_R'$-I 绘制直线的斜率和截距，截距 c 可用最小二乘方（least-square）处理所有正构烷烃的保留数据来调节。d 和 c 的绝对误差用由最小二乘方表达式获取的可信限度来拟合，常采用 95% 置信区间，他们提供了由计算机用迭代法计算死时间 t_M 的常规流程框图，见图 1-14。

图 1-14 中 UPLIM 和 LOWLIM 分别是偏差平方和的上限和下限。T_M 是死时间，

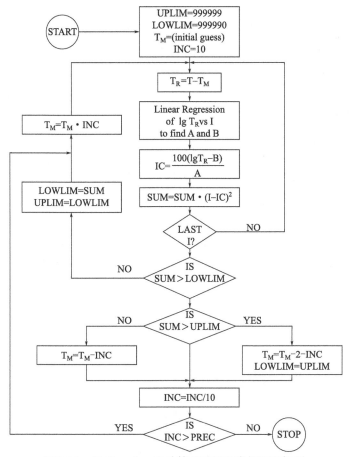

图 1-14　用 Guardino 法计算死时间的常规流程框图

INC 为死时间的增量，IC 是计算的 Kovats 保留指数，SUM 是偏差的平方和，T_R 是同系列烷烃的未调整保留时间，I 是已知的 Kovats 保留指数（$100n$，n 为碳数），PREC 是计算要求的精密度。

此法开始用一个最初估算的死时间，以测定调整保留时间。一个线性回归，容许算 a 和 b，并可测定 Kovats 保留指数。由已知值 I 扣除测得值 IC 给出与上限和下限比较所得差值的总和。如果估算的 t_M 低于下限，则降低下限并增大 t_M。当估算增大至低限以上，则降低估算值，则增量要低于因数 10。此全过程重复进行，直到增量低于计算要求的精密度。

当使用本法时，一个很重要的关键是最初估算的死时间必须低于真实的数学死时间，否则此法会失败。在确证测定死时间不发生大误差的情况下，监测连续平方和的差值，并确认平方和大于下限之前信号发生的变化，并使程序在首先的两步迭代中不会停止进行。

Guardino 用三种方法比较了计算死时间 t_M 的精密度。

① 用 Peterson 方法，使用三个连续正构烷烃计算 t_M。

② 仍用 Peterson 方法，但选用三个最大可能间隔的正构烷烃（C_{20}、C_{28}、C_{36}）来计

算 t_M。

③ 用迭代法，采用全部正构烷烃（$C_7 \sim C_{15}$）的保留数据计算 t_M。

结果表明，使用方法③获得最精确的结果；若用方法②，测得 t_M 的精密度最高。

（5）ε-外推算法[23]

1985 年孙科夫等在研究了 Peterson、Grotler 和 Guardino 提出的计算死时间 t_M 方法后，指出 $\lg t'_R = \lg(t_R - t_M) = a + bn$ 公式成立的条件，其仅在某个碳数范围内才成立，否则将会产生较大的误差。

他们依据外推法基本原理，提出计算死时间 t_M 的 ε-外推算法。

把正构烷烃的保留时间 t_R 按从大到小的次序排列，组成一个序列 $[t_{R_i}]$，此序列的极限值可认为是保留时间中的最小值，即死时间 t_M。并将此极限值记作 $\varepsilon_{zm}^{(i)}$，这样就可通过 ε-外推算法来求取 t_M，计算公式见文献[23]。外推步数 m 可为 $1 \sim 4$ 步，当 $m=1$ 时，可获 Peterson 公式，一般外推 $3 \sim 4$ 步其极限值 $\varepsilon_{zm}^{(i)}$ 已基本保持不变，测得的 t_M 已足够精确。在计算机上，用 ε-外推算法求取 t_M 的收敛速度是比较快的。

当使用 Peterson、Grobler 和 Guardino 方法计算 t_M 时，选用正构烷烃在 $C_3 \sim C_7$ 范围，$\lg t'_R$-n 作图才存在线性关系，而使用 ε-外推法计算 t_M 时，就不受这种线性关系是否存在的限制，只要用 $3 \sim 4$ 步外推，就可获得 t_M，可获得精度较高的满意结果。

（6）Ambrus 法[24]

1984 年 Ambrus 提出一种简单和准确测定死时间 t_M 的方法，他依据在 $\lg t'_R$-n（碳数）图中，呈线性部分的连续正构烷烃的相对保留值是一个常数：

$$t'_{R_{n+1}} / t'_{R_n} = q$$

此式可变换表达为：

$$\frac{t_{R_{n+1}} - t_M}{t_{R_n} - t_M} = q$$

$$t_{R_{n+1}} = q t_{R_n} - t_M(q-1)$$

上式表明 $t_{R_{n+1}}$ 为 t_{R_n} 的线性函数，用 $t_{R_{n+1}}$-t_{R_n} 绘图，q 即为所获直线的斜率。利用此式运用最小二乘法程序计算死时间 t_M 十分简单，此统计方法可输入在正构烷烃色谱图中所有色谱峰的全部保留时间，可获得 t_M 的单值解。

$$t_M = \frac{q t_{R_n} - t_{R_{n+1}}}{q-1}$$

由此单一线性曲线的最小二乘回归计算程序，经可编程序微计算器运行所获结果同时得到死时间 t_M 和斜率 q。

在 $\lg t'_R = a + bn$ 中的斜率：$b = \lg q$。

由上述可知，Ambrus 法也是一种统计方法，但此法求解 t_M 简单、快速，不需对数运算，计算程序简明，并提供 t_M 的单值解。显然，当使用本法时，提供的色谱分离条件应保持不变。

1992 年 Fleming 也导出和 Ambrus 相似形式来计算死时间 t_M 的方法[25]。

1996 年吴宁生等对 Grobler 和 Ambrus 测定死时间 t_M 的方法进行了比较，指出二者方法实质上相同，只是计算程序不同，但 Ambrus 法更加简便，其只需一个具有线性回归功能的可编程序计算器，就可求出 t_M 的单值解[26]。

由上述 6 种最常用的死时间计算方法可知，Ambrus 法最简便、快速；Peterson 法最通用；Vigdergauz 法最直观；Grobler 法、Guardino 法和 ε-外推算法给出更精密、准确的结果，但需较强的专业数学知识[27]。

四、气相色谱分析中的平衡常数

1. 气液色谱保留值与分配系数的基本关系式

当进行气液色谱分析时，在柱温 T_c、柱平均压力 $\bar{p}$ 情况下，色谱流出曲线中的每个色谱峰达到极大值时，预示着有一半的溶质从色谱柱末端流出，并保留在相当于校正保留体积 V_R^0 的载气中；另一半溶质仍保留在色谱柱的气相和固定液相中，按照质量平衡存在下述关系：

$$V_R^0 C_G = V_G C_G + V_L C_L \tag{1-15}$$

式中，C_G 和 C_L 分别为溶质在气相和固定液相的物质的量浓度；V_G 为色谱柱中气相的校正死体积，$V_G = V_M j$；$V_M = t_M F_c$；V_L 为柱中固定液相的体积；校正保留体积 $V_R^0 = V_R j = t_R F_c j$。

式（1-15）除以 C_G：

$$V_R^0 = V_G + V_L \frac{C_L}{C_G}$$

溶质在固定液相和气相的分配系数为 K_P：

$$K_P = \frac{C_L}{C_G} \tag{1-16}$$

因而：

$$V_R^0 = V_G + V_L K_P$$

溶质的净保留体积　$V_N = V_R^0 - V_G = V_L K_P$　（$V_N = V_R' j$，V_R' 为调整保留体积）

分配系数 K_P 也可表达为：

$$K_P = \frac{V_N}{V_L} \tag{1-17}$$

溶质在色谱柱中的容量因子 k 定义为溶质在固定液相中的量与溶质在气相中的量的比值：

$$k = \frac{C_L V_L}{C_G V_G} = K_P \frac{V_L}{V_G} = \frac{V_N}{V_L} \times \frac{V_L}{V_G} = \frac{V_N}{V_G} = \frac{V_R'}{V_M} = \frac{t_R'}{t_M} = \frac{K_P}{\beta} \tag{1-18}$$

已知色谱柱中校正死体积 V_G 与柱中固定液相体积 V_L 之比，称作相比 β：$\beta = \dfrac{V_G}{V_L}$。

由式（1-18）可导出下列一系列保留值和 K_P、k 的关系式。

保留体积 V_R：$V_R = V_R' + V_M = k V_M + V_M = V_M(1+k) = V_M(1 + \dfrac{K_P}{\beta})$　（1-19）

调整保留体积 V_R'：$V_R' = V_R - V_M = k V_M$　　　　　　　　　　　　　　　（1-20）

调整保留时间 t_R'：$t_R' = t_R - t_M = k t_M$　　　　　　　　　　　　　　　　（1-21）

保留时间 t_R：$t_R = t'_R + t_M = k\,t_M + t_M = t_M(1+k) = t_M(1 + \dfrac{K_P}{\beta})$ $\qquad$ (1-22)

分配系数 K_P：$K_P = \dfrac{V_N}{V_L} = \dfrac{V_g\,T_c\,W_L}{273\,V_L} = \dfrac{V_g\,T_c\,\rho_L}{273}$（$\rho_L$ 为固定液密度，$\rho_L = \dfrac{W_L}{V_L}$）

$\qquad$ (1-23)

由式 (1-17)，已知：$V_N = K_P V_L$

$$V_R^0 - V_G = K_P V_L$$

$$t_R F_c j - V_G = K_P V_L$$

$$t_R = \dfrac{K_P V_L + V_G}{F_c j} \qquad (1\text{-}24)$$

2. 气液色谱分配过程的平衡常数

(1) 溶质在气相和液相的状态变化[28]

在气液色谱分析中，溶质在汽化室被加热生成蒸气并与载气混合成无限稀释的蒸气，可看作理想气体；它可溶解在固定液中构成符合拉乌尔定律的无限稀释的理想溶液，再转换成符合亨利定律无限稀释的真实溶液，此状态变化可表述如下：

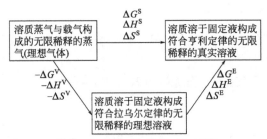

(上角：S—溶解；V—蒸发；E—过剩)

研究热力学参数在相变过程的变化（ΔG、ΔH、ΔS），需确定相变过程的参比态和标准态，由于设定标准态的不同，而使计算平衡常数的表达方式有所不同。

在柱温、柱平均压力下，研究溶质蒸气在固定液溶解的相变过程，标准态有两种设定方法：

① 溶质在气相和液相的标准态皆用 mol/L 作为浓度单位。

② 溶质在气相的标准态用蒸气分压 p_i 表示；在液相的标准态用溶质在溶液中的摩尔分数 x_i 表示。

(2) 分配系数 K_P

相变过程的参比态和标准态设定如下：

气相	液相
参比态：理想气体，符合 $pV = nRT$	参比态：理想溶液，符合拉乌尔定律 $p_i = p_i^0 X_i$
标准态：在 1atm 分压下，溶质在气相浓度 $C_G = $ 1mol/L，仍符合理想气体行为	标准态：溶质在溶液中浓度 $C_L = 1$mol/L 时，仍遵循拉乌尔定律
化学位：$\mu_G = \mu^0_G(T) + RT\ln C_G$	化学位：$\mu_L = \mu_L^0(T) + RT\ln C_L$

当溶质在气、液两相达平衡时，$\mu_G = \mu_L$

$$\mu_G^0(T) + RT\ln C_G = \mu_L^0(T) + RT\ln C_L$$

$$\mu_G^0(T) - \mu_L^0(T) = RT\ln C_L - RT\ln C_G$$

$$\ln\frac{C_L}{C_G} = \frac{\mu_G^0(T) - \mu_L^0(T)}{RT}$$

分配系数
$$K_P = \frac{C_L}{C_G} = e^{\frac{\mu_G^0(T) - \mu_L^0(T)}{RT}}$$

（3）**热力学平衡常数** k_T

相变过程的参比态和标准态设定如下：

气相	液相
参比态：理想气体，符合 $pV = nRT$ 标准态：溶质在气相分压 $p_i = 1\text{atm}$ 时仍 　　　符合理想气体的行为 化学位：$\mu_g = \mu_g^0(T) + RT\ln p_i$	参比态：理想溶液，符合拉乌尔定律 $p_i = p_i^0 X_i$ 标准态：溶质在溶液中摩尔分数 $X_i = 1$ 时(大约 $a = 1$ 时)， 　　　仍具有亨利定律($p_i = K_H X_i$，亨利系数 $K_H =$ 　　　$p_i^0\gamma_i$，γ_i 为活度系数)行为 化学位：$\mu_l = \mu_l^0(T) + RT\ln X_i$

当气、液两相达平衡时，$\mu_g = \mu_l$

$$\mu_g^0(T) + RT\ln p_i = \mu_l^0(T) + RT\ln X_i$$

$$\mu_g^0(T) - \mu_l^0(T) = RT\ln X_i - RT\ln p_i$$

$$\ln\frac{X_i}{p_i} = \frac{\mu_g^0(T) - \mu_l^0(T)}{RT}$$

热力学平衡常数
$$k_T = \frac{X_i}{p_i} = e^{\frac{\mu_g^0(T) - \mu_l^0(T)}{RT}}$$

（4）K_P 和 k_T 的关联[29]

溶质在气相的分压：　　$p_i = C_G R T_c$（T_c 为柱温）

溶质在液相的摩尔分数：$X_i = \dfrac{C_L}{p_L/M_L} = \dfrac{C_L M_L}{\rho_L}$（$\rho_L$ 和 M_L 分别为固定液的密度和分子量）

$$k_T = \frac{X_i}{p_i} = \frac{C_L M_L}{C_G R T_c \rho_L} = \frac{K_P M_L}{R T_c \rho_L}$$

$$k_T = \frac{V_g T_c \rho_L}{273} \times \frac{M_L}{R T_c \rho_L} = \frac{V_g M_L}{273R}$$

由亨利定律：　　　　　$p_i = K_H X_i$，　$K_H = p_i^0 \gamma_i$

$$k_T = \frac{X_i}{p_i} = \frac{1}{K_H}（k_T \text{ 与亨利系数 } K_H \text{ 成反比}）$$

$$K_P = \frac{k_T R T_c \rho_L}{M_L}$$

$$K_P = \frac{RT_c\rho_L}{K_H M_L} = \frac{RT_c\rho_L}{\rho_i^0 \gamma_i M_L}$$

由上述可知，在气液色谱分析中，样品分子在固定液中的溶解和蒸发过程，可用描述样品在气-液两相的平衡常数 K_P 或 k_T（或 K_H）来表达，并且 K_P 和 k_T 之间易于变换。

3. 气固色谱吸附过程的平衡常数[30]

在气固色谱分析中，溶质在汽化室被加热生成蒸气并与载气混合成无限稀释的蒸气，可看作理想气体，它被固体吸附剂吸附构成在表面形成无限低浓度的理想吸附状态（符合线性吸附等温线），然后再转变成真实的吸附状态，此状态变化可表述如下：

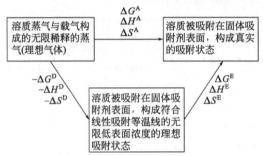

（上角：A—吸附；D—解吸；E—过剩）

在柱温、柱平均压力下，溶质蒸气在固体吸附剂表面的吸附的相变过程，其参比态和标准态的设定如下：

气相	固相
参比态：理想气体，符合 $pV = nRT$ 标准态：溶质在气相分压 $p_i = 1$atm 时仍符合理想气体的行为 化学位：$\mu_g = \mu_g^0(T) + RT\ln p_i$	参比态：吸附剂表面吸附无限低表面浓度(σ)溶质，符合线性吸附等温线的理想吸附状态 标准态：吸附剂承受的表面压力（二维压力）Π，相当于吸附剂表面空间为 1atm 的气体压力 化学位：$\mu_s = \mu_s^0(T) + RT\ln\pi$

当溶质在气、固两相达平衡时，$\mu_g = \mu_s$

$$\mu_g^0(T) + RT\ln p_i = \mu_s^0(T) + RT\ln\Pi$$

$$\ln\frac{\Pi}{p_i} = \frac{\mu_g^0(T) - \mu_s^0(T)}{RT}$$

吸附系数

$$k_A = e^{\frac{\mu_g^0(T) - \mu_s^0(T)}{RT}}$$

溶质被吸附在固体吸附剂表面，构成真实的吸附状态，系指服从朗缪尔（Langmuir）吸附定律，在低气体压力下达到吸附平衡的状态。

在气固色谱分析中，当柱温一定时，仅考虑吸附剂和被吸附溶质之间的相互作用，因而，可以认为吸附剂的表面状态是二维的，通常用表面压力（二维压力）Π 代替通常的气体压力，在确定标准态时，常选择吸附剂上层空间的气体压力为 1atm。

在三维空间，压力为单位面积承受的力，单位为 dyn/cm^2（$1dyn = 10^{-5}N$），在二维的表面压力为单位长度所受的力，单位为 dyn/cm。在气固色谱中，将表面压力 Π 与吸附剂的摩尔面积 A 的乘积对 Π 作图，可观察到其图示行为相似于三维空间气体的压力 p 与摩尔体积 V 的乘积对 p 作图的效果，因此，对吸附剂来讲，存在二维气体的状态方程式，表达为：

$$\Pi A = nRT$$

n 为吸附剂表面吸附溶质的物质的量，溶质在吸附剂的表面浓度 σ 为：$\sigma = \dfrac{n}{A}$

因而上述方程式也可表述为：　　$\Pi = \sigma RT$

为了表述吸附等温线和吸附剂表面压力 π 的关系，可用吸附剂表面浓度 σ 对吸附剂表面气相的平衡压力 p 作图，见图 1-15。此时可由吉布斯等温线提供的直接测量 σ 和 p 的一般关系，表面浓度 σ 可表达为：

$$\sigma = \frac{p}{RT}\left(\frac{\partial \Pi}{\partial p}\right)AT$$

表面压力 Π 可表达为：

$$\Pi = RT\int \sigma \mathrm{d}\ln p$$

在图 1-15 中，吸附等温线的极限斜率，即吸附系数 K_A 为：

$$K_A = \lim_{p \to 0}\left(\frac{\partial \sigma}{\partial p}\right)AT = \frac{\sigma'}{p'}$$

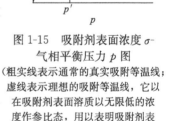

图 1-15　吸附剂表面浓度 σ-气相平衡压力 p 图
（粗实线表示通常的真实吸附等温线；虚线表示理想的吸附等温线，它以在吸附剂表面溶质以无限低的浓度作参比态，用以表明吸附剂表面标准的理想吸附状态）

如果溶质在吸附剂上被吸附的物质的量为 n_s，在气相中的物质的量为 n_g，此时吸附系数 K_A 可表达为：

$$K_A = \frac{\sigma'}{p'} = \frac{n_s/A}{n_g RT/V_M} = \frac{V_M}{ART} \times \frac{n_s}{n_g}$$

式中，A 为吸附剂的摩尔面积；V_M 为色谱柱的死体积。此式表明吸附系数 K_A 与溶质的 n_s/n_g 的比值成正比。

若溶质在色谱柱的保留时间为 t_R，死时间为 t_M，则 t_R 可以认为等于死时间除以溶质在气相的摩尔分数：

$$t_R = \frac{t_M}{n_g/(n_s+n_g)} = t_M\left(1+\frac{n_s}{n_g}\right)$$

已知容量因子　　　　　　　　$k = \frac{n_s}{n_g} = \frac{t_R'}{t_M}$

吸附系数　　　$K_A = \frac{V_M}{ART} \times \frac{n_s}{n_g} = \frac{V_M k}{ART} = \frac{V_M}{ART} \times \frac{t_R'}{t_M} = \frac{Ft_R'}{ART}$

（F 为载气流速：$F = \dfrac{V_M}{t_M}$）

五、活度系数与保留值的关联[28,37]

在气液色谱分析中总要研究被分析溶质在气相的行为和其在固定液中溶解后形成溶液的特性。由于被分析溶质在载气中的浓度很低，分子间的相互作用可以忽略，接近于理想气体状态，因而可用理想气体状态方程式来描述它们在载气中的行为。被分析溶质溶于固定液后形成稀溶液，研究稀溶液的特性总会涉及描述气-液相平衡的两个基本定律：拉乌尔（Raoult）定律和亨利（Henry）定律。

拉乌尔定律适用于理想溶液，它描述在理想溶液中的各个组分，其在气相的蒸气分压(p_i)等于它在溶液中的摩尔分数(x_i)乘以它在纯态时的饱和蒸气压(p_i^0)，可表达为：

$$p_i = p_i^0 x_i$$

在气液色谱分析中使用的固定液是具有高沸点的有机物（高碳数的烷烃、醇、酯等），而被分析溶质多为低分子量、易挥发的有机物，二者在分子量、挥发度和分子极性上有很大的差异，因此它们二者形成的溶液就不是理想溶液，而是与理想溶液产生正偏差或负偏差的稀溶液，在稀溶液中溶质的蒸气分压可用亨利定律表达。

亨利定律描述了稀溶液的特性，即在稀溶液中，溶质在气相的蒸气分压(p_i)与它在溶液中的摩尔分数(x_i)成正比，可表达为：

$$p_i = K_H x_i$$

式中，比例系数K_H，称为亨利系数。

在理想溶液中，拉乌尔定律的比例系数p_i^0，只由溶质的性质决定。

在稀溶液中，亨利定律的比例系数K_H，却是溶质和溶剂总体性质的体现。亨利系数K_H可表达为：

$$K_H = \gamma_i p_i^0$$

式中，γ_i称为活度系数，它由溶质和溶剂的总体性质决定，γ_i表达了稀溶液与理想溶液的偏离程度。

在气液色谱分析中活度系数γ_i的含义可用p_i-x_i图表达，见图 1-16，γ_i测量稀溶液与理想溶液的偏离程度，对稀溶液体系，γ_i是亨利系数的函数：

$$\gamma_i = \frac{K_H}{p_i^0}$$

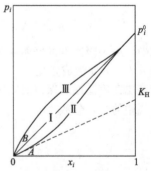

图 1-16　在气液色谱中，活度系数γ_i的含义（γ_i测量与拉乌尔定律的偏差，它是亨利系数的函数$\gamma_i = K_H/p_i^0$）

当$\gamma_i = 1$时，$K_H = p_i^0$，其为图 1-16 中的直线 Ⅰ，即遵循理想溶液的拉乌尔定律。

当$\gamma_i < 1$时，$K_H < p_i^0$，其为图 1-16 中的曲线 Ⅱ，它与拉乌尔定律产生负偏差。

当 $\gamma_i > 1$ 时，$K_H > p_i^0$，其为图1-16中的曲线 Ⅲ，它与拉乌尔定律产生正偏差。

对曲线 Ⅱ 和 Ⅲ，可看到在起始的一小段区域，曲线与其切线相重合，此区域称为无限稀释区域，在此区域溶质的摩尔分数 x_i 很小，亨利系数 K_H 接近为常数，溶质的活度系数 γ_i 也为常数，这就是 GLC 最常使用的样品浓度范围。

在 GLC 分析中，若进样量处于亨利定律成立的低浓度范围内，此时获得线性分配等温线，就在洗脱曲线上获得对称的色谱峰形。

若产生负偏差，获得朗缪尔（Langmuir）凸形分配等温线，在洗脱曲线上呈现拖尾峰形。

若产生正偏差，获得弗罗得利希（Freundlich）凹形分配等温线，在洗脱曲线上呈现伸舌头峰形。

活度系数 γ_i 与保留值 V_g 的关联如下：

已知
$$K_P = \frac{V_g T_c \rho_L}{273}; \ K_P = \frac{RT_c \rho_L}{p_i^0 \gamma_i M_L}$$

因而可导出：
$$\gamma_i = \frac{273R}{V_g M_L p_i^0}$$

由此式可知活度系数 γ_i 与比保留体积 V_g 成反比，γ_i 反映了不同溶质与固定液分子间作用力的差别，因此活度系数 γ_i 可作为评价色谱柱选择性的热力学指标。

在 GLC 分析中，对具有相近沸点（或 p_i^0）的不同类型有机物，要使其分离开，只能利用 γ_i 的差别，通过改变固定液的种类实现分离。对于同系物，虽然它们与固定液分子间的相互作用相似（$\gamma_i \approx$ 常数），但因其沸点不同，而能在同一固定液上实现完全分离。

六、比保留体积和热力学参数[31]

在 GLC 分析中，溶质在固定液溶解的自由能、焓、熵的变化（ΔG、ΔH 和 ΔS）可由分配系数 K_P，热力学平衡常数 k_T 和热力学基本关系式 $\Delta G = \Delta H - T\Delta S$ 进行计算，它们都与比保留体积相关。

由分配系数 K_P 进行计算：

$$\Delta G_{(K_P)}^S = -RT\ln K_P = -RT\ln \frac{V_g T \rho_L}{273}（T \text{ 为柱温，} \rho_L \text{ 为固定液的密度}）$$

$$\Delta H_{(K_P)}^S = RT^2 \frac{\text{d}\ln V_g}{\text{d}T} + RT - RT^2 \eta（\eta \text{ 为固定液的热膨胀系数}）$$

$$\Delta S_{(K_P)}^S = \frac{\Delta H_{(K_P)}^S - \Delta G_{(K_P)}^S}{T}$$

由热力学平衡常数 k_T 进行计算：

$$\Delta G_{(k_T)}^S = -RT\ln k_T = -RT\ln \frac{V_g M_L}{273R}（M_L \text{ 为固定液的分子量}）$$

$$\Delta H_{(k_T)}^S = RT^2 \frac{\text{d}\ln V_g}{\text{d}T}$$

$$\Delta S^{\text{S}}_{(k_{\text{T}})} = \frac{\Delta H^{\text{S}}_{(k_{\text{T}})} - \Delta G^{\text{S}}_{(k_{\text{T}})}}{T}$$

由于 $k_{\text{T}} = \dfrac{1}{K_{\text{H}}}$，因而

$$\Delta G^{\text{S}}_{(k_{\text{T}})} = -RT\ln\frac{1}{K_{\text{H}}} = -RT\ln\frac{1}{r_i p_i^0} = RT\ln r_i p_i^0$$

在上述两种计算方法中，由 k_{T} 计算的热力学参数比较准确。

当测定了实验溶质在不同固定液的比保留体积 V_{g} 值，在已知固定液的分子量后就可计算实验溶质在每种固定液的溶解自由能 $\Delta G^{\text{S}}_{(k_{\text{T}})}$，此值就表达了不同固定液的极性差别，这是用热力学参数 $\Delta G^{\text{S}}_{(k_{\text{T}})}$ 来表达固定液极性的一种绝对标准，因而不需人为规定固定液的极性标准。

溶质在固定液溶解焓的变化（ΔH^{S}）也可用图解法求出。可先测定溶质在不同控温下的比保留体积，然后将 V_{g} 值对 $\dfrac{1}{T}$ 作图，由所获直线的斜率就可计算出 ΔH^{S}，其原理如下：

已知　$$\Delta G^{\text{S}}_{(k_{\text{T}})} = -RT\ln\frac{V_{\text{g}}M_{\text{L}}}{273R} = -RT\ln V_{\text{g}} + RT\ln\frac{273R}{M_{\text{L}}}$$

$$\ln V_{\text{g}} = -\frac{\Delta G^{\text{S}}_{(k_{\text{T}})}}{RT} + \ln\frac{273R}{M_{\text{L}}}$$

$$= -\frac{\Delta H^{\text{S}}_{(k_{\text{T}})} - T\Delta S^{\text{S}}_{(k_{\text{T}})}}{RT} + \ln\frac{273R}{M_{\text{L}}}$$

$$= -\frac{\Delta H^{\text{S}}_{(k_{\text{T}})}}{RT} + \frac{\Delta S^{\text{S}}_{(k_{\text{T}})}}{R} + \ln\frac{273R}{M_{\text{L}}}$$

$$\ln V_{\text{g}} = -\frac{\Delta H^{\text{S}}_{(k_{\text{T}})}}{RT} + C$$

式中，$C = \dfrac{\Delta S^{\text{S}}_{(k_{\text{T}})}}{R} + \ln\dfrac{273R}{M_{\text{L}}}$，若用十进对数可变换为：

$$\lg V_{\text{g}} = -\frac{\Delta H^{\text{S}}_{(k_{\text{T}})}}{2.3RT} + C_1$$

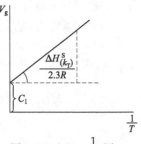

图 1-17　$\lg V_{\text{g}}$-$\dfrac{1}{T}$ 图

$\lg V_{\text{g}}$-$\dfrac{1}{T}$ 图如图 1-17 所示，此直线斜率与 $\Delta H^{\text{S}}_{(k_{\text{T}})}$ 相关，截距 C_1 是与 $\Delta S^{\text{S}}_{(k_{\text{T}})}$ 相关的常数。

七、选择性系数的热力学含义[40]

选择性系数常用样品中难分离物质对的相对保留值表示：

$$r_{2/1} = \frac{t'_{\text{R}_2}}{t'_{\text{R}_1}} = \frac{V_{\text{g}_2}}{V_{\text{g}_1}} = \frac{K_{\text{P}_2}}{K_{\text{P}_1}} = \frac{k_{\text{T}_2}}{k_{\text{T}_1}} = \frac{r_{i_1} p_1^0}{r_{i_2} p_2^0}$$

在选择性系数中规定 $t'_{R_2} > t'_{R_1}$，因此 $r_{2/1}$ 值永大于 1，其值愈大表示两相邻组分分离得愈好，色谱柱的选择性就愈大。

相对保留值 $r_{i/s}$ 与选择性系数有相似的表达方式：

$$r_{i/s} = \frac{t'_{R_i}}{t'_{R_s}} = \frac{V_{g_i}}{V_{g_s}} = \frac{K_{P_i}}{K_{P_s}} = \frac{k_{T_i}}{k_{T_s}}$$

相对保留值 $r_{i/s}$ 在一定程度上表明被测溶质（i）与标准物（s）色谱峰之间距离的大小，但不能说明两个色谱峰的分离度的差别，显然 $r_{i/s} = 1$ 表示两个组分不易分离开，而 $r_{i/s} > 1$ 或 $r_{i/s} < 1$ 都表明两个组分可以分离。

在色谱图中两个相邻色谱峰 1、2 的分离情况，也可用分离因子 α 表示：

$$\alpha_{1/2} = \frac{V_{R(1)}}{V_{R(2)}} = \frac{K_{P(1)}}{K_{P(2)}} = \frac{k_{(1)}}{k_{(2)}}$$

若将 $V_{R(2)}$、$K_{P(2)}$、$k_{(2)}$ 改为 $V_{R(s)}$、$K_{P(s)}$、$k_{(s)}$，它的含义就与 $r_{i/s}$ 相同。

选择性系数或相对保留值表达的是两个溶质组分，其各自在固定液溶解自由能变化量的差值：

$$\begin{aligned}
\Delta(\Delta G) &= \Delta G_{(1)} - \Delta G_{(2)} \\
&= RT\ln\frac{273R}{M_L} - RT\ln V_{g_1} - \left(RT\ln\frac{273R}{M_L} - RT\ln V_{g_2}\right) \\
&= RT\ln\frac{V_{g_2}}{V_{g_1}} = RT\ln r_{2/1(i/s)}
\end{aligned}$$

$$\ln r_{2/1(i/s)} = \frac{\Delta(\Delta G)}{RT} = \frac{\Delta(\Delta H)}{RT} - \frac{\Delta(\Delta S)}{R}$$

$$\lg r_{2/1(i/s)} = \frac{\Delta(\Delta G)}{2.3RT} = \frac{\Delta(\Delta H)}{2.3RT} - \frac{\Delta(\Delta S)}{2.3R}$$

将 $\lg r_{2/1}$（或 $\lg r_{i/s}$）对 $\frac{1}{T}$ 作图，见图 1-18，由图可知，直线的斜率为 $\frac{\Delta(\Delta H)}{2.3R}$，截距为 $\frac{\Delta(\Delta S)}{2.3R}$。

由此式可知：

ΔS 随柱温变化很小，因而 $\Delta(\Delta S)$ 随柱温变化就更小，可作为常数处理。

ΔH 会随柱温变化，而 $\Delta(\Delta H)$ 随柱温变化就较小，即 $\frac{d\Delta(\Delta H)}{dT} < \frac{d(\Delta H)}{dT}$。

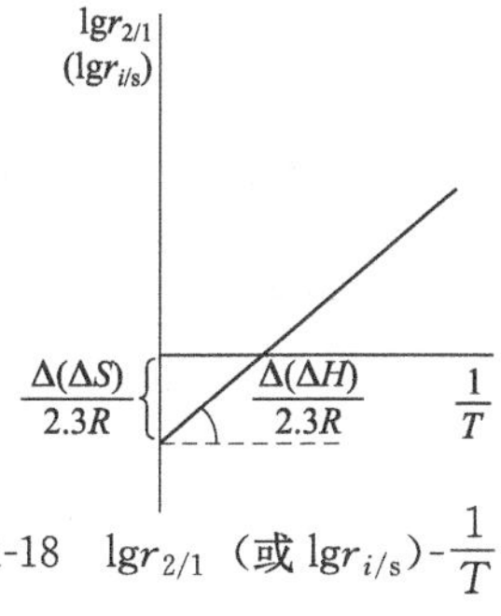

图 1-18　$\lg r_{2/1}$（或 $\lg r_{i/s}$）-$\frac{1}{T}$ 图

因而，由于柱温波动，对绝对保留值（t'_R、V_g）的影响要大于对相对保留值的影响，所以相对保留值 $r_{i/s}$ 可作为更精确的定性分析指标。

由于 $\Delta(\Delta H)$ 受温度变化的影响较小，所以在 $\lg r_{i/s}$-$\frac{1}{T}$ 图中，可获得很好的直线

图示。

八、活度系数的热力学含义[32]

如以 $\Delta G(\mathrm{I})$ 表示溶质在固定液中溶解构成理想溶液的自由能变化。再以 ΔG（T）表示溶质在固定液中溶解构成真实稀溶液的自由能变化。我们可用过剩自由能 ΔG^{E} 来表达真实稀溶液与理想溶液产生的偏差：

$$\Delta G^{\mathrm{E}} = \Delta G_{(\mathrm{T})} - \Delta G_{(\mathrm{I})}$$
$$= RT\ln\gamma_i p_i^0 - RT\ln p_i^0 \text{（在理想溶液中 } \gamma_i = 1\text{）}$$
$$= RT\ln\frac{\gamma_i p_i^0}{p_i^0} = RT\ln\gamma_i$$

此式表达了活度系数 γ_i 的热力学含义，当 ΔG^{E} 为正值，产生正偏差，$\gamma_i > 1$，若 ΔG^{E} 为负值，产生负偏差，$\gamma_i < 1$。因而 ΔG^{E}（即 $RT\ln\gamma_i$）表示溶质由真实稀溶液（图 1-16 中的 A 点）转变成理想溶液（图 1-16 中的 B 点）时的自由能变化量。

$$\ln\gamma_i = \frac{\Delta G^{\mathrm{E}}}{RT}$$
$$\gamma_i = \mathrm{e}^{\frac{\Delta G^{\mathrm{E}}}{RT}}$$

已知 $\Delta G^{\mathrm{E}} = \Delta H^{\mathrm{E}} - T\Delta S^{\mathrm{E}}$，当溶质分子量与固定液的分子量相接近时，$\Delta S^{\mathrm{E}} \approx 0$，因此 $\Delta G^{\mathrm{E}} \approx \Delta H^{\mathrm{E}} \approx RT\ln\gamma_i$。

当非极性溶质正构烷烃溶于非极性固定液角鲨烷时，构成的稀溶液接近于理想溶液，此时 $\Delta G^{\mathrm{E}} \approx 0$。

仍用正构烷烃作实验溶质，但改变固定液的极性，此时随固定液极性的增加，正构烷烃与固定液构成真实稀溶液，其与理想溶液的偏差 ΔG^{E} 会逐渐加大，因此用 ΔG^{E} 值可以表达固定液的极性特征。由于正构烷烃的主体为—$\mathrm{CH_2}$ 基团，因而用 $\Delta G_{\mathrm{CH_2}}^{\mathrm{E}}$ 就可表示不同固定液极性的大小（$\Delta G_{\mathrm{CH_2}}^{\mathrm{E}}$ 是由正构烷烃同系列中两个相邻碳数烃类 ΔG^{E} 的差值求出的）。由于 ΔG^{E} 是由真实稀溶液与理想溶产生偏差程度来计算的，它不依赖人为规定的标准，因此是评价固定液极性的一种绝对标准。

九、保留指数的热力学基础[33~39]

1. 计算溶质在固定液溶解的偏摩尔自由能 △G

科瓦茨保留指数可由比保留体积进行计算：

$$I_{\mathrm{x}} = 100n + 100\frac{\lg V_{\mathrm{g(x)}} - \lg V_{\mathrm{g}(n)}}{\lg V_{\mathrm{g}(n+1)} - \lg V_{\mathrm{g}(n)}} = 100n + 100\frac{\lg V_{\mathrm{g(x)}} - \lg V_{\mathrm{g}(n)}}{b}$$

b 为碳数规律的斜率： $$b = \lg V_{\mathrm{g}(n+1)} - \lg V_{\mathrm{g}(n)}$$

$$\lg V_{\mathrm{g(x)}} = \frac{b(I_{\mathrm{x}} - 100n)}{100} + \lg V_{\mathrm{g}(n)}$$

① 依据 V_{g} 与分配系数 K_{P} 的关系：

$$V_g = \frac{273 K_P}{T_c \rho_L}$$

$$\frac{b(I_x - 100n)}{100} + \lg V_{g(n)} = \lg \frac{273}{T_c \rho_L} + \lg K_P$$

$$\lg K_P = \frac{b(I_x - 100n)}{100} + \lg \frac{V_{g(n)} T_c \rho_L}{273}$$

$$\Delta G_{(K_P)} = -RT \ln K_P = -2.3RT \lg K_P = -2.3RT \left[\frac{b(I_x - 100n)}{100} + \lg \frac{V_{g(n)} T_c \rho_L}{273} \right]$$

② 依据 V_g 与热力学平衡常数 k_T 的关系：

$$V_g = \frac{273R k_T}{M_L}$$

$$\frac{b(I_x - 100n)}{100} + \lg V_{g(n)} = \lg \frac{273R}{M_L} + \lg k_T$$

$$\lg k_T = \frac{b(I_x - 100n)}{100} + \lg \frac{V_{g(n)} M_L}{273R}$$

$$\Delta G_{(k_T)} = -RT \ln k_T = -2.3RT \lg k_T = -2.3RT \left[\frac{b(I_x - 100n)}{100} + \lg \frac{V_{g(n)} M_L}{273R} \right]$$

由上述可知，由保留指数 I_x 计算溶质的偏摩尔自由能 ΔG，还必须已知正构烷烃的 $V_{g(n)}$ 和固定液的密度 ρ_L 或固定液的分子量 M_L。

2. 科瓦茨保留指数的热力学依据

科瓦茨保留指数是依据正构烷烃在固定液溶解的自由能与其碳数呈线性关系而建立的。

每种正构烷烃在固定液中的溶解自由能是由两部分组成：

$$\Delta G_n = 2\Delta G_{CH_3} + (n-2)\Delta G_{CH_2} = \Delta G_0 + n\Delta G_{CH_2}$$

ΔG_0 为对端甲基基团溶解自由能的校正系数，绘制 ΔG_n-n 图，如图 1-19 所示，所获直线的截距为 ΔG_0，斜率为 ΔG_{CH_2}。

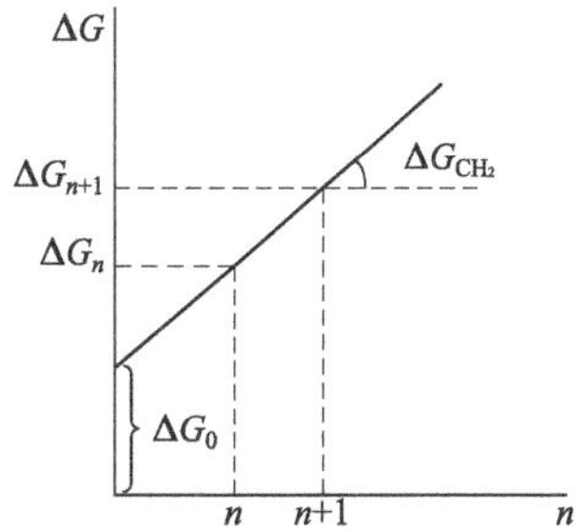

科瓦茨保留指数 I_x 也可表达为：

$$I_x = 100n + 100 \frac{\Delta G_x - \Delta G_n}{\Delta G_{n+1} - \Delta G_n}$$

$$\Delta G_x = \Delta G_n + (\Delta G_{n+1} - \Delta G_n) \frac{I_x - 100n}{100}$$

$$= \Delta G_n + \Delta G_{CH_2} \frac{I_x - 100n}{100}$$

图 1-19　ΔG-n 图

用此式由保留指数 I_x 计算溶质在固定液中的溶解自由能 ΔG_x，还必须知道碳数为 n 的正构烷烃的溶解自由能 ΔG_n 和亚甲基基团（—CH$_2$—）在固定液中的溶解自由能 ΔG_{CH_2}。

3. 亚甲基在固定液中的溶解自由能 ΔG_{CH_2}

$$\Delta G_{CH_2} = \Delta G_{n+1} - \Delta G_n$$

$$= -2.3RT\left[\frac{b(I_{n+1}-100n)}{100} + \lg\frac{V_{g(n+1)}M_L}{273R}\right] -$$

$$\left\{-2.3RT\left[\frac{b(I_n-100n)}{100} + \lg\frac{V_{g(n)}M_L}{273R}\right]\right\}$$

$$\approx -2.3RTb$$

ΔG_{CH_2} 表示了烷烃溶质与固定液间色散力相互作用的大小，ΔG_{CH_2} 数值愈大表明烷烃与固定液间的色散力作用愈大，也意味固定液的极性愈低，因此 ΔG_{CH_2} 可以作为评价不同固定液极性强弱的标准，但其不完善，仅考虑了色散力相互作用，不能表达其他类型分子间相互作用力的强弱程度。

4. 保留指数差值 δI 与选择性系数 $r_{2/1}$ 的关联

在同一色谱柱上，两个相邻溶质的保留指数分别为：

$$I_1 = 100n + 100\frac{\lg V_{g(1)} - \lg V_{g(n)}}{b}$$

$$I_2 = 100n + 100\frac{\lg V_{g(2)} - \lg V_{g(n)}}{b}$$

$$\delta I = I_2 - I_1 = 100\frac{\lg V_{g(2)} - \lg V_{g(1)}}{b}$$

$$r_{\frac{2}{1}} = \lg\frac{V_{g(2)}}{V_{g(1)}} = \frac{b\delta I}{100}$$

5. 计算溶质在固定液中溶解的偏摩尔焓 ΔH[38]

$$I_x = 100n + 100\frac{\lg V_{g(x)} - \lg V_{g(n)}}{b}$$

此式对 $\frac{1}{T}$ 微分得：

$$\frac{\partial I_x}{\partial\frac{1}{T}} = 100\frac{\partial\left(\frac{\lg V_{g(x)} - \lg V_{g(n)}}{b}\right)}{\partial\frac{1}{T}}$$

$$= 100\left[\frac{\dfrac{\partial \lg V_{g(x)}}{\partial\frac{1}{T}} - \dfrac{\partial \lg V_{g(n)}}{\partial\frac{1}{T}}}{b} - \frac{(\lg V_{g(x)} - \lg V_{g(n)})\dfrac{\partial b}{\partial\frac{1}{T}}}{b^2}\right]$$

由 $\lg V_g$ - $\frac{1}{T}$ 作图，可知 $\dfrac{\partial \lg V_g}{\partial\frac{1}{T}} = -\dfrac{\Delta H}{2.3R}$

$$\lg V_{g(x)} - \lg V_{g(n)} = \frac{b(I_x - 100n)}{100}$$

$$\frac{\partial I}{\partial \frac{1}{T}} = 100\left[\frac{-\Delta H_x + \Delta H_n}{2.3Rb} - \frac{(I_x - 100n)\frac{\partial b}{\partial \frac{1}{T}}}{100b}\right]$$

$$\Delta H_{(x)} = \Delta H_{(n)} - 0.023R\left[b\frac{\partial I_x}{\partial \frac{1}{T}} + (I_x - 100n)\frac{\partial b}{\partial \frac{1}{T}}\right]$$

在两个柱温 T_2、T_1（$T_2 > T_1$）下，测定溶质的保留指数 $I_{x(T_1)}$、$I_{x(T_2)}$ 和碳数规律的 b 值：$b_{(T_1)}$、$b_{(T_2)}$，它们的差值 $\delta I = I_{x(T_2)} - I_{x(T_1)}$；$\Delta b = b_{(T_2)} - b_{(T_1)}$。

可求出 $\dfrac{\partial I_x}{\partial \frac{1}{T}} = -\dfrac{\delta I T_1 T_2}{T_2 - T_1}$；$\dfrac{\partial b}{\partial \frac{1}{T}} = -\dfrac{\Delta b T_1 T_2}{T_2 - T_1}$

$$\Delta H_x = \Delta H_n + 0.023R\frac{T_1 T_2}{T_2 - T_1}\left[b_{T_1}\delta I + (I_{x(T_1)} - 100n)\Delta b\right]$$

由此式可知，计算 ΔH_x 是比较复杂的，需预先测定在两个柱温的 $I_{x(T_1)}$、$I_{x(T_2)}$ 和碳数规律的斜率 b_{T_1}、b_{T_2}，还需知道正构烷烃的溶解焓 ΔH_n。

第二节 高效液相色谱保留值

一、高效液相色谱分析中的平衡常数[41]

在高效液相色谱分析中，由于进样量很小，样品溶质在固定相和流动相两相间进行分配。在液-液色谱分析中，溶质在流动相和固定相中皆构成无限稀释溶液，在反相键合相和正相吸附色谱（或亲水作用色谱）中，溶质在流动相构成无限稀释溶液，溶质在键合相薄膜或吸附剂表面形成无限低量的吸着（sorption）状态。

在液-液色谱（LLC）中，溶质在无限稀释溶液中遵循亨利定律，因此描述无限稀释真实溶液与理想溶液偏差的活度系数 r_i 就特别重要，尤其要理解它的热力学含义：

$$\Delta G^E = RT\ln r_i$$

$$\ln r_i = \frac{\Delta G^E}{RT}$$

$$\ln r_i = \frac{\Delta H^E}{RT} - \frac{\Delta S^E}{R}$$

由于溶质和流动相与固定相的分子尺寸有明显的差别，因此在 LLC 中分子间的相互作用总会伴随熵变（ΔS）的贡献。

在键合相和正相吸附（或亲水作用）色谱中，溶质在无限稀释的流动相与固定相间进行分配的相互作用，发生在键合相液膜或吸附剂表面，此时键合相液膜和吸附剂表面已被流动相分子包围，形成饱和吸着，因此样品溶质与固定相的相互作用，总伴随固定相表面流动相分子被溶质分子所取代，此时溶质分子从一种液体混合物中进入键合相液膜或被固体吸附剂吸着其与溶质在两种液-液两相间的分配机理完全不同，此时仅存在溶质分子与固定相界面流动相液层的相互作用。

1. 液-液色谱中溶质在固定相和流动相的状态变化

在液-液色谱分析中，样品溶质由进样器进入流动相构成无限稀释的理想溶液，被流动相载带进入色谱柱，它与固定液也构成无限稀释理想溶液，并在流动相和固定相间进行分配，最后溶质转换成符合亨利定律的无限稀释的真实溶液，并且完成在两相间的分配平衡，其状态变化可表述如下：

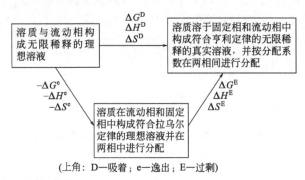

（上角：D—吸着；e—逸出；E—过剩）

2. 液-液色谱的分配平衡常数

（1）热力学分配常数 k_D

在液-液色谱的等温、等压系统中，溶质 (i) 在流动相（m）和固定相（s）皆构成稀溶液并进行分配：

$$i(m) \rightarrow i(s)$$

达到分配平衡后，伴随溶质吸着标准吉布斯自由能的变化 ΔG^D。

分配过程参比态和标准态的设定如下：

流动相（m）	固定相（s）
参比态：在一定 T、p 下，服从亨利定律的无限稀释溶液，$x_{i(m)} \rightarrow 0$，$r_{i(m)} \rightarrow 1$	参比态：在一定 T、p 下，服从亨利定律的无限稀释溶液，$x_{i(s)} \rightarrow 0$，$r_{i(s)} \rightarrow 1$
标准态：在一定 T、p 下，纯溶质溶液，当摩尔分数 $x_{i(m)}=1$ 时，活度系数 $r_{i(m)}=1$	标准态：在一定 T、p 下，纯溶质溶液，当摩尔分数 $x_{i(s)}=1$ 时，活度系数 $r_{i(s)}=1$
溶质在流动相的活度：$a_{i(m)}=r_{i(m)} x_{i(m)}$	溶质在固定相的活度：$a_{i(s)}=r_{i(s)} x_{i(s)}$
溶质的化学位：$\mu_{i(m)}=\mu_{i(m)}^0 + RT\ln a_{i(m)}=\mu_{i(m)}^0 + RT\ln(r_{i(m)} x_{i(m)})$	溶质的化学位：$\mu_{i(s)}=\mu_{i(s)}^0 + RT\ln a_{i(s)}=\mu_{i(s)}^0 + RT\ln(r_{i(s)} x_{i(s)})$

当溶质在两相间达到分配平衡时，$\mu_{i(m)}=\mu_{i(s)}$

$$\mu_{i(m)}^0 + RT\ln(r_{i(m)} x_{i(m)}) = \mu_{i(s)}^0 + RT\ln(r_{i(s)} x_{i(s)})$$

$$\mu_{i(m)}^0 - \mu_{i(s)}^0 = RT\ln(r_{i(s)} x_{i(s)}) - RT\ln(r_{i(m)} x_{i(m)})$$

$$\ln \frac{r_{i(s)} x_{i(s)}}{r_{i(m)} x_{i(m)}} = \frac{\mu_{i(m)}^0 - \mu_{i(s)}^0}{RT}$$

溶质在两相达平衡时的热力学分配常数：

$$k_\mathrm{D} = \frac{r_{i(\mathrm{s})} x_{i(\mathrm{s})}}{r_{i(\mathrm{m})} x_{i(\mathrm{m})}} = \mathrm{e}^{\frac{\mu_{i(\mathrm{m})}^0 - \mu_{i(\mathrm{s})}^0}{RT}}$$

式中，$r_{i(\mathrm{s})}$、$r_{i(\mathrm{m})}$ 为溶质在无限稀释溶液中遵循亨利定律的活度系数（$x_{i(\mathrm{s})} \rightarrow 0$，$r_{i(\mathrm{s})} \rightarrow 1$；$x_{i(\mathrm{m})} \rightarrow 0$，$r_{i(\mathrm{m})} \rightarrow 1$），在一般液相色谱分析条件下，$r_{i(\mathrm{s})}$ 和 $r_{i(\mathrm{m})}$ 的数值是相近的，实际值接近于 1，因而热力学分配常数 k_D 可简化为：

$$k_\mathrm{D} = \frac{x_{i(\mathrm{s})}}{x_{i(\mathrm{m})}}$$

溶质在两相达到分配平衡时的标准摩尔吸着自由能 ΔG^D 为：

$$\Delta G^\mathrm{D} = -RT \ln k_\mathrm{D} = -RT \ln \frac{x_{i(\mathrm{s})}}{x_{i(\mathrm{m})}}$$

（2）**液 - 液色谱分析中的分配系数 K_D**

$$K_\mathrm{D} = \frac{n_{i(\mathrm{s})}/V_\mathrm{s}}{n_{i(\mathrm{m})}/V_\mathrm{m}} = \frac{x_{i(\mathrm{s})} \rho_\mathrm{s} x_{i(\mathrm{m})}}{x_{i(\mathrm{m})} \rho_\mathrm{m} x_{i(\mathrm{s})}}$$

式中，$n_{i(\mathrm{s})}$、$n_{i(\mathrm{m})}$ 为溶质在固定相和流动相的物质的量；V_s、V_m 为色谱柱中固定相和流动相的体积；ρ_s、ρ_m 为固定相和流动相的密度；$x_{i(\mathrm{s})}$、$x_{i(\mathrm{m})}$ 为溶质在固定相和流动相的摩尔分数。

3. 液-固色谱中溶质在固定相和流动相的状态变化

在键合相色谱分析和液-固色谱分析中，样品溶质由进样器进入流动相构成无限稀释的理想溶液，被流动相载带进入色谱柱，溶质与固定相表面的流动相分子进行吸着的置换反应，并在固定相表面呈现无限低吸附量，在流动相转换成符合亨利定律的无限稀释的真实溶液，并在两相间完成吸附平衡，其状态变化表述如下：

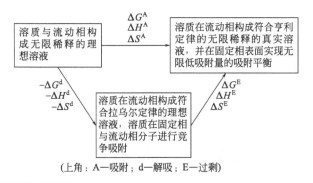

（上角：A—吸附；d—解吸；E—过剩）

4. 液-固色谱的吸附平衡常数

（1）**热力学吸附常数 k_A**

在液-固色谱的等温、等压系统中，溶质（i）在流动相（m）构成稀溶液，并在薄膜键合相或固相吸附剂（s）上，与流动相分子进行竞争吸附，并达到吸附平衡，在此过程伴随溶质吸附标准吉布斯自由能的变化。

吸附过程参比态和标准态的设定如下：

流动相(m)	固定相(s)
参比态：在一定 T、p 下，服从亨利定律无限稀释溶液，$x_{i(m)} \to 0$，$\gamma_{i(m)} \to 1$ 标准态：在一定 T、p 下，纯溶质液体，当摩尔分数 $x_{i(m)} = 1$ 时，活度系数 $\gamma_{i(m)} = 1$ 溶质在流动相的活度：$a_{i(m)} = \gamma_{i(m)} x_{i(m)}$ 溶质的化学位：$\mu_{i(m)} = \mu^0_{i(m)} + RT\ln a_{i(m)}$ $\qquad\qquad\quad = \mu^0_{i(m)} + RT\ln(\gamma_{i(m)} x_{i(m)})$	参比态：在一定 T、p 下，溶质在键合相液膜或固体吸附剂表面呈现无限低吸附量，$m_{(s)} \to 0$，$\gamma_{i(s)} \to 1$ 标准态：在一定 T、p 下，呈现 1mol 溶质/g 吸附剂，即 $m_{(s)} = 1$ 溶质在固定相的活度：$a_{i(s)} = \gamma_{i(s)} m_{(s)}$ 溶质的化学位：$\mu_{i(s)} = \mu^0_{i(s)} + RT\ln a_{i(s)}$ $\qquad\qquad\quad = \mu^0_{i(s)} + RT\ln(\gamma_{i(s)} m_{(s)})$

当溶质在两相达到吸附平衡时，$\mu_{i(m)} = \mu_{i(s)}$

$$\mu^0_{i(m)} + RT\ln(\gamma_{i(m)} x_{i(m)}) = \mu^0_{i(s)} + RT\ln(\gamma_{i(s)} m_s)$$

$$\mu^0_{i(m)} - \mu^0_{i(s)} = RT\ln(\gamma_{i(s)} m_s) - RT\ln(\gamma_{i(m)} x_{i(m)})$$

$$\ln \frac{\gamma_{i(s)} m_s}{\gamma_{i(m)} x_{i(m)}} = \frac{\mu^0_{i(m)} - \mu^0_{i(s)}}{RT}$$

溶质在两相达平衡时的热力学吸附常数：

$$k_A = \frac{r_{i(s)} m_s}{r_{i(m)} x_{i(m)}} = e^{\frac{\mu^0_{i(m)} - \mu^0_{i(s)}}{RT}}$$

在一般情况下，$r_{i(s)}$ 和 $r_{i(m)}$ 数值近似相等，因而热力学吸附常数 k_A 可简化为：

$$k_A = \frac{m_s}{x_{i(m)}}$$

溶质在两相达到吸附平衡时的标准吸附自由能 ΔG^A 为：

$$\Delta G^A = -RT\ln k_A = -RT\ln \frac{m_s}{x_{i(m)}}$$

（2）液-固色谱分析中的吸附系数 K_A

$$K_A = \frac{m_s}{\dfrac{n_{im}}{V_m}} = \frac{m_s V_m}{x_{i(m)} \rho_m}$$

式中，$n_{i(m)}$、V_m、ρ_m 分别为溶质在流动相的物质的量、色谱柱中流动相的体积和流动相的密度；m_s 为溶质在固定相的吸附量；$x_{i(m)}$ 为溶质在流动相的摩尔分数。

二、高效液相色谱分析中死时间的测定[42~47]

准确测定死时间 t_M（或死体积 V_M）对所有类型的液相色谱都是非常重要的，它主要用于准确测定溶质的容量因子 k：

$$k = \frac{t_R - t_M}{t_M} = \frac{t'_R}{t_M}$$

容量因子 k 可用于理论描述和预测溶质大分子和小分子的保留行为，也用于其他分配过程的测定，如描述疏水性的丁醇-水体系的分配系数，并可用于测定与色谱保留值对应的热力学参数 ΔG、ΔH、ΔS。

1. 容量因子的重要性

在高效液相色谱分析中，容量因子的重要性表现为：

① 在基础研究中，容量因子可用于测定色谱分离的选择性。由两种溶质容量因子的比值，可求出分离因子 $\alpha(\alpha=\dfrac{k_1}{k_2})$。$\alpha$ 也是一个热力学量，可用于比较不同色谱柱的类型（如硅胶柱和键合相柱）；键合相的键合密度；在色谱柱中分离过程发生的不同变化。

② 在色谱分离过程的热力学研究中，容量因子是一个令人感兴趣的因素，它可用于测定分配系数 K_D，并可计算相应的各种热力学参数。

③ 在实际应用中，容量因子有重要的使用价值，如在制药工业中，随色谱柱使用寿命和键合相的流失，容量因子可作为判断色谱柱适用性的指示剂；在对色谱分离过程进行优化时，它是分离优化选择的优化标准；当进行高效液相色谱分析方法的开拓时，它是确定最佳选择性色谱柱的依据，并可节约工作时间和经费。

2. 死时间测量中的复杂性

在高效液相色谱分析中，死时间的测量比气相色谱法复杂。在气相色谱分析中流动相载气呈惰性，不参与分配（或吸附）过程，而在高效液相色谱分析中，流动相会参与色谱的分离过程，并对调节色谱分离的选择性发挥重要的作用。流动相与固定相的相互作用会影响样品溶质与固定相相互作用，因而可对分离选择性产生影响。

在死时间测定中遇到的困难，以反相色谱为例，可归结如下：

① 在色谱柱中固定相和流动相间没有明显的边界：键合相表面被流动相溶剂化，强溶剂组分优先与固定相结合，难以确定柱中哪部分是固定相；哪部分是流动相。当键合相塌陷时，固定相中的孔洞更接近于溶质，当固定相溶剂化后，键合相的碳链会阻塞孔洞，引起流动相的体积发生变化，因此固定相具有的孔洞，在测定死时间时，会成为一个不确定的因素。

② 当样品进入色谱柱后，溶质中小分子和部分较大分子，可以进入一定内径的孔洞中，而其他溶质大分子不能进入孔洞中，这意味不同分子尺寸的溶质会经历不同的死体积，这就使死时间的确定更加复杂。

③ 在死时间测定中，假定 RPLC 分离机理主要是溶质在固定相和流动相间的分配机理，而在柱中实际上还存在第二种分离机理，即溶质与固定相表面残存的硅醇基还会形成氢键，甚至还会在固定相不同直径的孔洞中发生尺寸排阻的作用机理。

3. 用未滞留标志物测定死时间

死时间是理想的非滞留标志物（markers），被恒定流速流动相载带通过进样器至检测器之间距离所需要的时间。

在 HPLC 分析中，理想的未滞留在色谱柱中的标志物应为中性溶质分子，其分子尺寸应小到足以接近全部在色谱柱中流动相的体积，并具有亲水性，能够停留在固定相上。

现在使用的未滞留标志物可为小分子有机物或无机盐。

（1）小分子有机物

常用的小分子有机物可为丙酮、尿素、硫脲、尿嘧啶、甲酰胺、2-硝基苯甲酸、苦味酸、硝基苯、间苯三酚和 N,N-二甲基甲酰胺等。

小分子有机物在流动相有较好的溶解度，并易于用 UVD 检测，但也发现，由它们测定的死时间会随流动相洗脱强度的降低而呈线性增加，还随温度的降低而增大，这种现象可归结于流动相黏度的增加，减少了溶质的扩散，引起 t_M 的变化，这也指明小分子有机物并不最适用于测定死时间，除非仅用于粗略测定。

通常在不同的流动相中，使用尿素、硫脲、尿嘧啶、酒石黄（tartrazine）、二甲基甲酰胺测得的死时间变化较小。

（2）无机盐

许多无机盐已用作测定死时间的标志物，如易溶于水的钠盐（NaCl、NaNO$_3$、NaNO$_2$、Na$_2$S$_2$O$_3$）、钾盐（KBr、KI、KNO$_3$、K$_2$Cr$_2$O$_7$）及锂盐（LiNO$_3$）。

使用无机盐作为标志物是有争议的，因为它们会影响流动相的组成、离子强度。最大的问题是它们在流动相中仅有低的溶解度，尤其当强洗脱溶剂含量高时，表现得最明显。但它们适用于分析可离解化合物的离子色谱中。

在 RPLC 中使用无机盐的另一争议是，它们会与固定相孔洞中残存的硅醇基产生离子排斥作用，因而有人建议可同时加入一种缓冲溶液或使用高浓度无机盐，以掩蔽硅醇基的负电荷。

在 RPLC 分析中使用聚苯乙烯-二乙烯基苯（PS-DVB）共聚物柱、C$_{18}$ 或 C$_8$ 硅胶柱，可使用 NaNO$_3$ 或 NaNO$_2$ 作为测定 t_M 的标志物，使用甲醇-水作流动相，无机盐浓度可控制在 $3×10^{-6}～3×10^{-3}$ mol/L。

许多色谱分析者认为，采用无机盐作为测定 HPLC 系统 t_M 的标志物是一种最好的选择，因为它使用简便且易于检测。

NH$_4$NO$_3$、FeCl$_3$、亚硝酰铁氰化钠也曾被选择作为测定 t_M 的标准物，且获得使用。利用亚硝酰铁氰化钠测得的死时间 t_M 比 NaNO$_3$ 更短。

图 1-20 为使用 12 种无机和有机标志物，在 10％、50％、90％乙腈-水流动相测定死时间（t_M）的色谱图，由图中可看到使用二甲基甲酰胺、硫脲、尿嘧啶、尿素、KBr、KI 测得的死时间 t_M 随流动相组成的改变，仅有较小的变化。

4. 使用同系列成员保留值的数字计算方法来测定死时间

使用具有不同官能团的同系列成员（至少三个，最好四个），绘制每个成员的保留时间（t_R）对其碳数（n_C）的图示，可获一条直线，再外推碳数 $n_C=0$ 时的保留时间即为死时间 t_M。对测定的保留时间 t_R，可进行线性回归处理，以获得最佳的线性关系。

此种测定死时间方法的数学依据为：

$$k=\frac{t'_R}{t_M} \tag{1-25}$$

$$\lg k=C+Dn_C \tag{1-26}$$

$$t_R=t_M(1+k)=t_M(1+k_0 e^{Dn_C}) \tag{1-27}$$

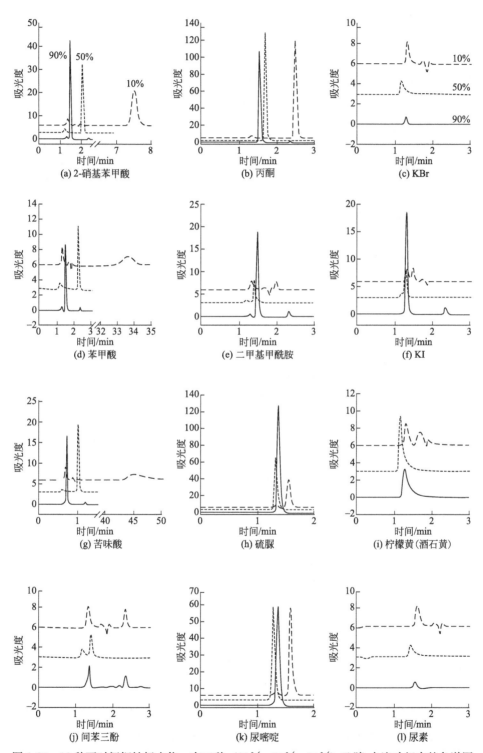

图 1-20　12 种死时间探针标志物，在三种（10％、50％、90％）乙腈-水流动相中的色谱图

$$t_R = t_M + e^{a+bn_c} \tag{1-28}$$

式中，n_c 为同系列的碳数；k_0 为 $n_c=0$ 时的假想容量因子；C 为直线的截距；D 为 $\lg k$-n_c 图示直线的斜率；参数 t_M、k_0 和 D 可由非线性回归进行计算。式(1-28)可用于检查直线的线性，a、b 为拟合参数，它们与式(1-27)的相关参数相比，具有更多的不确定性。

由大量测定数据表明，使用 $n_c=1$ 的低碳数成员，绘制的图线会产生线性偏差，其原因在于低碳数成员与高碳数成员比较，更易进入固定相的孔体积中滞留，从而产生尺寸排阻作用，或易与固定相残留未参与键合反应的硅醇基形成氢键而导致非线性的产生。

计算中选用同系列的依据是它们在流动相的溶解度和在色谱系统的可检测性，测定中最少需选用三个同系列成员，推荐最好使用四个成员，以获高回归系数。

最常使用的同系列为 1-烷基醇、2-烷基酮、烷基苯、脂肪酸甲基酯、卤代烷烃、碳数为 2~8 的亚硝胺等。

最常使用的数据处理的数学方法为：

① Grobler 和 Balizs 的多重（迭代）线性回归方法（iterative linear regresissions）；

② Van Tulder 的非线性回归方法（non-linear regresission）；

③ Didaoui 的多参数非线性最小二乘方回归法（multiparameter non-linear least-squares regresission）；

④ Guardino 的最小二乘方拟合法（least-squares fitting method）；

⑤ Watzig 和 Ebel 的非线性回归对数法（non-linear regresission algariun）。现在应用最多的是 Grobler 和 Balizs 的多重线性回归方法。

文献中已报道，对同一色谱柱使用烷基亚硝胺同系列碳数为 2~5 的四个成员，利用式 (1-28)，在 20%、25%、30%、35%、40%、45%、50%、55%乙腈-水流动相，测定死时间的平均值 $\bar{t}_M = (2.56\pm0.06)\,\mathrm{min}$；在 30%、35%、40%、45%、50%、55%、60%甲醇-水流动相，测得死时间的平均值 $\bar{t}_M=(2.82\pm0.08)\mathrm{min}$。

如果改用烷基苯同系列碳数为 1~5 的五个成员，也利用式 (1-28)，在 50%~100%乙腈-水流动相，测定的死时间要小于烷基亚硝胺同系列在乙腈-水流动相测得的死时间，其 $t_M=(1.29\pm0.07)\mathrm{min}$。

在高效液相色谱分析中，通常随流动相洗脱强度的降低，保留值会显示明显的和不确定的变化，因此当流动相组成发生变化时，对死时间 t_M 的测定，也会产生影响。

Knox 发现在不同组成的流动相混合物中，测得的死时间不依赖于流动相的组成，具有高度相似的数值。

Wainwright 报道，对 2-烷基酮、烷基芳香酮和 1-硝基烷烃同系列，在不同组成的乙腈或甲醇流动相中，测定的死时间 t_M 仅有可忽略的变化。

在实际测定死时间 t_M 时，当流动相组成发生变化时，测得的死时间数值会产生约 5%~10%的变化，但由于 t_M 数值较少，或因测量的不精确，常忽略 t_M 数值的微小变化。

三、高效液相色谱的保留值和热力学参数的计算

在气相色谱分析中使用的各种保留值，除比保留体积以外，都可用于高效液相色

谱分析中，当测定 Kovats 保留指数时，可采用 2-烷基酮或 1-烷基醇取代正构烷烃作为计算的标度。

可以利用 Kovats 保留指数，选择性系数，活度系数，分配常数和吸附常数与热力学参数的关联来计算热力学量 ΔG、ΔH 和 ΔS。

参 考 文 献

[1] 陈为通，沙逸仙，常理文. 气相色谱手册. 北京：科学出版社，1977.

[2] 吉林化学工业公司研究院. 气相色谱实用手册. 北京：化学工业出版社，1980.

[3] 李浩春. 分析化学手册（第 2 版）：第五分册 气相色谱分析. 北京：化学工业出版社，1999.

[4] 张玉奎，张维冰，邹汉法. 分析化学手册（第 2 版）：第六分册 液相色谱分析. 北京：化学工业出版社，2000.

[5] GB/T 4946—2008 气相色谱法术语.

[6] GB/T 9008—2007 液相色谱法术语：柱色谱法和平面色谱法.

[7] Parcher J F. J Chem Edu, 1972, 49 (7)：472-475.

[8] Kaiser R. Chromatographia, 1970, 3：38-40.

[9] Ettre L S. Chromatographia, 1973, 6 (11)：489-495.

[10] Vigdergauz M S, Martynov A A. Chromatographia, 1971, 4 (10)：463-467.

[11] Vigdergauz M S, Bankovskaya T R. Chromatographia, 1976, 9 (11)：548-553.

[12] Mitra G D. J, Chromatogr, 1981, 211：239-242.

[13] Said A S. J HRC & CC, 1982, 5 (8)：441-443.

[14] Said A S. Mahgoub K E A, Janini G M. J HRC & CC, 1988, 11 (12)：904-906.

[15] A. S. 塞德著. 色谱理论与数学. 北京：烃加工出版社，1989：30-32.

[16] Ševčik J. J Chromatogr, 1977, 135：183-188.

[17] Ševĕik J. Löwentap M S H. J Chromatogr, 1978, 147：75-84.

[18] Peterson M L, Hirsch J. J Lipid Res, 1959, 1 (1)：132-134.

[19] Gold H J. Anal Chem, 1962, 34 (1)：174-175.

[20] 曾前东，朱明华. 色谱，1988, 6 (3)：151-153.

[21] Grobler A, Balizs G. J Chromatogr Sci, 1974, 12 (2)：260.

[22] Guardino X, Albaiges J. Firpo G, et al. J Chromatogr, 1976, 118：13-22.

[23] 孙科夫，朱明华. 色谱，1985, 3：230-232.

[24] Ambrus L. J Chromatogr, 1984, 294：328-333.

[25] Fleming P. Analyst, 1992, 117 (10)：1553-1557.

[26] 吴宁生，苏红伟，史文娟. 色谱，1996, 14 (1)：45-46.

[27] Smith R J, Haken J K, Wainwright M S. J Chromatogr, 1985, 334：95-127.

[28] Meyer E F. J Chem Edu, 1973, 50 (3)：191-194.

[29] Figgins C E, Risby T H, Jurs P C. J Chromatogr Sci, 1976, 14：453-476.

[30] Meyer E F. J Chem Edu, 1980, 57 (2)：120-124.

[31] Novak. J. Chem Listy, 1978, 72：1043-1057.

[32] Golovnga R V, Mishirina T A. Chromatographia, 1977, 10 (11)：658-660.

[33] Novak J, Ružickava J. J Chromatogr, 1974, 91：79-88.

[34] Golovnya R V, Arsenyev Yu N. Chromatographia, 1971, 4：250-258.

[35] Golovnya R V, Misharina T A. J Chromatogr, 1980, 190：1-12.

［36］Leshchiner A S，Voitkev S A，Rudenko B A，et al. Chromatographia，1973，6（7）：314-316.

［37］Fritz D F，Korats Esz. Anal Chem，1973，45（7）：1175-1179.

［38］Golovnya R V，Arsenyev Ya N. Chromatographia，1970，3：455.

［39］Duryer R W. J Chromatogr Sci，1977，15：450.

［40］Hartkopf A. J Chromatogr Sci，1972，10：145-150.

［41］Deyl Z，Macek K，Janak J. Liquid Column Chromatography. Novák J，Chapter 4：45-56.

［42］Barth HG. LC-GC North America，2018，36（3）：200-202.

［43］Barth HG. LC-GC North America，2018，36（3）：394-396，405.

［44］Rimmer C A，Simmons C R，Dorsey J G. J Chromatogr，A，2002，963：219-232.

［45］Pous-Torres S，Terres-Lapasio J R，Garcia-Alvarez-Coque M C. J Lig Chromatogr & Rel Tech，2009，32：1065-1083.

［46］Wainwright M S，Nieass C S，Haken J K，et al. J Chromatogr，1985，321：287-293.

［47］马桂英，孙科夫，朱明华. 华东理工大学学报，1994，20（8）：829-832.

第二章　评价固定相极性的方法演变

第一节　对气液色谱固定液的极性评价

在气液色谱分析中，如何对组成复杂的样品选择最适宜的固定液进行分离，如何对数目繁多的固定液进行分类，如何评价固定液和怎样选择固定液，一直是气液色谱研究中最活跃的领域[1]。

在气液色谱分离过程，样品在固定相（表面涂布有固定液薄膜的惰性载体）和流动相（载气）之间进行反复多次的分配，由于样品中各组分溶质性质上的差异，其与固定液间产生的分子间作用力（取向力、诱导力、色散力、氢键作用力、络合作用力等）各不相同，在色谱柱分离后，可由记录的保留数据（保留时间或体积、比保留体积、Kováts保留指数等）来衡量。因而在气液色谱分析中，保留数据不仅是对不同溶质进行定性分析的重要依据，也是评价溶质与固定液之间相互作用程度的依据。我们通过实践得到各种溶质在不同固定液上的保留数据，也就为我们有针对性地选择固定液用于不同溶质的分离开辟了道路。

L. Rohrschneider 已精辟地阐述了固定液的特性、溶质的特性、保留体积三者之间的关系[2]，可由图 2-1 表示。

图中 S_P 表示固定液 P 的特性；S^{RX} 表示溶质 RX 的特性；V_P^{RX} 表示溶质 RX 在固定液 P 上的保留体积。上述三者间的相互函数关系可表达如下：

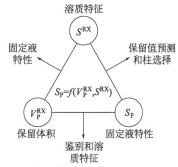

图 2-1　保留值的预测、鉴别溶质、固定液特性之间的关系

$$V_P^{RX} = f(S^{RX},\ S_P) \qquad (2\text{-}1)$$

即当 S^{RX} 和 S_P 为已知时，可用于预测溶质 RX 在固定液 P 上的保留数据。

$$S^{RX} = f(V_P^{RX},\ S_P) \qquad (2\text{-}2)$$

即当 V_P^{RX} 和 S_P 为已知时，可用于识别未知溶质。

$$S_P = f(V_P^{RX},\ S^{RX}) \qquad (2\text{-}3)$$

即当 V_P^{RX} 和 S^{RX} 为已知时，可用于确定固定液的特性。

由上述基本观点出发，当我们对固定液进行评价和分类时，主要应用式(2-3)的函数关系。因此要评价固定液必须首先确定特征的溶质，然后以相同的溶质测其在不同固定液上的保留数据，从而得出比较不同固定液特性的依据，再进而对固定液进行分类，或选用适当的固定液来分离多种溶质的混合物。

从评价固定液的发展过程来看其可分为三个阶段：

在 20 世纪 60 年代以前，主要应用相对极性的概念来评价固定液，根据固定液的组成分为极性、中等极性、非极性、氢键型四类。直至 1959 年才由 L. Rohrschneider 根据相对保留值，提出定量计算固定液相对极性的方法[3~8]。以后，在 1963 年 I. Brown 曾提出用由保留体积计算的"保留分数"，来表示固定液的相对极性[9]。

从 60 年代中期至 70 年代初期，随 Kováts 保留指数（I）的广泛应用，逐步采用保留指数增量（ΔI），即罗胥尼德（Rohrschneider）常数或麦克雷诺兹（McReynolds）常数，作为定量评价固定液极性的依据，现已被广大气相色谱工作者所接受[10~30]。

70 年代中期，Vigdergaus 沿用罗胥尼德实验溶质，提出用线性保留指数（J）来表征固定液极性的方法[31,32]。90 年代 Takacs 进一步阐明科瓦茨保留指数的含义，提出科瓦茨系数（K_C）和分子结构系数（S_C）的概念，并用平均极性因子（APF）来表征固定相的极性特征[33~36]。

从 1973 年至现在，J. Novák、T. H. Risby、P. B. Голоъня（R. V. Golovnya）等试图发展评价固定液极性的理论依据，并首先集中于用热力学参数来描述溶质与固定液间的相互作用。他们提出用亚甲基基团（$\diagdown$CH$_2$$\diagup$）或其他官能团（—CH$_3$、—OH、$\diagdown$C＝O、—NO$_2$ 等）在固定液上进行分配过程，引起热力学参数（如偏摩尔过剩吉布斯自由能 ΔG^E；微分摩尔焓 ΔH_e^s；偏摩尔自由能 ΔG_s^m 等）的变化量，作为评价固定液极性的绝对标准[37~51]。

80 年代后期 ševčik 等提出用保留参数 A 作为评价固定相极性的新标准，并阐明了 A 值的热力学含义[52~54]。

这方面的工作，由于采用热力学参数的不统一，以及测量变化量时的温度差异很大，至今只对几十种固定液提供了数据，其发展趋于用亚甲基基团的偏摩尔过剩吉布斯自由能或其他官能团（或标准溶质）的偏摩尔自由能作为评价固定液极性的主要指标，这方面的研究工作至今仍在发展当中。

一、气液色谱中对固定液极性概念的理解

在气液色谱分析中，固定液的极性和分子极性的概念稍有不同，如果固定液自身为极性分子，如邻苯二甲酸二壬酯，其分子的偶极矩 $\mu \neq 0$，它必定为极性固定液，且随偶极矩 μ 的增大，其极性增强。

若固定液自身为非极性分子，如角鲨烷（2,6,10,15,19,23-六甲基二十四烷），其分子偶极矩 $\mu = 0$，它即为非极性固定液。

对于有些色谱固定液，其分子总体的偶极矩 $\mu = 0$，但由于分子端基含有吸电子或斥电子的官能团，可对溶质产生诱导极化作用，此时固定液也会表现出具有极性分子的特征：

如己二腈为非极性分子，$\mu = 0$，但分子端基—CN 为吸电子官能团，可对其他溶质分子产生诱导极化作用，而呈现极性固定液的特征。

另如聚乙二醇 20M，其也为非极性分子，$\mu = 0$，但端基的—OH 官能团，易被含有电负性原子（如 N、O）的溶质吸引形成氢键，也表现出极性固定液的特征。

由上述可知，固定液的极性不是只限于固定液分子的极性，还包括固定液中含有的特征官能团对其他溶质分子的相互作用，它强调的是固定液中含有的特征官能团的极性，因而固定液的极性可认为是：含有不同官能团的固定液与被分析溶质的官能团和亚甲基基团（—CH₂—）相互作用的程度。

二、用相对极性来评价固定液

在气液色谱分析发展的早期，为了分析组成复杂的样品，选择固定液的主要依据是溶质溶于溶剂中的"相似相溶"的规律。

在气液色谱分析中，为了描述或区分被分析物质和固定液的化学性质，常使用"极性"一词，其含义是含有不同官能团的固定液与被分析物质中的亚甲基基团或其他官能团相互作用的程度。根据固定液与被分析物质分子间作用力的强弱，可粗略地把固定液分为极性型、中等极性型、非极性型和氢键型四类，如表 2-1 所示。

表 2-1 常用色谱固定液的分类

类别	极性型	中等极性型	非极性型	氢键型
	β,β'-氧二丙腈	邻苯二甲酸二壬酯	正十八烷	甘油
	苯乙腈	癸二酸二辛酯	液体石蜡	季戊四醇
固定液	二甲基甲酰胺	磷酸三甲酚酯	角鲨烷	三乙醇胺
	α-萘胺	丙烯碳酸酯	阿匹松 L	山梨糖醇
	有机皂土-34	丁内酯	硅油 OV-101	聚乙二醇 400

为了定量表达固定液的相对极性，1959 年由 L. Rohrschneider 提出了计算固定液相对极性 P 的方法[3]。他首先规定极性固定液 β,β'-氧二丙腈的相对极性 $P = 100$；非极性固定液角鲨烷的相对极性 $P = 0$。然后在欲测定相对极性的固定液及 β,β'-氧二丙腈、角鲨烷柱上，测量预先选定的丁二烯-正丁烷物质对的相对保留值的对数（以苯作标准物），用下式表示：

$$q = \lg \frac{t'_N(丁二烯)/t'_N(苯)}{t'_N(正丁烷)/t'_N(苯)} = \lg \frac{t'_N(丁二烯)}{t'_N(正丁烷)} \tag{2-4}$$

式中，t'_N 表示调整保留时间。再用下式就可计算欲测固定液的相对极性：

$$P_x = \frac{q_x - q_s}{q_o - q_s} \times 100 = 100 - \frac{q_o - q_x}{q_o - q_s} \times 100 = 144(q_x - q_s) \tag{2-5}$$

式中，q_o 是在 β,β'-氧二丙腈柱中测得的，$q_o = 0.773$；q_s 是在角鲨烷柱中测得的，$q_s = 0.080$；q_x 是在欲测相对极性的色谱柱上测得的。

当用丁二烯-正丁烷物质对计算相对极性时,必须在较低柱温下进行试验,而正丁烷的流出时间又很接近于空气或氢气的流出时间,因此测量的准确度差。为避免由于试验带来的误差,改用苯和环己烷作为测量固定液相对极性的物质对(计算相对保留值时以正己烷作标准物)。用此法测量固定液的相对极性时,误差小于一个极性单位,由式(2-5)计算出各种固定液的相对极性[4,5]。

由测得的各种固定液相对极性的数值,以每20个极性单位为一级,可把固定液按相对极性分为0、+1、+2、+3、+4、+5六级,前述非极性固定液的相对极性为0、+1;中等极性固定液的相对极性为+2、+3;极性和氢键型固定液的相对极性为+4、+5。

在相对极性计算中,选用的试验物质——丁二烯和正丁烷(沸点分别为-4℃和-0.5℃),二者分子中都没有永久偶极,但丁二烯分子中有π键共轭,其比正丁烷易被诱导极化。对苯和环己烷(沸点分别为80.1℃和80.8℃),情况和上述相似,苯比环己烷易被诱导极化。因此在此法计算中,实际上只考虑了分子间色散力和诱导力的作用,没有考虑取向力、氢键作用力、络合作用力,所以这种评价固定液相对极性的定量表达方法是不完善的。

1959年E. Bayer[6],1961年P. Chovin和J. Lebbe[7,8],曾提出和L. Rohrschneider相似的评价固定液极性的方法,也未被推广使用。

三、用保留指数增量来评价固定液

前述用相对极性来评价固定液的方法是不完善的。由于选用的试验物质不能全面反映溶质和固定液分子间的相互作用,或由于没有确定能反映这种相互作用的标准试验物质,因而不能得到评价固定液的统一比较标准。

为了完善对固定液的评价,E. Kováts[10]、L. Rohrschneider[13] W. O. McReynolds[18]先后根据保留指数增量提出了评价固定液特征的日趋完善的方法,介绍如下。

1. 科瓦茨提出的保留值分散(retention dispersion)

1958年由F. Kováts提出的保留指数I[11],现已被普遍接受作为气相色谱定性分析的依据。R. Kaiser强调指出[12],如果没有保留指数的任何指示,想来评价一张色谱图,将是愚蠢无知的工作。

1959年A. E. Wehrll、E. Kováts首先提出用保留指数增量来表示固定液极性特征的方法,即用R—X结构的化合物来测定它在极性固定液——聚氧乙烯基乙二醇十八醚(EmulphorO)与在非极性固定液——阿匹松L上的保留指数增量(差值)[10]:

$$\Delta I_{RX} = I_{EmulphorO}^{RX} - I_{ApiezonL}^{RX} \tag{2-6}$$

R—X化合物中,R为含六个或更多碳原子的正构烷烃的碳链,X为官能团,对不同的R—X化合物,可得到不同的ΔI值。在EmulphorO固定液上的保留值分散如图2-2所示。ΔI值表示消除了色散力之后,溶质RX与固定液之间的极性作用力(取向力、诱导力、氢键作用力、络合作用力)。

对不同的固定液，由测得的 ΔI 值的标度，可给出每种固定液极性的特征。使用保留值分散法评价固定液的困难在于，很难找到图中所有不同种类的实验物质，另外使用时还要根据每张图来比较固定液的极性。因此这种方法虽然已被提出，但并没在实践中得到推广。另外由于他们选用的非极性固定液阿匹松 L 是一种烃的混合物，它含有不饱和烃或芳烃杂质，也影响了 ΔI 值测定的重复性(见图 2-2)。

2. 罗胥尼德常数(Rohrschneider constants)[13~15]

1966 年 L. Rohrschneider 发展了 A. E. Wehrll、E. Kováts 的观点，明确指出保留指数增量 ΔI 可作为评价固定液极性的依据。他选用角鲨烷代替阿匹松 L 作为非极性固定液，并指出保留指数增量的数值，不仅依赖于固定液的性质，也依赖于被分析物质的性质，它表示了两种作用的加和性，可以表示为：

$$\Delta I = I_{极性} - I_{非极性} = ax \qquad (2-7)$$

式中，a 表示了溶质的特征，叫作质比常数(solute-specific constant)，当固定液改变时，其保持不变；x 表示了固定液的特征，叫作相比常数(phase-specific constant)，它仅与选择的有限数目的试验溶质有关。

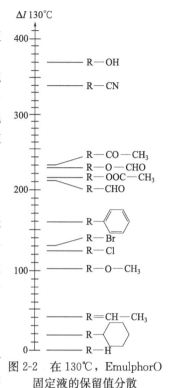

图 2-2　在 130℃，EmulphorO 固定液的保留值分散

显然不宜用单一试验溶质来指明固定液的特征，因其不能反映出分子间的全部作用力，许多研究者寻求用具有不同官能团的几种试验溶质，来组成多组分的试验混合物，来检验固定液的极性特征，这样才能比较全面地反映分子间的全部作用力，才能对固定液的极性做出确切的评价。

在 L. Rohrschneider 之前，只有 W. Averill[16,17] 提出的"极性试验混合物"最值得注意，如表 2-2 所示。他提出四种沸点相近、极性不同的化合物，以不同的浓度混合，用它们的相对峰高来分辨各自的色谱峰。由表 2-3 极性试验混合物在不同固定液上的流出顺序可看出，当在非极性固定液上，各组分峰以沸点顺序出现，只反映了色散力的相互作用。当在极性固定液上，各种化合物依它们的特征官能团与固定液的活性官能团之间的相互作用，而重新排列出峰次序。在含苯基的硅油上，苯将最后流出；在含羟基的聚乙二醇上，乙醇将最后流出。因而确证了前述选择固定液的"相似者相溶"的规则。上述"极性试验混合物"可用来粗略地比较固定液的极性，但它仅给出初步有限的知识。

表 2-2　W. Averill 极性试验混合物的组成

化合物	沸点/℃	含量(体积分数)/%
乙醇	78.5	53.33
甲乙酮	79.6	26.67

续表

化合物	沸点/℃	含量(体积分数)/%
苯	80.1	13.33
环己烷	80.8	6.67

表 2-3　在三种固定液上，极性试验混合物的流出顺序

固定液	乙醇	甲乙酮	苯	环己烷
角鲨烷	1	2	3	4
甲基苯基硅油(DC-550)	1	2	4	3
聚乙二醇 1540	4	2	3	1

　　L. Rohrschneider 根据前人的工作，在 23 种固定液上测定了 30 种不同溶质的保留指数，于 1966 年提出用苯、乙醇、甲乙酮（2-丁酮）、硝基甲烷、吡啶 5 种试验物质，通过测定它们在极性固定液和非极性固定液（角鲨烷）上的保留指数增量，以下述五项加和，来描述每种固定液极性的特征：

$$\Delta I = ax + by + cz + du + es \tag{2-8}$$

式中　x，y，z，u，s——相比常数；

　　　　a，b，c，d，e——质比常数。

下面分别介绍这两种常数的含义。

　　（1）相比常数（phase-specific constants）　x、y、z、u、s 表示了由五种标准试验物质——苯、乙醇、2-丁酮、硝基甲烷和吡啶所决定的固定相的特征常数，其数值可用下述方法求出：

$$x = \frac{\Delta I(苯)}{100} = \frac{I^P(苯) - I^S(苯)}{100} \tag{2-9}$$

$$y = \frac{\Delta I(乙醇)}{100} = \frac{I^P(乙醇) - I^S(乙醇)}{100} \tag{2-10}$$

$$z = \frac{\Delta I(2\text{-丁酮})}{100} = \frac{I^P(2\text{-丁酮}) - I^S(2\text{-丁酮})}{100} \tag{2-11}$$

$$u = \frac{\Delta I(硝基甲烷)}{100} = \frac{I^P(硝基甲烷) - I^S(硝基甲烷)}{100} \tag{2-12}$$

$$s = \frac{\Delta I(吡啶)}{100} = \frac{I^P(吡啶) - I^S(吡啶)}{100} \tag{2-13}$$

　　上述各式中 I^P 和 I^S 表示任何一种溶质在欲测固定液和角鲨烷固定液上测得的保留指数。

　　例如欲测定甲基硅油 DC-200 的相比常数，首先在 100℃测定五种试验物质在 DC-200 上的保留指数，再测定在角鲨烷上的保留指数，由保留指数的差值 ΔI 除以 100，就可求出 x、y、z、u、s 数值，如表 2-4 所示。

表 2-4　DC-200 在 100℃时的相比常数

试验物质	保留指数 I		保留指数增量 ΔI	相比常数	$\dfrac{\Delta I}{100}$
	DC-200	角鲨烷			
苯	664	649	15	x	0.15
乙醇	440	384	56	y	0.56
2-丁酮	578	531	47	z	0.47
硝基甲烷	535	457	78	u	0.78
吡啶	739	695	44	s	0.44

相比常数表示了固定液的特征，可用于评价固定液的极性。

（2）质比常数（solute-specific constants）　a、b、c、d、e 表示了溶质的特征。对于任何一种溶质，其质比常数不依赖于固定液，可用下述方法计算：

先选择至少五个已知 x、y、z、u、s 值的固定液，测量给定溶质在五个固定液上的保留指数 I^{P_i} 和在角鲨烷上的保留指数 I^S，再计算五个保留指数增量 ΔI_i，代入式 (2-8)，列出五个方程式，就可求出 a、b、c、d、e 数值。

$$\Delta I_1 = I^{P_1} - I^S = ax_1 + by_1 + cz_1 + du_1 + es_1 \tag{2-14}$$
$$\Delta I_2 = I^{P_2} - I^S = ax_2 + by_2 + cz_2 + du_2 + es_2 \tag{2-15}$$
$$\Delta I_3 = I^{P_3} - I^S = ax_3 + by_3 + cz_3 + du_3 + es_3 \tag{2-16}$$
$$\Delta I_4 = I^{P_4} - I^S = ax_4 + by_4 + cz_4 + du_4 + es_4 \tag{2-17}$$
$$\Delta I_5 = I^{P_5} - I^S = ax_5 + by_5 + cz_5 + du_5 + es_5 \tag{2-18}$$

上述各式中，相比常数 x、y、z、u、s 的下标数值表示选择的五种固定液。这种计算的完整的数学处理可参看 L. Rohrschneider 的原始文献[13]。显然当选用多于五个固定液时，可得到更准确的质比常数的数值。L. Rohrschneider 测定了 30 种溶质的质比常数，如表 2-5 所示。

L. Rohrschneider 对选定的五种试验物质的质比常数做了规定，可由表 2-5 看到。这是由相比常数的定义——$\dfrac{\Delta I}{100}$所决定的。

对于给定的溶质，利用表 2-5 的质比常数[13]，可以预测它在不同固定液上的保留指数。例如对异丙醇，100℃在角鲨烷上测得的保留指数 $I = 431.0$。使用表 2-5 和表 2-4的数值，就可预测异丙醇，100℃在 DC-200 固定液上的保留指数。根据式（2-8）可得：

$$I^{DC\text{-}200}_{\text{异丙醇}} - I^S_{\text{异丙醇}} = ax + by + cz + du + es$$
$$\begin{aligned} I^{DC\text{-}200}_{\text{异丙醇}} &= I^S_{\text{异丙醇}} + ax + by + cz + du + es \\ &= 431.0 + (-18.15) \times 0.15 + 95.89 \times 0.56 + \\ &\quad 15.76 \times 0.47 + (-6.53) \times 0.78 + 2.09 \times 0.44 \\ &= 485.2 \end{aligned}$$

实验测定值为 486。计算的预测值与实验值相符合，充分说明质比常数表达了溶质的特性，其不随固定液的变化而改变。

表 2-5 L. Rohrschneider 溶质的质比常数

编号	溶质	a	b	c	d	e
1	苯	100.00	0.00	0.00	0.00	0.00
2	乙醇	0.00	100.00	0.00	0.00	0.00
3	2-丁酮(甲乙酮)	0.00	0.00	100.00	0.00	0.00
4	硝基甲烷	0.00	0.00	0.00	100.00	0.00
5	吡啶	0.00	0.00	0.00	0.00	100.00
6	2,4-二甲基戊烷	−19.63	0.74	12.97	−1.94	0.68
7	2-乙基-1-己烯	19.14	−0.69	4.87	−1.29	0.10
8	环己烷	32.06	−22.47	−21.64	4.07	29.72
9	甲苯	108.33	3.77	8.75	−7.01	−7.61
10	苯乙烯	127.00	0.02	−8.08	10.67	−8.94
11	苯乙炔	125.20	2.53	−74.82	57.97	0.90
12	丙酮	−5.30	−4.61	94.94	7.90	5.64
13	丙醛	13.27	−1.01	74.86	4.79	1.33
14	2-丁烯醛	−7.86	−17.59	65.75	37.49	17.21
15	乙酸正丁酯	−3.77	−13.31	57.29	13.88	19.98
16	乙腈	2.86	−16.38	30.09	84.10	0.03
17	硝基乙烷	−5.41	−11.07	43.66	75.66	−1.28
18	二噁烷	45.86	−2.89	40.20	−7.49	40.24
19	二正丁基醚	17.34	9.77	29.73	−12.48	−2.79
20	噻吩	105.69	−4.19	−31.53	20.10	11.22
21	三氯甲烷	69.71	28.91	−72.62	53.05	−6.29
22	四氯化碳	63.28	−20.94	−57.47	28.28	33.75
23	碘甲烷	71.06	−14.95	−42.57	31.77	21.58
24	溴乙烷	46.05	−7.74	−1.28	18.34	9.11
25	1,2-二氟四氯乙烷	14.89	−16.12	−35.03	29.09	33.35
26	正丙醇	−9.42	105.26	0.25	6.63	−7.49
27	异丙醇	−18.15	95.89	15.76	−6.53	2.09
28	烯丙醇	18.11	116.45	−21.27	22.06	−23.35
29	叔丁醇	−11.42	76.51	33.75	−12.77	0.21
30	环戊醇	2.08	77.84	−20.84	21.69	17.75

虽然相比常数 x、y、z、u、s 和质比常数 a、b、c、d、e 都已由 L. Rohrschneider

提出，但实际应用上，"罗胥尼德常数"却只指相比常数。这是由于一方面表示溶质特征的质比常数的测定是比较复杂的，并且它主要用于溶质保留指数的预测；另一方面，由于 L. Rohrschneider 对选定的五种试验物质——苯、乙醇、2-丁酮、硝基甲烷、吡啶的质比常数已规定其数值。因此，对不同固定液测其表示固定液特征的相比常数却较容易获得，特别是由于 W. R. Supina 和 L. P. Rose 做了大量工作[18]，已系统地测定了75 种固定液的相比常数，并按其数值由小到大的次序排列，清楚地表达了各种固定液的极性，现在罗胥尼德常数即指相比常数的概念，已普遍用于表示固定液的极性特征。

L. Rohrschneider 选用的五种试验物质，具有不同的性质，其与固定液产生的分子间主要作用力也不相同，每种溶质都代表了具有特征官能团的一类物质，可用表 2-6表示。

表 2-6　L. Rohrschneider 试验物质的特征

符号	试验物质	具有试验物质特征的物质	试验物质性质	与固定液主要作用力
x	苯	芳烃、烯烃、不饱和有机物	电子给予体	诱导力
y	乙醇	醇、腈、酸、—CH_2Cl、—$CHCl_2$、—CCl_3	质子给予体	氢键力
z	2-丁酮	酮、醚、醛、酯、环氧化物和二甲胺衍生物	偶极取向化合物	取向力
u	硝基甲烷	硝基和氰基衍生物	电子接受体	取向力、络合力
s	吡啶	吡啶衍生物、二噁烷	质子接受体	氢键力、络合力

应当指出，由 L. Rohrschneider 提出的式（2-8）是不受温度影响的。但在罗胥尼德常数测定中，使用了热稳定性较低的角鲨烷；测定只能在 100~120℃进行，因此测出的罗胥尼德常数不宜于用来估计任何固定液在高温时表示的极性。实验已测定对弱极性固定液 SE-30，当柱温由 90℃上升到 150℃时，每升高 10℃，罗胥尼德常数升高0.005~0.02 个单位，此时温度的影响并不大。但对极性固定液，如 XF-1150，在上述温度间隔，每升高 10℃，罗胥尼德常数升高 0.045~0.16 个单位，此时温度的影响应予以注意[19]。

3. 麦克雷诺兹常数（McReynolds constants）[20]

1970 年 W. O. McReynolds 在 25 种固定液上分析了 68 种不同的化合物（见表 2-7）[21]（其中 30 种已由 L. Rohrschneider 使用过），测量了它们的保留指数，以确定在所有固定液上各种试验物质的特性。

他从两个方面进一步完善了由 L. Rohrschneider 提出的相比常数的概念：

① 由测量的保留指数数据，进行回归分析，从 68 种试验物质中选择 10 种试验物质来代替 L. Rohrschneider 提出的五种试验物质。他认为需用 10 种试验物质，测其在某种固定液上与角鲨烷上的各个 ΔI 值，才能较全面地反映该固定液的特性。

② 他建议用 10 种试验物质（苯、1-丁醇、2-戊酮、1-硝基丙烷、吡啶、2-甲基-2-戊醇、1-碘丁烷、2-辛炔、1,4-二噁烷、顺六氢化茚满）中的前五种试验物质的 ΔI 总和，或 10 种试验物质的 ΔI 总和，来表示每种固定液的平均极性。

表 2-7　W. O. McReynolds 试验物质

2,4-二甲基戊烷①	苯乙炔①	己醛	1-氯己烷
2-甲基庚烷	甲醇	2-丁烯醛①	1-氟辛烷
3-甲基庚烷	乙醇①	丙酮	三氯甲烷①
2,2,3-三甲基庚烷	正丙醇①	甲乙酮①	四氯化碳①
环己烷①	异丙醇①	2-戊酮	1,1,2,2-四氯乙烷
顺六氢化茚满	正丁醇①	2-己酮	1,1-二氟四氯乙烷
十氢化萘	叔丁醇①	3-己酮	1,2-二氟四氯乙烷①
1-辛烯	1-己醇	乙酸正丁酯①	己三醇
2-辛烯	2-己醇	丁酸丙酯	丙基硫醚
2-乙基-1-己烯①	3-己醇	二正丁基醚	噻吩①
1-辛炔	2-甲基-2-戊醇	苯甲醚	硝基甲烷①
2-辛炔	3-甲基-3-戊醇	1,4-二噁烷①	硝基乙烷①
苯①	2-甲基-2-庚醇	碘甲烷①	1-硝基丙烷
甲苯	3-甲基-3-庚醇	1-碘丁烷	2-甲基-2-硝基丙烷
乙苯	环戊醇①	2-碘丁烷	乙腈①
1,3,5-三甲基苯	烯丙醇①	溴己烷	戊腈
苯乙烯①	丙醛	1-溴戊烷	吡啶①

① 表示 L. Rohrschneider 使用过的物质。

　　W. O. McReynolds 建议的 10 种试验物质中，包括有单官能团、高极性官能团、带有支链、不对称取代的化合物和具有构型性质的化合物[22]。他改变了由 L. Rohrschneider 提出的 5 种试验物质中的 3 种——乙醇、2-丁酮、硝基甲烷，这是由于它们在非极性固定液上流得很快，保留指数均低于 500，并且峰形拖尾，为测定它们的保留指数需用常温常压下为气态的正构烷烃（如丁烷、戊烷），这在使用上不方便。改用它们的高碳数同系物——1-丁醇、2-戊酮、1-硝基丙烷取代之后，上述不足得以改善。

　　W. O. McReynolds 提出的 10 种试验物质的前 5 种与 L. Rohrschneider 提出的 5 种试验物质是相似的，2-甲基-2-戊醇的加入，可改进预测有支链的化合物，特别是含支链醇的保留指数；1-碘丁烷的加入可预测卤化物的保留指数；2-辛炔、1,4-二噁烷、顺六氢化茚满的加入，仅给出不重要的改进。

　　表 2-8 列出 10 种试验物质及由 W. R. Supina 建议指明的各个常数的符号和具有试验物质特征的物质及其与固定液间的主要作用力。

表 2-8　W. O. McReynolds 试验物质的特征

符号	试验物质	具有试验物质特征的物质	试验物质性质	与固定液主要作用力
x'	苯	芳烃、烯烃、不饱和有机物	电子给予体	诱导力

续表

符号	试验物质	具有试验物质特征的物质	试验物质性质	与固定液主要作用力
y'	1-丁醇	醇、腈、酸	质子给予体	氢键力
z'	2-戊酮	酮、醚、醛、酯、环氧化物	偶极取向化合物	取向力
u'	1-硝基丙烷	硝基和氰基衍生物	电子接受体	取向力、络合力
s'	吡啶	吡啶衍生物、有机胺	质子接受体	氢键力、络合力
H	2-甲基-2-戊醇	支链有机物,特别是支链醇	质子给予体	氢键力(空间位阻)
J	1-碘丁烷	有机卤化物	偶极取向化合物	取向力
K	2-辛炔	炔烃	偶极取向化合物	取向力
L	1,4-二噁烷	环氧化物、杂环	质子接受体	氢键力
M	顺六氢化茚满	具有空间构型的有机物	偶极取向化合物	取向力(空间构型)

通常把 x'、y'、…、M 叫作麦克雷诺兹常数。下面以聚乙二醇 20M 为例,说明其测定方法。前述 10 种试验物质在 120℃,测其在聚乙二醇 20M 和角鲨烷上的各自保留指数,然后求出对应每种试验物质的 ΔI 值,即求出 x'、y'、…、M 的各自数值。如表 2-9 所示。

表 2-9　聚乙二醇 20M 的麦克雷诺兹常数

试验物质	保留指数		麦克雷诺兹常数	ΔI
	聚乙二醇 20M	角鲨烷		
苯	975	653	x'	322
1-丁醇	1126	590	y'	536
2-戊酮	995	627	z'	308
1-硝基丙烷	1224	652	u'	572
吡啶	1209	699	s'	510
2-甲基-2-戊醇	1077	690	H	387
1-碘丁烷	1100	818	J	282
2-辛炔	1062	841	K	221
1,4-二噁烷	1088	654	L	434
顺六氢化茚满	1154	1006	M	148

W. O. McReynolds 工作的目的,仅为了表示固定液的特性,他没有指出相比常数和质比常数的关系,因此麦克雷诺兹常数只简单地等于试验物质的 ΔI 值。

由上述可知,罗胥尼德常数和麦克雷诺兹常数在表达方式上有些不同:

罗胥尼德常数 x、y、z、u、s 表示试验物质的 $\dfrac{\Delta I}{100}$ 总是给出小数点后两位数,数值约为 $0.10 \sim 13.00$。

麦克雷诺兹常数 x'、y'、$\cdots$、M 表示试验物质的 ΔI，总是四舍五入至整数，数值约为 $10 \sim 1300$。

J. Takács 详细研究了 L. Rohrschneider 和 W. O. McRevnolds 提出的试验物质，得出结论，认为使用五种试验物质来评价固定液的极性已足以令人满意了[23,24]，所以现在通常用 W. O. McReynolds 提出的前五项试验物质的 x'、y'、z'、u'、s' 的总和来表示固定液的特征。

A. Hartkopf 提出 2-丁酮（2-戊酮）只有弱的偶极取向力，而硝基甲烷和 1-硝基丙烷却有强的偶极取向力，并指出 1,4-二噁烷是比吡啶更好的质子接受体，因此他建议使用苯、1-丁醇、1-硝基丙烷和 1,4-二噁烷四种物质的 x'、y'、u'、L 值，来表示固定液的特征[20,25]。

W. O. McReynolas 用前述十种试验物质，在 120℃柱温下测定了 226 种固定液的麦克雷诺兹常数，现在利用麦克雷诺兹常数表中的前五项总和来评价每种固定液的平均极性，已被广大色谱工作者所接受，其对研究固定液的分类和对指定溶质混合物的分离来选择固定液，都起了巨大的指导作用[26,27]。

用罗胥尼德常数或麦克雷诺兹常数来表示固定液的极性特征，其在本质上是相同的，只不过麦克雷诺兹常数表示得更全面一些。它们都以有规则的方式将固定液分类，常数的数值定量地反映了试验溶质与固定液间的分子间不同类型的作用力，表示了每种固定液相对于角鲨烷的相对极性的大小。通过比较不同固定液的常数数值，可以找出性质相似的固定液（一种是化学结构相似；另一种是化学结构不同，但极性相似），并利用这些常数的帮助，来减少现已使用的固定液的数目，以防止不必要的重复工作。

4. 保留极性

1976 年 G. Tarján；J. M. Takács 等[28]，在 L. Rohrschneider 和 W. O. McReynolds 工作的基础上，利用麦克雷诺兹常数表前五项的数值 x'、y'、z'、u'、s'，提出计算"保留极性"（retention polarity）$\bar{P}_R$ 的方法，并用保留极性的单一数值来描述每种固定液的极性特征。

每种固定液的保留极性计算方法如下：

首先引入对每种标准试验物质（苯、1-丁醇、2-戊酮、1-硝基丙烷、吡啶）的"相对极性"（relative polarity）P_r，按下式计算：

$$P_r = \frac{I^P - I^S}{I^S} = \frac{\Delta I}{I^S}$$

式中，I^P 和 I^S 分别为每种标准试验物质在极性固定液和角鲨烷上的保留指数。

然后取五种标准试验物质 P_r 值的平均值，最后规定保留极性的定义为：

$$\bar{P}_R = 100 \frac{\sum_{i=1}^{5} \left(\frac{I^P - I^S}{I^S} \right)_i}{5} = 20 \sum_{i=1}^{5} \left(\frac{\Delta I}{I^S} \right)_i$$

式中，i 为标准试验物质的数目。

5. 保留指数增量 ΔI 的热力学含义[13,14]

在罗胥尼德常数中使用的试验溶质苯（x）、乙醇（y）、2-丁酮（z）、硝基甲烷（u）、吡啶（s）和在麦克雷诺兹常数中使用的试验溶质苯（x'）、1-丁醇（y'）、2-戊酮（z'）、1-硝基丙烷（u'）、吡啶（s'），它们在极性固定相测得的保留指数（I_P^{RX}）与在角鲨烷非极性固定相测得的保留指数（I_S^{RX}）的差值，即保留指数增量（ΔI^{RX}）可表达为：

$$\Delta I^{RX} = I_P^{RX} - I_S^{RX}$$

保留指数增量 ΔI^{RX} 的热力学表达式为：

$$\Delta I^{RX} = 100 \frac{\Delta G_P^{RX} - \Delta G_P^n}{\Delta G_P^{CH_2}}$$

式中　ΔG_P^{RX}——溶质 RX 在极性固定相溶解的自由能；

$\quad\quad\Delta G_P^n$——具有碳数 n 的正构烷烃在极性固定相溶解的自由能，此碳数为 n 的正构烷烃与溶质 RX 在角鲨烷柱上有相同的保留时间；

$\quad\quad\Delta G_P^{CH_2}$——亚甲基基团（—CH$_2$—）在极性固定相上溶解的自由能。

在极性固定相上，ΔG_P^{RX} 为几种正构烷烃溶解自由能的加和：

$$\Delta G_P^{RX} = \Delta G_P^{1n} + \Delta G_P^{2n} + \Delta G_P^{3n} + \cdots + \Delta G_P^{in}$$

6. 耐高温固定液极性的评价

根据麦克雷诺兹常数表前五项的数值，可计算出在气相色谱中常用固定液的保留极性，其数值为 0～150 左右。

各种固定液的保留极性标准，表明了固定液的极性特征，同样可用来解决固定液选择的实际问题，并可很好地用来表示混合固定液的极性特征。

前述用罗胥尼德常数或麦克雷诺兹常数来评价固定液的极性时，都选用角鲨烷作为标准的非极性固定液，但角鲨烷的热稳定性较差，只能在 100～120℃测量。

近年来由于新型耐高温固定液研制的不断发展，如何评价在高柱温下固定液的极性，就成为许多气相色谱工作者感兴趣的问题。为解决此问题，一方面提出了性能优于角鲨烷的耐高温的标准非极性固定液，另一方面提出了能在高柱温下使用的标准试验溶质，仍然沿用以保留指数增量来评价固定液极性的方法。

1976 年 F. Riedo、E. Kováts 等[29]提出，用具有支链的含 87 个碳的烷烃 $C_{87}H_{176}$[24,24-二乙基-19,29-二(十八烷基)四十七烷]作为标准的非极性固定液，它为人工合成的烷烃，具有以下特点：

① 低熔点　33.3℃。

② 高柱温时的低密度　0.776g/cm³（130℃）。

③ 高分子量　1222.37。

④ 耐高温　工作温度范围：30～280℃（300℃）。

其为一种高纯度的非极性固定液，性能优于角鲨烷和甲基硅油（如 SE-30、E-

301）。此文还提供了包括苯、1-丁醇、2-戊酮、1-硝基丙烷、吡啶等 155 种试验溶质，于柱温 70℃、130℃、190℃时，在 $C_{87}H_{176}$ 烷烃固定液上的保留指数。

1977 年 F. Vernon 等[30]提出，用氢化阿匹松 M 代替角鲨烷，作为评价固定液极性的标准非极性固定液，其最高工作温度达 200℃。

他们用雷尼（Raney）镍作催化剂，将分子量为 2340 的阿匹松 M，于 260℃、100atm 下氢化 24h，得到的氢化阿匹松 M，分子量增至 2680，残余的烯烃、芳烃含量低于 2％，经热重分析，确定其在 100～200℃稳定，在 250℃有 3％的损失。

为了与角鲨烷比较，他们仍以苯、1-丁醇、2-戊酮、1-硝基丙烷、吡啶作试验溶质，于 120℃测其在氢化阿匹松 M 上的保留指数，结果与麦克雷诺兹在角鲨烷上测量的保留指数相接近。

为了说明氢化阿匹松 M 在高柱温时的特性，他们于 180℃，测定了正丁基苯、苯甲醇、苯乙酮、硝基苯、苯胺五种芳香族溶质在氢化阿匹松 M 上的保留指数，结果与这五种溶质在聚乙烯固定液上的保留指数相接近，充分表明了氢化阿匹松 M 的非极性特征。

1978 年 F. Vernon 提出了测量耐高温固定液极性的方法[31]，以氢化阿匹松 M 作为标准的非极性固定液，并提出用正丁基苯、1-辛醇、2-辛酮、1-硝基己烷、4-乙基-2-甲氮苯（collidine）作为高温试验溶质代替苯、1-丁酮、2-戊酮、1-硝基丙烷、吡啶。在 180℃测量了上述溶质在阿匹松 L、SE-30、QF-1、聚乙二醇 20000、PEGA、EGS 六种固定液与在氢化阿匹松 M 上的 ΔI 值，并以此 ΔI 值来表示耐高温固定液的极性。

F. Vernon 还提出了适于高柱温使用的测量聚酯固定液极性的方法[32]，使用正丁基苯、苯甲醇、苯乙酮、硝基苯、苯胺五种芳香族溶质，用阿匹松 L 作为标准的非极性固定液，在 180℃测量五种芳香族溶质的 ΔI 值，并以此 ΔI 值来表示适于高柱温使用的聚酯固定液（聚己二酸乙二醇酯、聚丁二酸丁二醇酯、聚己二酸丁二醇酯、聚己二酸己二醇酯、聚辛二酸丁二醇酯、聚乙二酸癸二醇酯、聚十二烯酸丁二醇酯、聚辛二酸乙二醇酯、聚甲基丙烯酸甲酯）的极性。

四、评价固定液极性的其他方法

1. Vigdergauz 线性保留指数法[33,34]

在罗胥尼德常数中，x、y、z、u、s 称为相比常数，a、b、c、d、e 称为质比常数。

一种溶质在一种极性固定相的线性保留指数可表达为：

$$J = J_0 + AX + BY + CZ + OU + ES$$

式中，J_0 为溶质在非极性固定相角鲨烷上的线性保留指数；A、B、C、D、E 为质比常数的线性模拟量；X、Y、Z、U、S 为相比常数的线性模拟量，也可称作"极性因子"（polarity factor），它们表示五种标准试验溶质（苯、乙醇、2-丁酮、硝基甲烷、吡啶）在极性固定相和角鲨烷固定相上测得的线性保留指数的差值。

五种标准试验溶质在极性固定相与在角鲨烷固定相上测得的线性保留指数增量

ΔJ 为：

$$\Delta J = J - J_。 = AX + BY + CZ + DU + ES$$

另外已知线性保留指数增量 ΔJ 可表达为：

$$\Delta J = \frac{\sigma^{\frac{\Delta I}{100}} - 1}{\sigma - 1}$$

式中，$\sigma = \frac{t'_{R(n+1)}}{t'_{R(n)}}$；$\Delta I = I - 100n$（$I$ 为科瓦茨保留指数，ΔI 为科瓦茨保留指数增量）。

将上述两种表达 ΔJ 的式子相结合，可得：

$$AX + BY + CZ + DU + ES = \frac{\sigma^{\frac{\Delta I}{100}} - 1}{\sigma - 1}$$

由此可以看到极性因子 X、Y、Z、U、S 与科瓦茨保留指数 I 的关联。

极性因子 X、Y、Z、U、S 之间的关系可用一种图示法表达，通过绘制 Y-X 图（或绘制 Z-X 图，U-X 图、S-X 图）来表达极性因子之间的特效选择性（specific selectivity）。

如果想表达固定相对羟基的特效选择性就可利用下述函数式：

$$\Delta Y = Y_i - P X_i$$

来绘制 Y-X 图，式中 P 为所绘直线的斜率。

绘制 Y-X 图（见图 2-3）的方法如下：

首先采用罗胥尼德提供的每种固定相的 x、y、z、u、s 数值[13]，以 y 值作纵坐标，以 x 值作横坐标。已知非极性固定液角鲨烷，在 x、y 轴的坐标皆为零，即作为坐标的原点。1,2,3-三(β-氰乙氧基)丙烷具有 x、y 的最高值，其为坐标中的 H 点。

由角鲨烷和 1,2,3-三(β-氰乙氧基)丙烷构成的二元混合固定液，其具有的极性因子 X、Y，在图内显示呈直线 OH（Ⅰ）关系。

如果考虑由聚丙二醇（K 点）和 1,2,3-三（β-氰乙氧基）丙烷（H 点）构成的第二种二元混合固定液，它们的极性因子 X、Y 关系，对应于直线 KH（Ⅱ），相似的由聚丙二醇（K 点）和角鲨烷（O 点）构成的第三种二元混合固定液，它们的极性因子 X、Y 关系，对应于直线 KO（Ⅲ）。

由角鲨烷、1,2,3-三(β-氰乙氧基)丙烷和聚丙二醇三种固定液，就构成 $\triangle OKH$，在三

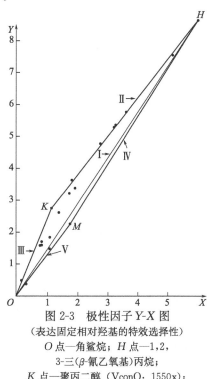

图 2-3 极性因子 Y-X 图
（表达固定相对羟基的特效选择性）
O 点—角鲨烷；H 点—1,2,
3-三(β-氰乙氧基)丙烷；
K 点—聚丙二醇（VconO；1550x）；
M 点—聚苯醚（六元环）

角形内，可获得 X、Y 的任意组合，并可比较任意混合固定液对羟基的特效选择性。K 点，即聚丙二醇具有与溶质的羟基形成氢键的能力，表现出与 OH 线（Ⅰ）有最大的正偏差，即呈现与醇类有特征的选择性。

图 2-3 中 M 点为聚苯醚（六元环），它与角鲨烷（O 点）及 1,2,3-三（β-氰乙氧基）丙烷（H 点）构成 $\triangle OMH$，由它们的极性因子 X、Y 可构成第四种二元混合固定液，对应直线 MH（Ⅳ）和第五种二元混合固定液，对应直线 MO（Ⅴ）。由于聚苯醚不具有形成氢键的能力，M 点显示与 OH 线（Ⅰ）有最大的负偏差，其对醇类仅呈现微弱的羟基选择性。

由上述可知，由 Y-X 图（或 Z-X 图、U-X 图、S-X 图）都可表征混合固定液对羟基(或偶极取向、电子接受体、质子接受体)的特效选择性的特征。

2. Takacs 表征固定液极性的新参数[35~40]

20 世纪 90 年代 Takacs 深入研究了科瓦茨保留指数，并提出了表征固定液极性的新参数：科瓦茨系数 K_c（Kováts coefficient）和分子结构系数 S_c（molecular structural coefficient）。

科瓦茨保留指数定义式表达如下：

$$I_x = 100n + 100\frac{\ln V_{g(x)} - \ln V_{g(n)}}{\ln V_{g(n+1)} - \ln V_{g(n)}}$$

$$= 100n + \frac{100\ln V_{g(x)}}{\ln V_{g(n+1)} - \ln V_{g(n)}} - \frac{100\ln V_{g(n)}}{\ln V_{g(n+1)} - \ln V_{g(n)}}$$

科瓦茨系数： $$K_c = 100\left[n - \frac{\ln V_{g(n)}}{\ln V_{g(n+1)} - \ln V_{g(n)}}\right]$$

分子结构系数： $$S_c = \frac{100\ln V_{g(x)}}{\ln V_{g(n+1)} - \ln V_{g(n)}}$$

$$I_x = K_c + S_c$$

由正构烷烃碳数规律：$\lg V_{g(n)} = A + bn$ 可知：

斜率： $$b = \lg V_{g(n+1)} - \lg V_{g(n)} = \frac{\ln V_{g(n+1)} - \ln V_{g(n)}}{\ln 10}$$

$$\ln V_{g(n+1)} - \ln V_{g(n)} = b \times \ln 10 = 2.3b$$

$$K_c = 100\left[n - \frac{\ln V_{g(n)}}{2.3b}\right] = 100\left[n - \frac{\lg V_{g(n)}}{b}\right]$$

$$S_c = 100\frac{\ln V_{g(x)}}{2.3b} = 100\frac{\lg V_{g(x)}}{b}$$

由碳数规律： $$\frac{\lg V_{g(n)}}{b} = \frac{A}{b} + n$$

因而 $$K_c = -100\frac{A}{b}$$

（1）用科瓦茨系数 K_c 表征固定液的极性

科瓦茨系数：
$$K_c = -100\frac{A}{b}$$

它表达了以正构烷烃作溶质时，每种固定液与亚甲基相互作用的程度，反映了色散力的作用，通常随固定液极性的增加 K_c 值增大。

1991 年 Takacs 重新提出保留极性（retention polarity，RP）和新提出的麦克雷诺兹极性（McReynolds polarity，MP）概念。

保留极性 RP 可表达为：
$$\mathrm{RP}(\text{或}\ \overline{P}_R) = 20\sum_{i=1}^{5}\left(\frac{I^{\mathrm{P}}}{I^{\mathrm{SQ}}}\right)_i - 100$$

式中，I^{P} 和 I^{SQ} 表示麦克雷诺兹溶质（1～5）在极性固定相（P）和角鲨烷（SQ）柱上测得的科瓦茨保留指数

麦克雷诺兹极性 MP 可表达为：
$$\mathrm{MP} = \left(2\frac{K_c^{\mathrm{P}}}{K_c^{\mathrm{AP\text{-}87}}}\right) - 1$$

式中，K_c^{P} 和 $K_c^{\mathrm{AP\text{-}87}}$ 分别为麦克雷诺兹溶质（1～5）在极性固定相和在非极性八十七碳烷烃固定相上测得的科瓦茨系数。

1997 年 Takacs 又将麦克雷诺兹极性重新定义为：
$$\mathrm{MP} = 20\sum_{i=1}^{5}\left[\left(2\frac{K_c^{\mathrm{P}}}{K_c^{\mathrm{AP\text{-}87}}}\right)_i - 1\right]$$

当柱温为 120℃时，在八十七碳烷烃固定相上，以正构烷烃为溶质，求出 $K_c^{\mathrm{AP\text{-}87}}$ 的最小值，即 $K_c^{\mathrm{AP\text{-}87}} = 118.0$，若将此值定义为麦克雷诺兹极性的零点，MP=0，代入上式，可求出：

$$K_c^{\mathrm{P}} = \frac{118.0}{2} = 59.0$$

这就意味着，极性大于 AP-87 的固定液，其科瓦茨系数 K_c^{P} 的最小值为 59.0。

由上述可知，科瓦茨系数（K_c）、保留极性（RP 或 $\overline{P}_R$）、麦克雷诺极性（MP）都可用来表征固定液的极性。表 2-10 为在 120℃、柱温测定的甲基（苯基）硅烷固定液的 K_c、RP 和 MP 的数值，表明随数值的增大，固定液的极性也在增大。

表 2-10 用 K_c、RP、MP 值表征甲基（苯基）硅烷固定液的极性

参数 \ 固定液	OV-1	OV-3 (10%)	OV-7 (20%)	OV-11 (35%)	OV-17 (50%)	OV-22 (65%)	OV-25 (75%)
K_c	150	172	193	223	244	277	302
RP	6.95	13.17	18.39	24.37	27.40	33.29	35.86
MP	1.26	1.63	1.95	2.33	2.53	2.92	3.10

（2）用分子结构系数 S_c 表征固定液的极性

分子结构系数：
$$S_c = I_x - K_c = 100 \frac{\lg V_{g(x)}}{b}$$

1997 年后 Takacs 提出了物比极性因子（substance-specific polarity factors，SPF）、平均极性因子（average polarity factors，APF）和有效极性（effective polarity，P^E）的概念。

物比极性因子：
$$\text{SPF} = \frac{S_c^P}{S_c^{zero}}$$

式中，S_c^P 和 S_c^{zero} 分别为物质在极性固定相（P）和假想非极性固定相（zerolane）上测得的分子结构系数（S_c）。

平均极性因子：
$$\text{APF} = \sum_{i=1}^{5} \left(\frac{\text{SPF}^P}{5} \right)_i \quad (i = 1 \sim 5,\ \text{指前五种麦克雷诺兹溶质})$$

有效极性：
$$P^E = 10 \text{MP}(\text{APF}^P - \text{APF}^{zero})$$

式中，MP 为麦克雷诺兹极性；APF^P 和 APF^{zero} 分别为物质在极性固定相（P）和假想非极性固定相（zerolane）上测得的平均极性因子（APF）。由于规定 $\text{APF}^{zero} = 1$，因而：
$$P^E = 10 \text{MP}(\text{APF}^P - 1)$$

由上述可知，分子结构系数 S_c、物比极性因子 SPF、平均极性因子 APF 和有效极性 P^E 都可用来表征固定液的极性。表 2-11 为在 120℃测得的 26 种固定液的 SPF、APF、P^E 以及 RP 和 MP 值，表明随数值的增大，固定液的极性增大。

表 2-11　26 种固定液的 SPF、APF、P^E 以及 RP 和 MP 值

120℃在 26 种固定相上,五种麦克雷诺兹溶质的物比极性因子 SPF					平均极性因子	有效极性	保留极性	麦克雷诺兹极性
固定相	苯	正丁醇	2-戊酮	1-硝基丙烷	吡啶	APF	P^E	RP	MP
Zerolane	1	1	1	1	1	1.0000	0.0000	−20.83	0.0000
Squalane	1.0139	1.2284	1.0457	1.3380	1.2036	1.1659	1.4879	0.00	0.8968
SPB-octyl	1.0151	1.2455	1.0494	1.3626	1.2189	1.1783	1.7312	1.65	0.9709
Apolane-87	1.0155	1.2521	1.0509	1.3722	1.2249	1.1831	1.8314	2.30	1.0000
Apiezon-L	1.0185	1.2935	1.0602	1.4312	1.2621	1.2131	2.5263	6.38	1.1855
OV-101	1.0191	1.3014	1.0620	1.4424	1.2692	1.2188	2.6734	7.17	1.2217
SE-54	1.0216	1.3344	1.0697	1.4890	1.2991	1.2427	3.3402	10.51	1.3760
OV-7	1.0277	1.4097	1.0880	1.5938	1.3673	1.2973	5.1969	18.39	1.7480
OV-1701	1.0327	1.4662	1.1027	1.6711	1.4190	1.3383	6.9296	24.58	2.0481
SP-392	1.0369	1.5103	1.1148	1.7306	1.4595	1.3704	8.5082	29.60	2.2969

续表

120℃在26种固定相上,五种麦克雷诺兹溶质的物比极性因子SPF						平均极性因子	有效极性	保留极性	麦克雷诺兹极性
固定相	苯	正丁醇	2-戊酮	1-硝基丙烷	吡啶	APF	P^E	RP	MP
OV-25	1.0424	1.5631	1.1300	1.8008	1.5082	1.4089	10.6895	35.86	2.6140
SAIB	1.0502	1.6307	1.1510	1.8890	1.5712	1.4584	14.0109	44.34	3.0563
OV-215	1.0536	1.6581	1.1601	1.9241	1.5969	1.4786	15.5492	47.95	3.2492
Pluronic F68	1.0644	1.7343	1.1876	2.0200	1.6693	1.5351	20.5524	58.70	3.8407
NPGS	1.0714	1.7767	1.2046	2.0720	1.7102	1.5670	23.8872	65.23	4.2131
PEG-20M	1.0788	1.8169	1.2223	2.1203	1.7496	1.5976	27.5170	71.91	4.6047
EGA	1.0915	1.8744	1.2513	2.1872	1.8072	1.6423	33.7601	82.61	5.2558
SP-2380	1.0967	1.8945	1.2629	2.2099	1.8279	1.6584	36.3320	86.79	5.5184
SP-2310	1.1134	1.9463	1.2981	2.2659	1.8832	1.7014	44.4311	99.31	6.3349
DEGS	1.1179	1.9576	1.3074	2.2774	1.8959	1.7112	46.6134	102.55	6.5538
Silar 10CP	1.1358	1.9915	1.3422	2.3095	1.9364	1.7431	54.9181	114.51	7.3905
EGS	1.1393	1.9965	1.3489	2.3137	1.9429	1.7482	56.5241	116.77	7.5539
SP-222-PS	1.1487	2.0070	1.3661	2.3215	1.9578	1.7602	60.6422	122.51	7.9769
OV-275	1.1640	2.0170	1.3930	2.3257	1.9760	1.7752	67.0810	131.38	8.6538
CES①	1.1730	2.0193	1.4082	2.3238	1.9835	1.7816	70.6754	136.31	9.0428
BCEF	1.1889	2.0173	1.4342	2.3214	1.9916	1.7891	76.6959	144.60	9.7188

① 氰乙基蔗糖。

(3) 分子结构系数 S_c 的热力学含义

已知

$$S_c = 100 \frac{\lg V_{g(x)}}{b}$$

溶质在固定液溶解的偏摩尔自由能 ΔG 为:

$$\Delta G_{(x)} = -2.3RT\lg K_P = -2.3RT\left[\frac{b(I_x - 100n)}{100} + \lg \frac{V_{g(n)}T\rho_L}{273}\right]$$

亚甲基在固定液中溶解的自由能 ΔG_{CH_2} 为:

$$\Delta G_{CH_2} = -2.3RTb$$

为适应溶质 1mol 亚甲基溶于固定液,固定液产生的阻抗 Y_i 为:

$$Y_i = \frac{\Delta G_x}{\Delta G_{CH_2}} = \left[\frac{b(I_x - 100n)}{100} + \lg V_{g(n)} + \lg \frac{T\rho_L}{273}\right]/b$$

$$= \lg V_{g(x)}/b + \lg \frac{T\rho_L}{273b} = \frac{S_c}{100} + \frac{\lg \rho_L + 0.1582}{b}$$

当柱温为 120℃ 时,$\frac{393}{273} = 1.4395$,$\lg \frac{393}{273} = 0.1582$。

$$\frac{\Delta G_{x}}{\Delta G_{CH_{2}}/100}=S_{c}+\frac{100}{b}(\lg\rho_{L}+0.1582)=S_{c}+E$$

其中，$E=\dfrac{100}{b}$ $(\lg\rho_{L}+0.1582)$ 为常数。

$$S_{c}=\frac{\Delta G_{x}}{\Delta G_{CH_{2}}/100}-E$$

3. 用三角形图示表征固定液的极性

（1）Brown 法

1963 年 I. Brown[9]利用保留体积概念，提出通过计算"保留分数"来评价固定液相对极性的另一种方法。他采用三类试验物质，一类为非极性溶质（正癸烷或正己烷用 n 表示），一类为电子给予体（二噁烷或 2-丁酮用 d 表示），一类为电子接受体（1,1, 2-三氯乙烷或乙醇用 a 表示）。使用上述三类溶质可以测量非极性固定液和极性固定液（分为电子接受体或电子给予体）的相对极性。其方法是在每种固定液上测量上述三类溶质的保留体积 V_{n}、V_{d} 和 V_{a}，分别按下述公式计算这种固定液对非极性溶质、电子给予体溶质、电子接受体溶质的三种"保留分数"（retention fraction）：

$$F_{n}=\frac{V_{n}}{V_{n}+V_{d}+V_{a}} \tag{2-19}$$

$$F_{d}=\frac{V_{d}}{V_{n}+V_{d}+V_{a}} \tag{2-20}$$

$$F_{a}=\frac{V_{a}}{V_{n}+V_{d}+V_{a}} \tag{2-21}$$

再用三角形坐标，标出固定液的位置，如图 2-4 所示。

对非极性固定液，靠近正癸烷，具有高的 F_{n} 值；对极性固定液，有低的 F_{n} 值。对于电子接受体类型的极性固定液，靠近二噁烷，具有高的 F_{d} 值和低的 F_{a} 值。对于电子给予体类型的极性固定液，靠近 1,1,2-三氯乙烷，具有高的 F_{a} 值和低的 F_{d} 值。这种在一定程度上定量描述固定液相对极性的方法，显然考虑了溶质和固定液之间的色散力、诱导力、取向力和氢键作用力的相互作用，但由于选用的试验物质变动很大，没有确定标准试验物质，不能找出统一评价固定液的相同标准，因而也没被普遍接受。

（2）Klee 法

1987 年 Klee 为了评价多孔聚合物（Chromosorb、porapak、Gas-chrom）的极性，选用石墨化炭黑（graphitized carbon black，GCB）作为非极性参比固定相，并采用三个麦克雷诺兹溶质［正丁醇（b）作为氢键给予体（donor），1,4-二噁烷（d）作为氢键接受体（acceptor），硝基丙烷（n）作为偶极分子（dipole）］作为探针，测定了聚合物固定相具有的氢键接受体能力、氢键给予体能力和偶极相互作用的极性特征，并提出选择性参数（selectivity parameters）x_{i} 的概念，定义为[41]：

$$x_{i}=\frac{\Delta I_{i}}{\Delta I_{b}+\Delta I_{d}+\Delta I_{n}}=\frac{\Delta I_{i}}{\sum\Delta I_{i}}$$

式中，ΔI_b、ΔI_d、ΔI_n 分别为正丁醇、1,4-二噁烷和硝基丙烷的麦克雷诺兹常数（ΔI_i）；分母 $\sum \Delta I_i$ 为三个探针麦克雷诺兹常数的加和。$\sum \Delta I_i$ 表达了固定相具有三种相对极性贡献的总和，$\sum \Delta I_i$ 值愈大，表示固定相的极性愈强。表 2-12 列出多孔聚合物的选择性参数（200℃）。

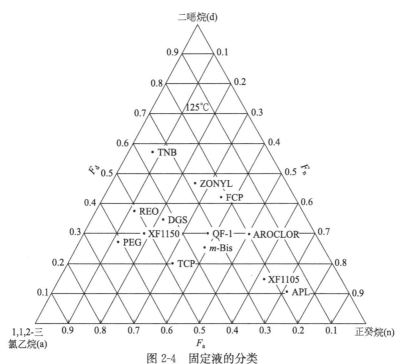

图 2-4　固定液的分类

APL—阿匹松 L；XF1105、XF1150—氰乙基硅油；QF-1—氟硅油；
AROCLOR—1262 多氯联苯；m-Bis—间位双(间位苯氧基苯氧基)苯；TCP—磷酸三甲酚酯；
PEG—聚乙二醇 1500；DGS—丁二酸乙二醇酯；REO—Reoplex400 聚己二酸丙二醇酯；
FCP—四氯酞酸二酯；ZONYL—ZonyIE7 苯均四酸氟代烷基酯；TNB—1,3,5-三硝基苯

表 2-12　多孔聚合物的选择性参数（200℃）

多孔聚合物型号	x_d(氢键接受体) 1,4-二噁烷	x_n(偶极分子) 硝基丙烷	x_b(氢键给予体) 正丁醇	$\sum \Delta I_i$	符号
Chromosorb 101	0.258	0.368	0.374	751.9	○
102	0.258	0.367	0.375	487.5	△
103	—	—	—	—	
104(190℃)	0.289	0.387	0.325	1624.0	+
105	0.315	0.356	0.329	743.6	×
106	0.270	0.365	0.366	405.7	◇
107	0.299	0.394	0.307	802.1	▽
108	0.297	0.384	0.319	1029.0	⊠

续表

多孔聚合物型号	x_d（氢键接受体） 1,4-二噁烷	x_n（偶极分子） 硝基丙烷	x_b（氢键给予体） 正丁醇	$\sum\Delta I_i$	符号
Porapak N	0.305	0.375	0.320	667.2	
P	0.259	0.371	0.371	778.3	
PS	0.265	0.367	0.368	850.1	
Q	0.276	0.366	0.358	458.8	
QS	0.283	0.359	0.358	441.1	
R	0.290	0.404	0.306	559.0	
S	0.300	0.374	0.326	579.7	
T(190℃)	0.301	0.383	0.317	925.3	*
Gas-Chrom 220	0.263	0.366	0.371	484.2	
Gas-Chrom 254	0.260	0.368	0.373	690.2	

如以正丁醇（b）、硝基丙烷（n）和1,4-二噁烷（d）作为三角形的三个顶点，由各种多孔聚合物固定相的选择性参数 x_i 数值，就可在三角形内的不同位置点找到对应的固定相，显示出每种固定相具有的相对极性（见图 2-5）。此图也可转变成三棱镜图，按 $\sum\Delta I_i$ 绝对值的大小排布三棱镜的长边 AB，就可在 AB 线不同位置的截面积上，找到对应的多孔聚合物固定相（见图 2-6）。

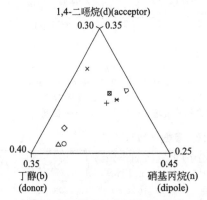

图 2-5　选择性三角形显示多孔
聚合物的相对选择性（图中符号对应
多孔聚合物的名称，见表 2-12）

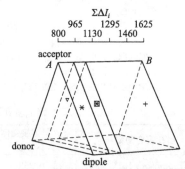

图 2-6　选择性三棱镜显示多孔聚合
物的相对选择性（$\sum\Delta I_i$ 表达四种更强极
性多孔聚合物的相对极性贡献）
▽—Chromosorb 107（$\sum\Delta I_i$=802.1）
*—Porapak T（$\sum\Delta I_i$=925.3）
⊠—Chromosorb 108（$\sum\Delta I_i$=1029.0）
+—Chromosorb 104（$\sum\Delta I_i$=1624.0）

（3）Poole 法

1987 年 Poole 将在高效液相色谱中把流动相进行分类的溶剂选择性三角形方法，应用到对气液色谱固定液极性的评价中[42,43]。

采用 Snyder 使用的乙醇（e）、硝基甲烷（n）和 1,4-二噁烷（d）的溶剂选择性参数 x_e、x_n、x_d 来表征气液色谱固定液的特征。他们仍以角鲨烷作为零极性参比固定相，测定乙醇、硝基甲烷和 1,4-二噁烷在角鲨烷和各种不同极性固定相上的科瓦茨保留指数 I_i，再求出三种探针溶质的麦克雷诺兹常数 ΔI_e、ΔI_n 和 ΔI_d 并按照 Snyder 提供的计算方法，求出三种探针溶质的溶剂选择性参数 x_i 和溶剂（固定液）的极性参数 P'[44]：

$$x_i = \frac{\Delta I_i}{\Delta I_e + \Delta I_n + \Delta I_d} = \frac{\Delta I_i}{\sum \Delta I_i}$$

$$P' = 1.2 + \sum \Delta I_i \frac{b}{100}$$

式中，$\sum \Delta I_i$ 为三个探针溶质的麦克雷诺兹常数的加和；b 为碳数规律的斜率。

表 2-13 为九种气液色谱固定相的溶剂选择性参数和溶剂极性，图 2-7 为对应的溶剂选择性三角形的图示，九种固定相分布在三角形内的不同区域。

表 2-13　由 $\Sigma \Delta I_i$ 计算的固定相的溶剂选择性参数和溶剂极性

固定相名称	溶剂选择性参数			溶剂极性 P'
	x_e	x_n	x_d	
OV-17	0.24	0.45	0.31	3.10
OV-105	0.40	0.44	0.16	2.76
OV-330	0.34	0.41	0.25	4.79
OV-225	0.31	0.42	0.27	4.78
QF-1	0.24	0.48	0.28	3.51
Carbowax 20M	0.33	0.41	0.26	5.84
DPAT	0.37	0.35	0.27	6.74
BAT	0.37	0.32	0.31	7.65
SBAT	0.37	0.31	0.32	7.80

由图 2-7 对固定相的评价用与 Corbowax 20M（CW）的相关性，可分为四组：

① OV-330 和 OV-225；

② OV-17 和 QF-1；

③ BAT、SBAT 和 DPAT；

④ OV-105。

位于三角形中心的 CW 显示最低的选择性，最大选择性的固定相位于三角形的边、角处。

Poole 还用乙醇、硝基甲烷、1,4-二噁烷在角鲨烷和各种不同极性固定相中溶解的偏摩尔吉布斯自由能的差值来计算溶剂选择性参数 x_i：

$$x_i = \frac{\delta(\Delta G_i)}{\delta(\Delta G_e) + \delta(\Delta G_n) + \delta(\Delta G_d)} = \frac{\delta(\Delta G_i)}{\sum \delta(\Delta G_i)}$$

式中，$\delta(\Delta G_e) = \Delta G_e^{PS} - \Delta G_e^{SQ}$；$\delta(\Delta G_n) = \Delta G_n^{PS} - \Delta G_n^{SQ}$；$\delta(\Delta G_d) = \Delta G_d^{PS} - \Delta G_d^{SQ}$，其中 ΔG_e^{PS}、ΔG_n^{PS}、ΔG_d^{PS} 为三种探针溶质在不同极性固定相溶解的偏摩尔吉布斯自由能；ΔG_e^{SQ}、ΔG_n^{SQ}、ΔG_d^{SQ} 为三种探针溶质在角鲨烷固定相中溶解的偏摩尔吉布斯自由能。

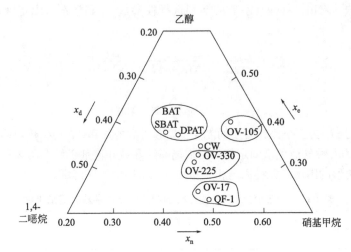

图 2-7　由 $\Delta I_i / \sum \Delta I_i$ 计算的溶剂选择性三角形

表 2-14 为 13 种气液色谱固定相，由偏摩尔吉布斯自由能差值 $\sum\delta(\Delta G_i)$ 计算的溶剂选择性参数。图 2-8 为对应的溶剂选择性三角形图示，13 种固定相分布在三角形的不同区域。

表 2-14　由 $\sum\delta(\Delta G_i)$ 计算的固定相的溶剂选择性参数

固定相	$\sum\delta(\Delta G_i)$	溶剂选择性参数			固定相	$\sum\delta(\Delta G_i)$	溶剂选择性参数		
		x_e	x_n	x_d			x_e	x_n	x_d
OV-17	−1.659	0.26	0.54	0.20	DEGS	−4.467	0.39	0.44	0.17
OV-330	−3.361	0.38	0.47	0.15	BAT	−5.275	0.47	0.32	0.21
OV-225	−3.021	0.34	0.50	0.16	SBAT	−5.680	0.46	0.32	0.23
QF-1	−1.870	0.26	0.64	0.10	TCEP	−4.608	0.35	0.48	0.17
Carbowax 20M	−4.421	0.37	0.49	0.14	OV-275	−3.408	0.36	0.55	0.09
					PAN	−4.472	0.50	0.37	0.13
DPAT	−4.872	0.46	0.39	0.15	EAN	−4.681	0.48	0.38	0.14

由图 2-8 与图 2-7 比较，固定相组设有很大不同，但所有固定相在三角形中向右移动，这是由于因自由能差值驱动的保留，降低了 x_e 质子给予体的贡献，对于 x_n 和 x_d 两个参数，由于 x_d 的降低，大大补偿了 x_n 的增加，也补偿了 x_e 的增加，固定相分布的总倾向，是具有强的质子给予体性质，其中，1,4-二噁烷是对质子给予体相互作用最灵敏的探针溶质。

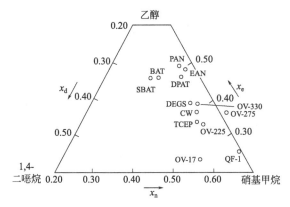

图 2-8 由 $\delta(\Delta G_i)/\sum\delta(\Delta G_i)$ 计算的溶剂选择性三角形

五、用热力学参数来评价固定液的极性

前述用保留指数增量来评价固定液极性的方法，是建立在实践经验的基础上的，这些常数的测定是依据一定条件的。首先必须确定选择的溶质，其次都以角鲨烷（或氢化阿匹松 M，或带有支链的烷烃 $C_{87}H_{176}$）作为"零"极性的标准，测出的常数虽然反映了溶质与固定液间的不同类型分子间作用力，并给出固定液极性的相对顺序，但这种方法只注重了实用的效果，而缺少一种根据理论原理来处理问题的一般性依据，其对固定液"极性"概念的描述是不确切的，更不能指望用它来讨论固定液极性的绝对标准。

因此，20 世纪 70 年代以后，不少色谱工作者深入研究了保留值的热力学依据，企图确立表示固定液极性的标准公式化的表达方法，它一方面依据明确的物理化学原理，另一方面将不依赖于试验溶质的种类和测定温度。从事这方面研究工作的有 J. Novák、T. H. Risby、Р. В. Головня（R. V. Golovnya）、J. Ševčik 等，下面分别介绍他们的工作概况。

1. 用亚甲基基团的偏摩尔过剩吉布斯自由能作为表达固定液极性的统一标准

1973 年 J. Novák 等首先提出[45]，利用化学热力学的过剩函数——亚甲基基团的偏摩尔过剩吉布斯自由能，作为评价固定液极性的统一标准。

化学热力学的过剩函数是指两种液体混合成实际溶液时的热力学函数的变化量减去它们混合成理想溶液时热力学函数的变化量，而得到的差值。可用上标 E 注在函数的右上方，表达它的过剩。详细的讨论可参看文献[46～48]。

在气液色谱分析过程中，当被分析溶质与固定液形成理想溶液时，溶质的偏摩尔过剩吉布斯自由能 $\Delta G^E=0$。当溶质与固定液形成实际溶液时，其与理想溶液产生偏差，使 $\Delta G^E>0$。若把正构烷烃作为"绝对非极性化合物"，当其溶于非极性固定液时，由于形成溶质-固定液混合物，可近似看成是理想溶液，$\Delta G^E\approx0$。随固定液极性的增大，就增大了与理想溶液的偏差，明显地使 ΔG^E 值增大，并且随烷烃溶质分子的增大，ΔG^E 值也增大，在极性固定液上这种变化更加明显。因此可把 ΔG^E 数值的大小作为评价固定液极性高低的标准。为此需建立 ΔG^E 与单位正构烷烃的关系，此单位可规定为：对应一个亚甲基基团（—CH_2—）的 ΔG^E 的数量。可以假定一个分子中各个基团的过剩吉布斯自由能具有加和性。这种假定的正确性，可用各种同系物的保留数据的对数对化合物分子中含有的—CH_2—基团的数目作图，由得到近似的平行直线而得到证明。因而对每个亚甲基基团的 ΔG^E 数值，可用正构烷烃或任何其他同系列溶质来测定，由于大大扩展了实验物质的范围，因而提供的这个标准就具有普遍的意义。

J. Novák 根据溶质的分配系数 K，比保留体积 V_g 和达气-液相平衡时，在固定相和流动相上的化学位 μ 导出：

当在固定液上吸附和析出一个溶质分子时，其偏摩尔过剩吉布斯自由能为：

$$\Delta G^E = \Delta G_S^\ominus - \Delta G_C^\ominus = -RT\ln(V_g p^\circ) + RT\ln(273R/M_s) \tag{2-22}$$

式中　$\Delta G_S^\ominus$——固定液上吸附一个溶质分子时，溶质标准吉布斯自由能的变化；

$\Delta G_C^\ominus$——固定液上析出一个溶质分子时，溶质标准吉布斯自由能的变化；

R——气体常数，1.987cal/（℃·mol）；

T——柱温；

V_g——溶质的比保留体积；

p°——纯溶质的饱和蒸气压；

M_s——固定液的分子量。

如果考虑溶质分子为 $(CH_3)_m \cdot (CH_2)_n \cdot X$ 类型的同系列化合物，其中 X 为官能团，按前述加和规则，一个分子的偏摩尔过剩吉布斯自由能为：

$$\Delta G^E = m\Delta G_{CH_3}^E + n\Delta G_{CH_2}^E + \Delta G_X^E \tag{2-23}$$

将式（2-22）代入式（2-23）

$$-RT\ln(V_g p^\circ) + RT\ln(273R/M_s) = m\Delta G_{CH_3}^E + n\Delta G_{CH_2}^E + \Delta G_X^E \tag{2-24}$$

即：　$-RT\ln(V_g p^\circ) = n\Delta G_{CH_2}^E + m\Delta G_{CH_3}^E + \Delta G_X^E - RT\ln(273R/M_s) \tag{2-25}$

对给定的同系列溶质、确定的固定液和一定温度，式（2-25）中除 n 外皆可看作常数，将式（2-25）微分可得：

$$\Delta G_{CH_2}^E = -RT\mathrm{d}\ln(V_g p^\circ)/\mathrm{d}n = -(RT/0.434)\mathrm{d}\lg(V_g p^\circ)/\mathrm{d}n \tag{2-26}$$

由此导出对每个亚甲基基团的偏摩尔过剩吉布斯自由能的定量表达式。

实际计算时，可利用同系列中含有 n 和 $n+1$ 个亚甲基的两个化合物的 ΔG^E 的差值求出 $\Delta G_{CH_2}^E$：

$$\begin{aligned}\Delta G_{CH_2}^E &= -RT/0.434\lg V_{g(n+1)} p_{n+1}^\circ - (-RT/0.434\lg V_{g(n)} p_n^\circ)\\&= RT/0.434(\lg V_{g(n)} p_n^\circ - \lg V_{g(n+1)} p_{n+1}^\circ)\\&= RT/0.434\lg[(V_{g(n)}/V_{g(n+1)})/(p_{n+1}^\circ/p_n^\circ)]\end{aligned} \tag{2-27}$$

J. Novák 采用五种同系列溶质：正构烷烃（戊烷、己烷、庚烷、壬烷、癸烷）；正构芳烃（甲苯、乙苯、丙苯）；二正烃基醚（二乙基醚、二丙基醚、二丁基醚）；乙酸正烃基酯（乙酸乙酯、乙酸丙酯、乙酸丁酯、乙酸戊酯）；正烃基醇（丙醇、丁醇、戊醇）。在 13 种不同的固定相上于 60℃、70℃、80℃、90℃测定了 $\Delta G_{CH_2}^E$ 的数值。表 2-15 列出的以 $\Delta G_{CH_2}^E$ 数据表示的固定液极性，是用乙酸丁酯和乙酸戊酯的 $-RT/0.434 \lg V_g p°$ 数值的差值计算的。这是由于乙酸正烃基酯在所有的固定液上提供了最好的色谱图（对称的峰形和便于计算的保留时间），表中最后一行列出在四种不同温度下测定的数据的平均值，其有代表性，$\Delta G_{CH_2}^E$ 数值愈大，表明固定相的极性愈强。这种根据 $\Delta G_{CH_2}^E$ 值测定的极性顺序与在实践中观察到的固定液的行为是一致的。对两种 Porapak 固定相，由于其为固体吸附剂，与溶质作用机理与固定液不同而呈负值，但二者的 $\Delta G_{CH_2}^E$ 数值（即 Porapak T 有低的负值，呈较强极性）与它们的实际极性差别相一致。

表 2-15　固定相以 $\Delta G_{CH_2}^E$ 表示的极性

固定相	$\Delta G_{CH_2}^E$ /(cal/mol)				
	60℃	70℃	80℃	90℃	平均值
角鲨烷	13.2	19.6	18.0	20.1	17.7
邻苯二甲酸二壬酯	24.9	31.8	32.9	26.0	28.9
聚苯醚(六元环)	58.3	56.2	49.9	50.4	53.7
硅油 DC200	81.7	87.0	79.0	82.7	82.6
硅油 XF1112	90.7	97.6	93.9	84.3	91.6
氟硅油 QF-1	147	161	145	147	150
己二酸聚丙二醇酯	183	166	158	150	164
聚乙二醇 400	172	168	168	159	167
双甘油	210	210	214	228	216
1,2,3-三(2-氰基乙氧基)丙烷	242	244	239	229	238
甲酰胺	391	394	392	391	392
Porapak P 80/100 Bach 800	−264	−233	−194	−217	−227
Porapak T 100/120 Bach 686	−156	−143	−150	−138	−147

注：1cal＝4.18J,下同。

图 2-9 表明了 $\Delta G_{CH_2}^E$ 与温度的关系。对同系物当把 $-RT \ln(V_g p°)$ 对亚甲基基团个数作图时，对一定温度可得到一条直线，对不同温度可得到一组平行线，这些线可上下移动，但其斜率却没有很大波动，这些直线的斜率正比于 $\Delta G_{CH_2}^E$ 数值，说明温度对 $\Delta G_{CH_2}^E$ 数值影响不大。

图 2-9 也表明了 $\Delta G_{CH_2}^E$ 与不同试验溶质的关系。当使用不同的同系列溶质时（在不同温度），可得到几组接近平行的直线。显然对应一种同系列的一组直线的斜率（正比于 $\Delta G_{CH_2}^E$ 值）与对应另一种同系列的一组直线的斜率（正比于 $\Delta G_{CH_2}^E$ 值）稍有不同。这表明使用不同的同系列溶质时，测出固定液的 $\Delta G_{CH_2}^E$ 数值会不相同，可参看表 2-16。

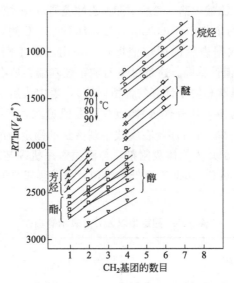

图 2-9　在己二酸聚丙二醇酯

(Reoplex 400) 柱上，60℃、70℃、80℃、90℃时所有试验溶质的$-RT\ln(V_g p^\circ)$-n(CH$_2$ 基团数目)图

由表 2-16 可看出，对同一种固定液，使用不同的同系列溶质，测出的 $\Delta G_{CH_2}^E$ 数值就不相同，其最大相差一倍，但这种差别并不影响评价固定液极性的主要方面。如果考虑 $\Delta G_{CH_2}^E$ 数值是由 V_g 数值计算的，而 V_g 值在几毫升（烷烃在 Reoplex 400 柱）到近于 1000mL（醇在 Reoplex 柱）的范围内变化，因此计算出 $\Delta G_{CH_2}^E$，数值最大相差一倍是完全允许的。因此可认为 $\Delta G_{CH_2}^E$ 值随试验溶质的改变并没有很大的变化。

表 2-16　对不同试验溶质，三种固定液 $\Delta G_{CH_2}^E$ 数值的比较

试验物质	$\Delta G_{CH_2}^E$		
	角鲨烷	XF1112	Reoplex 400
正构烷烃	35.0	102	160
正构芳烃	32.9	104	203
二正烃基醚	30.2	104	170
乙酸正烃基酯	17.0	84.3	164
正烃基醇	23.3	83.8	139

由上述可知，J. Novák 提出的用亚甲基基团的偏摩尔过剩吉布斯自由能，作为评价固定液极性的标准，具有通用的普遍性。但此工作只对 11 种固定液的极性做了评价，至今没有进一步的报道，显然，用这种方法对固定液极性做出确切的评价，还需进行大量的工作。

2. 用亚甲基基团（或其他基团）的蒸发微分摩尔焓 ΔH_e^s 来表示固定液的特征

1974～1977 年 T. H. Risby、B. L. Reinbold、C. E. Figgins 等发表四篇论文[49~52]，

先后提出用微分摩尔焓、偏摩尔自由能来表示固定液极性的特征，作为评价固定液极性的绝对标准。

1974 年 T. H. Risby[49] 首先提出用溶质从固定液中蒸发的微分摩尔焓 ΔH_e^s 来评价固定液的极性，ΔH_e^s 与溶质的比保留体积 V_g 和柱温 T 之间有下述关系[53]：

$$\ln V_g = \frac{\Delta H_e^s}{RT} + K \qquad (2\text{-}28)$$

式中，R 为气体常数；K 为常数。

当用 $\ln V_g$ 对 $\frac{1}{T}$ 作图时，可得到一直线，此直线的斜率与 ΔH_e^s 成正比，此直线与纵坐标的截距为 K，可参看图 2-10。

T. H. Risby 为找出对应亚甲基基团从固定液中蒸发的微分摩尔焓 $\Delta H_e^s(\mathrm{CH_2})$ 的数值，他以正构烷烃——乙烷和丁烷作为试验溶质，用它们在 75 种固定液上，在两个不同温度（由于固定液的热稳定性不同，采用四组不同的温度（80℃、100℃；100℃、120℃；120℃、140℃；120℃、160℃）上的比保留体积的数值为依据（数据取自文献[54]，以碳数 $n \geqslant 6$ 的正构烷烃的比保留体积 V_g 为准，用外推法重新计算出乙烷和丁烷的 V_g 值）。在 T_1（低温）和 T_2（高温）两个不同温度分别作乙烷和丁烷的 $\ln V_g\text{-}n$（碳数）图，如图 2-11 所示，可得到一直线，此直线的斜率为 $a_1(T_1)$［或 $a_2(T_2)$］，截距为 $a_0(T_1)$［或 $a_0(T_2)$］。此时直线斜率正比于每个亚甲基比保留体积的变化。再将此斜率 a_1 和 a_2 对柱温 T 的倒数作图，如图 2-12 所示，就可得到亚甲基从溶液中蒸发的微分摩尔焓 $\Delta H_e^s(\mathrm{CH_2})$ 的基本单位，可按下式计算：

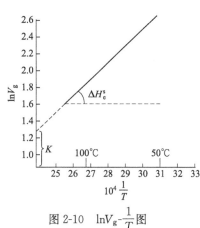

图 2-10 $\ln V_g\text{-}\frac{1}{T}$ 图

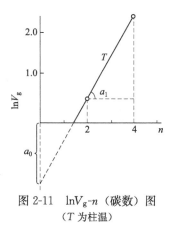

图 2-11 $\ln V_g\text{-}n$（碳数）图
（T 为柱温）

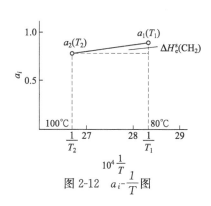

图 2-12 $a_i\text{-}\frac{1}{T}$ 图

$$\Delta H_e^s(CH_2) = \frac{R[a_1(T_1) - a_2(T_2)]}{\dfrac{1}{T_1} - \dfrac{1}{T_2}} \tag{2-29}$$

甲基基团的微分摩尔焓 $\Delta H_e^s(CH_3)$ 可用下述两种方法计算：

第一种方法按下式计算：

$$\Delta H_e^s(CH_3) = \frac{R\{[a_0(T_1) - a_0(T_2)] + [2a_1(T_1) - 2a_1(T_2)]\}}{\dfrac{1}{T_1} - \dfrac{1}{T_2}} \tag{2-30}$$

计算的 $\Delta H_e^s(CH_3)$ 数值不依赖于化合物的碳数，为常数或计算的甲基贡献。

第二种方法是与上述相似的方法，先计算任何一种正构烷烃由固定液中蒸发的微分摩尔焓：

$$\Delta H_e^s(烷烃，n) = \frac{R[\ln V_g(T_1) - \ln V_g(T_2)]}{\dfrac{1}{T_1} - \dfrac{1}{T_2}} \tag{2-31}$$

根据烷烃分子中各个基团焓值的加和规律，可以计算甲基基团的微分摩尔焓：

$$\Delta H_e^s(CH_3，n) = \frac{1}{2}[\Delta H_e^s(烷烃，n) - Z\Delta H_e^s(CH_2)] \tag{2-32}$$

式中，Z 是烷烃分子中亚甲基基团的数目；此时 $\Delta H_e^s(CH_3，n)$ 是作为碳数（n）的函数来计算的，称变数的甲基贡献。

T. H. Risby 以正构烷烃作试验溶质，计算了 75 种固定液的 $\Delta H_e^s(CH_2)$ 和 $\Delta H_e^s(CH_3)$（常数），并依据 $\Delta H_e^s(CH_2)$ 数值由大到小的顺序，排出了 75 种固定液极性的顺序（见表 2-17），极性弱的固定液 $\Delta H_e^s(CH_2)$ 数值大，极性强的固定液 $\Delta H_e^s(CH_2)$ 数值小，但此顺序并不理想，不少固定液（如 SE-30 排 31、DEGA 却排 24；聚乙二醇 600 排 75、DEGS 却排 73）排列的顺序不符合一般的极性估计。T. H. Risby 认为这种不一致是由于湿试剂加入色谱柱填充材料中引起的，但是固定液分类的一般趋势还是被定量表达了。实际上这种不一致很可能是由于选用正构烷烃作实验物质，$\Delta H_e^s(CH_2)$ 只反映了色散力的相互作用，而没有反映出其他类型的分子间作用力。

表 2-17 在 75 种固定液上，正构烷烃的 $\Delta H_e^s(CH_2)$ 和 $\Delta H_e^s(CH_3)$（只列出 14 种）

单位：kcal/mol

极性排列顺序	柱编号	固定液	$\Delta H_e^s(CH_2)$	$\Delta H_e^s(CH_3)$（常数）	极性排列顺序	柱编号	固定液	$\Delta H_e^s(CH_2)$	$\Delta H_e^s(CH_3)$（常数）
1	25	Docosanol	1.272	0.635	24	17	DEGA	0.949	−0.313
4	63	squalane	1.227	0.631	31	59	SE-30	0.932	1.256
6	2	ApiezonL	1.119	1.107	42	11	Carbowax 4000	0.865	0.968
17	40	NGS	1.001	0.234					

续表

极性排列顺序	柱编号	固定液	$\Delta H_e^s(CH_2)$	$\Delta H_e^s(CH_3)$（常数）	极性排列顺序	柱编号	固定液	$\Delta H_e^s(CH_2)$	$\Delta H_e^s(CH_3)$（常数）
49	55	Polyphenyl ether-5 rings	0.830	1.498	65	13	Carbowax 20M	0.725	1.379
56	56	Polyphenyl ether-6 rings	0.805	1.756	67	74	XF 1150	0.712	1.911
					73	19	DEGS	0.631	1.812
60	70	TritonX 305	0.756	1.285	75	8	Carbowax 600	0.599	1.222

　　T. H. Risby 同样利用除正构烷烃以外的另外六种单一官能团的溶质——烷基醇

（R—OH）、烷基醛（ R—$\overset{O}{\overset{\|}{C}}$—H ）、2-烷基酮（ CH$_3$—$\overset{O}{\overset{\|}{C}}$—R ）、甲酸酯

（ H—$\overset{O}{\overset{\|}{C}}$—OR ）、乙酸酯（ CH$_3$—$\overset{O}{\overset{\|}{C}}$—OR ）、二烷基醚（R—O—R′），计算了它们在前述 75

种固定液上，亚甲基基团的微分摩尔焓 $\Delta H_e^s(CH_2)$，计算方法如前面正构烷烃叙述的
程序，其数值参看文献[49]表 V。得到的数值反映了各种不同溶质与固定液分子间作
用力，都用统一的标准 $\Delta H_e^s(CH_2)$ 表示。

　　T. H. Risby 还提出，利用单一官能团溶质分子（$CH_3—CH_2—X$）的微分摩尔焓
的加和性，还可求出各种官能团（—X）的微分摩尔焓 $\Delta H_e^s(X)$ 的数值：

$$\Delta H_e^s(溶质) = \Delta H_e^s(CH_3) + Z\Delta H_e^s(CH_2) + \Delta H_e^s(X) \qquad (2-33)$$

首先按式（2-33），计算某一同系列溶质的 ΔH_e^s（溶质），由此值减去亚甲基和甲基
团的 ΔH_e^s 数值，就可求出对应官能团的 $\Delta H_e^s(X)$：

$$\Delta H_e^s(X) = \Delta H_e^s(溶质) - Z\Delta H_e^s(CH_2) - \Delta H_e^s(CH_3) \qquad (2-34)$$

由于甲基基团的微分摩尔焓，有两种计算方法——$\Delta H_e^s(CH_3)$（常数）和 $\Delta H_e^s(CH_3, n)$（变数），因此当取用两种不同的 $\Delta H_e^s(CH_3)$ 和 $\Delta H_e^s(CH_3, n)$ 值时，可对应得到
两种 $\Delta H_e^s(X)$ 值（见文献[49]中表Ⅶa、表Ⅶb）。对特定官能团，其在固定液上的最
大微分摩尔焓的数值反映了分子间最强的相互作用力。T. H. Risby 依据六种官能团焓

值 [ΔH_e^s（OH）；ΔH_e^s（CHO）；ΔH_e^s（C＝O）；ΔH_e^s（ H—$\overset{O}{\overset{\|}{C}}$—O ）；$\Delta H_e^s$

（ CH$_3$—$\overset{O}{\overset{\|}{C}}$—O ）；$\Delta H_e^s$（O）] 的大小，重新排列了 75 种固定液与单一官能团相互作
用由强到弱的顺序（见文献[49]中表Ⅷa，表Ⅷb）。

　　根据文献[49]表Ⅶb、表Ⅷb，列出六种官能团微分摩尔焓 ΔH_e^s 的最大值及最小值
及其对应的固定液的柱编号，如表 2-18 所示。

表 2-18　六种官能团 ΔH_e^s 的最大值及最小值　　　单位：kcal/mol

固定液极性排列顺序	1	75
$\Delta H_e^s(\text{OH})$	8.254(6)	2.750(60)
$\Delta H_e^s(\text{CHO})$	6.785(19)	1.791(25)
$\Delta H_e^s(\text{C=O})$	8.346(29)	1.840(31)
$\Delta H_e^s(\text{ H—C—O })$ O	6.992(47)	3.263(61)
$\Delta H_e^s(\text{ CH}_3\text{—C—O })$ O	7.958(19)	4.305(3)
$\Delta H_e^s(\text{O})$	5.625(29)	0.050(60)

注：（　）中的数字为固定液的柱编号，对应的固定液可参看表 2-17。

文献[49]中表Ⅶa、Ⅶb 和表Ⅷa、Ⅷb 中的数值，可用于固定液的选择，以对包括有上述官能团的混合物进行分离。

还应指出，前述表中的数据是按照线性最小二乘方的计算程序求出的。

T. H. Risby 认为，用 $\Delta H_e^s(\text{CH}_2)$ 或 $\Delta H_e^s(\text{X})$ 来评价固定液极性的方法的主要优点为：

① 本法指明了溶质在固定液上的真实溶解度，这是根据官能团在固定液上蒸发的微分摩尔熵来作为分类的依据，而不是根据经验的极性概念分类。

② 本法与 J. Novák 方法比较，不需要溶质饱和蒸气压的数据，从气相色谱的保留数据可直接进行计算。

③ 本法是一个绝对标准，不依赖于任何指定的参比标准和测量温度。

1975 年 T. H. Risby 等[50] 又测定了戊烷、乙醇、2-丁酮、苯、1-硝基丙烷、吡啶 6 种溶质，在 16 种预先选择的具有代表性的固定液上的 ΔH_e^s（溶质）数值。并用前述方法，以 $C_5 \sim C_{16}$ 正构烷烃在 6 种不同温度（50℃、75℃、100℃、125℃、150℃、175℃）的比保留体积 V_g，重新计算了上述 16 种固定液的 $\Delta H_e^s(\text{CH}_2)$，并利用溶质分子微分摩尔熵的加和性，计算了上述 6 种溶质官能团的微分摩尔熵：$\Delta H_e^s(\text{CH}_3)$；$\Delta H_e^s(\text{CH}_2)$；$\Delta H_e^s(\text{OH})$；$\Delta H_e^s(\text{C=O})$；$\Delta H_e^s(\text{CH—环})$；$\Delta H_e^s(\text{NO}_2)$；$\Delta H_e^s(\text{N—环})$。用这些数值可表明 16 种固定液的特征，对 $\Delta H_e^s(\text{CH}_2)$、$\Delta H_e^s(\text{CH}_3)$，其数值愈大表示固定液的非极性愈强，对其他官能团的 $\Delta H_e^s(\text{X})$，其数值愈大表示固定液的极性愈强。数值如表 2-19 所示。

由表 2-19 可看到，对不同固定液，用苯的 ΔH_e^s（苯）计算出的 $\Delta H_e^s(\text{CH—环})$ 数值变化很小，说明选用苯来研究固定液的极性是不适宜的。并指出使用加和途径来计算官能团的贡献时，没有考虑官能团空间效应的影响。

表 2-19　不同官能团的蒸发微分摩尔熵　　　单位：kcal/mol

柱编号	固定液	ΔH_e^s (CH₃)	ΔH_e^s (CH₂)	ΔH_e^s (OH)	ΔH_e^s (C=O)	ΔH_e^s (CH—环)	ΔH_e^s (NO₂)	ΔH_e^s (N—环)
1	角鲨烷	+1.22	+1.21	+2.36	+3.18	+1.25	+4.21	+1.71

续表

柱编号	固定液	ΔH_e^s (CH$_3$)	ΔH_e^s (CH$_2$)	ΔH_e^s (OH)	ΔH_e^s (C=O)	ΔH_e^s (CH—环)	ΔH_e^s (NO$_2$)	ΔH_e^s (N—环)
2	阿匹松 L	+0.54	+1.24	+2.16	+3.44	+1.13	+4.22	+1.94
3	OV-101	+0.69	+1.12	+1.99	+3.79	+1.14	+4.79	+1.92
4	OV-3	+0.97	+1.07	+2.66	+3.87	+1.23	+5.24	+1.95
5	OV-7	+1.02	+1.08	+3.20	+4.37	+1.30	+5.98	+2.15
6	OV-61	+0.57	+0.97	+2.88	+4.73	+1.19	+6.30	+2.59
7	OV-11	+1.22	+0.93	+3.37	+4.33	+1.31	+6.59	+2.56
8	OV-17	+0.94	+1.17	+4.15	+4.85	+1.30	+6.53	+2.59
9	OV-22	+0.43	+1.00	+3.93	+5.32	+1.23	+6.91	+2.82
10	OV-25	+0.20	+0.90	+3.61	+5.37	+1.15	+6.89	+2.92
11	OV-210	+0.73	+0.86	+3.92	+5.49	+1.12	+6.85	+2.92
12	OV-225	+0.57	+1.00	+5.88	+6.34	+1.36	+7.85	+3.01
13	Silar5CP	−0.05	+1.07	+6.06	+6.62	+1.24	+7.40	+2.87
14	Silar10C	+0.18	+0.92	+6.64	+6.87	+1.30	+7.88	+2.56
15	聚乙二醇 20M	−0.05	+0.92	+7.00	+6.20	+1.20	+7.92	+3.17
16	β',β'-氧二丙腈	+0.51	+0.68	+6.95	+6.53	+1.32	+8.34	+3.14

注:1kcal=4.18kJ。

3. 用亚甲基基团（或其他基团）溶解的偏摩尔自由能 ΔG_s^m 表示固定液极性的特征

1976 年 T. H. Risby 等[51]进一步指出，前述用微分摩尔焓来评价固定液极性的不足之处，是忽略了熵的影响，但在气液色谱分配过程中，被分离的溶质和使用的固定液之间在分子量上有很大的差别，因此熵效应是正常存在的，所以前述方法的应用受到限制，重新提出应计算熵项，并用吉布斯自由能来表示溶质在固定液中溶解时，各种官能团的总相互作用。

T. H. Risby 由分配系数 K、比保留体积 V_g 和 K 的关系、标准自由能的变化 $\Delta G^\ominus$ 与 K 的关系以及热力学函数的基本关系式（$\Delta G^0 = \Delta H^0 - T\Delta S^0$）导出溶质的比保留体积和溶质在固定液中溶解时，焓、熵变化的关系式：

$$\ln V_g = -\frac{\Delta H_s^m}{RT} + \frac{\Delta S_s^m}{R} - \ln\frac{1000}{273R} \qquad (2\text{-}35)$$

式中，ΔH_s^m 为偏摩尔焓；ΔS_s^m 为偏摩尔熵。

将式（2-35）与式（2-28）比较，可以看出：

$$-\Delta H_s^m(溶质溶解) = \Delta H_e^s(溶质蒸发)$$

$$\frac{\Delta S_s^m}{R} - \ln\frac{1000}{273R} = K$$

即式（2-28）中常数项 K 包括了前述忽略的熵项。

T. H. Risby 仍用前述方法[49]计算了 50 种溶质在 75 种固定液上溶解的偏摩尔焓 ΔH_s^m（溶质），并利用式（2-35），由溶质的 ΔH_s^m（溶质）和 $\ln V_g$ 计算出溶质溶解的偏摩尔熵 ΔS_s^m（溶质）。

亚甲基基团溶解的偏摩尔焓 $\Delta H_s^m(CH_2)$ 是由正构烷烃（$C_6 \sim C_{18}$）同系列，在两种温度的 $\ln V_g$ 对碳数 n 作图，再用所得直线斜率对两种温度的倒数作图求出的。再利用式（2-35），可计算出亚甲基基团溶解的偏摩尔熵 $\Delta S_s^m(CH_2)$。

甲基基团溶解的 ΔH_s^m 和 ΔS_s^m 可有两种计算方法：

一种是由乙烷的 ΔH_s^m（乙烷）和 ΔS_s^m（乙烷）求出，未考虑碳数的影响，叫常数法。

$$\Delta H_s^m(CH_3) = \frac{1}{2}\Delta H_s^m(乙烷) \tag{2-36}$$

$$\Delta S_s^m(CH_3) = \frac{1}{2}\Delta S_s^m(乙烷) \tag{2-37}$$

另一种是由正构烷烃的 ΔH_s^m（正构烷烃）和 ΔS_s^m（正构烷烃）求出，其考虑了碳链长度的影响，计算结果较精确，叫变数法。

$$\Delta H_s^m(CH_3, n) = \frac{1}{2}\left[\Delta H_s^m(正构烷烃) - Z\Delta H_s^m(CH_2)\right] \tag{2-38}$$

$$\Delta S_s^m(CH_3, n) = \frac{1}{2}\left[\Delta S_s^m(正构烷烃) - Z\Delta S_s^m(CH_2)\right] \tag{2-39}$$

式中，Z 为存在于正构烷烃中的亚甲基基团的数目。

对仅有单一官能团的溶质，利用加和规律可求出溶质中官能团的 $\Delta H_s^m(FG)$ 和 $\Delta S_s^m(FG)$，由于计算甲基基团的 ΔH_s^m 和 ΔS_s^m 有两种方法，因此对官能团 ΔH_s^m 和 ΔS_s^m 的计算也有两种方法。

（1）常数法

$$\Delta H_s^m(FG^*) = \Delta H_s^m(溶质) - Z\Delta H_s^m(CH_2) - y\Delta H_s^m(CH_3) \tag{2-40}$$
$$\Delta S_s^m(FG^*) = \Delta S_s^m(溶质) - Z\Delta S_s^m(CH_2) - y\Delta S_s^m(CH_3) \tag{2-41}$$

式中，y 为溶质中甲基基团的数目。

（2）变数法

$$\Delta H_s^m(FG^*, n) = \Delta H_s^m(溶质) - Z\Delta H_s^m(CH_2) - y\Delta H_s^m(CH_3, n) \tag{2-42}$$
$$\Delta S_s^m(FG^*, n) = \Delta H_s^m(溶质) - Z\Delta H_s^m(CH_2) - y\Delta H_s^m(CH_3, n) \tag{2-43}$$

当求出含有特征官能团的同系列中每种溶质官能团的 $\Delta H_s^m(FG)$ 和 $\Delta S_s^m(FG)$ 之后，欲求出此同系列官能团 $\Delta H_s^m(FG)$ 和 $\Delta S_s^m(FG)$ 的净数值(net values)，可采用以下两种方法：

① 平均法　把同系列每种溶质的数值进行加和，求出平均值 $\Delta H_s^m(FG)_A$ 和 $\Delta S_s^m(FG)_A$。

② 内插法　把同系列每种溶质的数值对其碳数 n 作图，用线性最小二乘法（LLS）计算内插值，求出的 $\Delta H_s^m(FG)_I$ 和 $\Delta S_s^m(FG)_I$，其数值不对应碳数，但补偿

了溶质碳链长度的变化。

最后由同系列官能团 $\Delta H_s^m(FG)$ 和 $\Delta S_s^m(FG)$ 的净数值，再利用热力学函数的基本关系式：

$$\Delta G_s^m(FG) = \Delta H_s^m(FG) - T\Delta S_s^m(FG) \tag{2-44}$$

可求出各种官能团在不同固定液溶解过程的偏摩尔自由能 $\Delta G_s^m(FG)$ 的数值，它表达了各种固定液的特性（T 为测量温度）。

计算 $\Delta G_s^m(FG)$ 数值，可有四种组合方法：

① 常数-平均法（文献［43］中表ⅥA、表ⅦA）。

② 变数-平均法（文献［43］中表ⅥB、表ⅦB）。

③ 常数-内插法（文献［43］中表ⅥC、表ⅦC）。

④ 变数-内插法（文献［43］中表ⅥD、表ⅦD）。

由于考虑了碳链长度变化的影响，用变数内插法获得的 $\Delta G_s^m(FG)$ 的数据，来表示固定液的特性，要比其他三种方法提供的数据更好一些。当测定温度为 0℃（$T=273K$），根据不同官能团（—OH；—CHO；$\diagdown C=O$；$H—\overset{\displaystyle O}{\overset{\|}{C}}—O—$；$CH_3—\overset{\displaystyle O}{\overset{\|}{C}}—O—$；—O—）的 $\Delta G_s^m(FG)$ 数值，排列的固定液极性顺序，可看到对极性固定液有较大的自由能，对非极性固定液有较小的自由能。

根据 $\Delta G_s^m(FG)$ 数值（考虑了熵效应）排列的固定液极性顺序，比前述[49]根据 $\Delta H_e^a(FG)$ 数值（未考虑熵效应）排列的固定液极性顺序要好一些，其可由相似固定液的集群效应（the clustering effect）和不相似固定液的相对极性位置排布的合理性看出（见文献［51］中表ⅧA、表ⅧB）。

T. H. Risby 还指出，由上述提供的不同官能团在 75 种固定液上的 ΔH_s^m 和 ΔS_s^m 数据，并利用式（2-35），可用来预测由不同官能团组成的简单溶质分子，在上述固定液上的比保留体积 V_g。他用预测法计算了 1,2-丙二醇和 1,3-丙二醇在聚乙二醇 20M 色谱柱上，柱温为 160℃时的 V_g 值，分别为 129 和 279。而试验实测的 V_g 值分别为 121 和 270，预测值和实验值相当接近，说明了上述数据的重要性。但上述预测计算仅限于简单的单一官能团的化合物。若进而考虑多重键的加和，环和杂原子的计算，如同使用对支链效应的补偿因数一样，使提供的数据进一步完善，就能预测组成复杂的溶质分子的保留数据。

1977 年 T. H. Risby[52] 用前述方法，测定了戊烷、乙醇、2-丁酮、苯、吡啶、硝基丙烷六种溶质在 16 种预先选择的具有代表性的固定液上的偏摩尔熵 ΔS_s^m（溶质）和偏摩尔自由能 ΔG_s^m（溶质），并利用溶质分子偏摩尔熵和偏摩尔自由能的加和性，计算了与上述溶质对应的官能团（$\diagdown CH_2$；—CH$_3$；—OH；$\diagdown C=O$；—NO$_2$；CH—环；N—环）的 $\Delta S_s^m(FG)$ 和 $\Delta G_s^m(FG)$，各种官能团的 $\Delta G_s^m(FG)$ 数值可作为评价固定液极性的依据，数值如表 2-20 所示(在 0℃，$T=273K$ 时测定)。

由表 2-20 看出，$\Delta G_s^m(CH_2)$ 的数值随固定液极性增强而加大，对—OH、

$\overset{\diagdown}{\underset{\diagup}{C}}{=}O$ 、—NO₂、CH—环、N—环的 $\Delta G_s^m(FG)$ 数值，随固定液极性增强而减小，

因此可表达固定液极性排列的顺序。但对 $\Delta G_s^m(CH_3)$ 数值而言，其与固定液极性顺序有矛盾，无法解释。

由表 2-20 还可看出，当以苯作溶质时计算出的 $\Delta G_s^m(CH—环)$ 数值，随固定液极性的不同而变化不大，也同样说明选用苯作溶质来研究固定液的极性是不适宜的。

表 2-20　不同官能团的偏摩尔自由能　　　　单位：kcal/mol

柱编号	固定液	ΔG_s^m (CH₂)	ΔG_s^m (CH₃)	ΔG_s^m (OH)	ΔG_s^m (C=O)	ΔG_s^m (NO₂)	ΔG_s^m (CH—环)	ΔG_s^m (N—环)
1	角鲨烷	−0.91	−0.48	−1.43	−2.12	−2.50	−0.78	−1.09
2	阿匹松 L	−1.06	+0.10	−1.52	−2.58	−2.35	−0.70	−1.17
3	OV-101	−0.96	+0.03	−1.50	−2.57	−2.44	−0.65	−1.12
4	OV-3	−0.96	−0.11	−1.87	−2.76	−2.84	−0.72	−1.20
5	OV-7	−0.97	−0.05	−2.01	−3.01	−3.14	−0.73	−1.33
6	OV-61	−0.89	+0.21	−1.71	−3.03	−3.09	−0.63	−1.43
7	OV-11	−0.92	+0.51	−2.58	−4.20	−3.97	−0.73	−1.50
8	OV-17	−0.99	+0.07	−2.21	−3.29	−3.34	−0.73	−1.52
9	OV-22	−0.91	+0.28	−2.09	−3.33	−3.42	−0.66	−1.58
10	OV-25	−0.86	+0.34	−1.96	−3.27	−3.32	−0.62	−1.58
11	OV-210	−0.83	−0.04	−2.31	−3.65	−3.87	−0.66	−1.73
12	OV-225	−0.89	+0.12	−3.15	−3.91	−4.02	−0.75	−1.81
13	Silar5CP	−0.90	+0.32	−3.32	−4.21	−4.27	−0.72	−1.86
14	Silar10C	−0.80	+0.25	−3.68	−4.25	−4.59	−0.73	−1.81
15	聚乙二醇 20M	−0.85	+0.22	−3.90	−3.87	−4.49	−0.75	−2.00
16	β,β'-氧二丙腈	−0.65	+0.09	−4.07	−4.43	−5.08	−0.77	−2.16

由上述可知，用各种官能团在固定液溶解的偏摩尔自由能 ΔG_s^m 数值来表示固定液的特性，是一种不依赖于实践经验的绝对标准，是当前研究评价固定液特性的方向[53~55]。

4. 用标准溶质溶解的偏摩尔自由能表示固定液的特性

Р. В. Головня (R. V. Golovnya) 等从 1970 年以后，研究了用科瓦茨保留指数来测定热力学参数[56,57]。

1977 年 R. V. Golovnya 等[58]由科瓦茨保留指数出发，利用麦克雷诺兹溶质作为标准物，测定其在固定液上溶解的偏摩尔自由能，用它定量地表示了固定液的特性，这种表示对任何固定液是一种绝对值，并不需要用角鲨烷作为"极性为零"的固定液。

R. V. Golovnva 以正构烷烃作溶质，测其在各种固定液上，亚甲基基团溶解的偏摩尔自由能的变化，计算方法如下：

$$\delta(\Delta G)_{CH_2} = (\Delta G)_{n+1} - (\Delta G)_n \tag{2-45}$$

它可由两个相邻正构烷烃在固定液中溶解的偏摩尔自由能变化的差值求出。式中 n 为碳原子数。对任何固定液，$\delta(\Delta G)_{CH_2}$ 的数值可用下式计算：

$$\delta(\Delta G)_{CH_2} = -2.3RTb \tag{2-46}$$

式中　R——气体常数；

　　　T——柱温；

　　　b——固定液的麦克雷诺兹常数表中的 b 值。

由式（2-46）计算的 $\delta(\Delta G)_{CH_2}$ 数值愈大，说明固定液与碳氢化合物的色散作用力愈强，即固定液的极性愈强，如表 2-21 所示。

表 2-21　120℃正构烷烃在不同固定液上的 $\delta(\Delta G)_{CH_2}$　单位：cal/mol

固定液	$\delta(\Delta G)_{CH_2}$	b[①]	麦克雷诺兹常数 1～5 项之和[③]
角鲨烷	−520	0.2891	0
阿匹松 M	−510	0.2833	138
阿匹松 L	−507	0.2821	143
SE-30	−449	0.2495	217
SE-52(5%苯基)	−458	0.2548	334
OV-17(50%苯基)	−459	0.2551	884
TritonX-305	−432	0.2404	1961
聚乙二醇 4000	−403	0.2238	2353
聚乙二醇 20M	−402	0.2235	2308
聚乙二醇 1000	−391	0.2174	2586
EGA	−376	0.2091	2673
DEGA	−379	0.2105	2764
Silar 10c	−353	0.1960[②]	3682
1,2,3-三(2-氰乙氧基)丙烷	−396	0.2200[②]	4145

① b 为正构烷烃的净保留时间的对数对碳原子数作图，画出的直线斜率。此值由癸烷和十二碳烷测定。
② 表示由正十二烷和正十四烷测定的值。
③ 取自文献[59]。

表 2-21 中列出了麦克雷诺兹常数 1～5 项的总和，作为固定液极性的特征，可以看出随此总和数值的增加，$\delta(\Delta G)_{CH_2}$ 数值增大。对用麦克雷诺兹常数表示具有高极性的固定液，如 1,2,3-三(2-氰乙氧基)丙烷，其与低极性的固定液，如聚乙二醇 1000，却具有极为相近的 $\delta(\Delta G)_{CH_2}$ 数值。−396cal/mol 和 −391cal/mol。另外 Silar 10c 的极性比 1,2,3-三(2-氰乙氧基)丙烷的极性弱，但却具有最高的 $\delta(\Delta G)_{CH_2}$ 数值：

—353cal/mol。还可看到，在麦克雷诺兹体系中表示"零"极性的角鲨烷，却具有 $\delta(\Delta G)_{CH_2}$ 的最低数值：—520cal/mol。这充分表明，$\delta(\Delta G)_{CH_2}$ 是表示固定液与烃类化合物之间色散作用力的绝对标准。

为了全面描述固定液的极性，不仅要考虑色散力（d）的相互作用，还应考虑取向力（O）、诱导力（in）、特殊作用力（S）的相互作用。因此上述仅以正构烷烃为溶质，测出亚甲基基团在固定液上的溶解偏摩尔自由能的变化来评价固定液是不全面的。

当用麦克雷诺兹溶质(i)作为标准物时，其与固定液间的相互作用力可分为两部分：

$$\Delta G_i = \Delta G(d) + \Delta G(O+in+S) \tag{2-47}$$

R. V. Golovnya 阐述了 ΔG_i 和 $\Delta G(d)$（在非极性固定液和极性固定液）的计算方法，并列出 120℃，在阿匹松 M 和聚乙二醇 1000 两种固定液上，五种麦克雷诺兹溶质溶解的偏摩尔自由能的数据，如表 2-22 所示。

表 2-22　五种麦克雷诺兹溶质在两种固定液上的保留指数和 ΔG

单位：cal/mol

标准物	阿匹松 M		聚乙二醇 1000			
	保留指数	$-\Delta G(d)$[①]	保留指数	$-\Delta G_i$	$-\Delta G(d)$	$-\Delta G(O+in+S)$
苯	684	2790	1000	2970	2140	830
1-丁醇	612	2430	1197	3740	1860	1880
2-戊酮	642	2580	1045	3140	1980	1160
1-硝基丙烷	682	2780	1278	4060	2140	1920
吡啶	739	3070	1288	4090	1360	1730
极性 $\sum\limits_{i=1}^{5}(\Delta G)_i$	13650		18000			

① $\Delta G_i = \Delta G(d) + \Delta G(O+in+S)$，对非极性固定液阿匹松 M 而言，$\Delta G(O+in+S)$ 项可忽略，故 $\Delta G_i = \Delta G(d)$。

由表 2-22 可看出，用五种麦克雷诺兹标准溶质在固定液溶解的偏摩尔自由能的总和 $\sum\limits_{i=1}^{5}(\Delta G)_i$ 来表示固定液的极性是较全面的，但本文只提供了两种固定液的数据。

1979 年 R. V. Golovnya[60]进一步提出了以热力学数据为基础，对固定液进行分类的通用表达方式。其用亚甲基基团和苯、1-丁醇、2-戊酮、1-硝基丙烷、吡啶五种溶质在固定液上溶解的偏摩尔自由能的六个参数来表达每种固定液的极性。亚甲基基团溶解的偏摩尔自由能可用前述式（2-46）进行计算。五种溶质溶解的偏摩尔自由能可用下式计算[42]：

$$\lg K = \frac{I-100n}{100}b + \lg\frac{V_{g(n)}T\rho}{273} \tag{2-48}$$

$$\Delta G = -2.3RT\lg K = -2.3RT\left(\frac{I-100n}{100}b + \lg\frac{V_{g(n)}T}{273}\right) - 2.3RT\lg\rho \tag{2-49}$$

式中　K——溶质的分配系数；

$\qquad I$——溶质的保留指数；

$\qquad n$——正构烷烃的碳数；

$\qquad V_{g(n)}$——碳数为 n 的正构烷烃的比保留体积；

$\qquad T$——柱温，K；

$\qquad \rho$——固定液在柱温下的密度；

$\qquad R,b$——同式（2-46）。

在实际计算中，因 ρ 为未知，因此上式可改写为：

$$\Delta G' = \Delta G + 2.3RT\lg\rho = -2.3RT\left(\frac{I-100n}{100}b + \lg\frac{V_{g(n)}T}{273}\right) \tag{2-50}$$

通常可用 $\Delta G'$ 代替 ΔG，误差小于 10％。16 种固定液的极性如表 2-23 所示。

表 2-23　120℃时 16 种固定液的极性

固定液	$-\Delta G'/(cal/mol)$					$-\Delta G_{CH_2}/$ (cal/mol)
	苯	1-丁醇	2-戊酮	1-硝基丙烷	吡啶	
ApiezonL	2820	2450	2600	2860	3110	507
ApiezonM	2820	2460	2610	2810	3100	510
SE-30	2530	2410	2540	2740	2850	449
SE-52	2580	2470	2610	2870	2950	458
TritonX-305	2650	2260	2760	3620	3570	432
PEG-600	2810	3680	3020	3910	3990	392
Carbowa 1000	2860	3630	3030	3940	3980	391
PEG-4000	2860	3520	2960	3890	3830	403
Carbowa 20M	2870	3470	2950	3870	3810	402
DEGA	2460	3080	2680	3550	3700	379
EGA	2450	2980	2650	3510	3540	376
XF-1150	2450	3000	2960	3780	3440	369
IGEPAL CO-880	2910	3510	3020	3870	3830	434
Tricresylphosphate	2910	3320	3140	3840	3710	473
polytergent J-300	3080	3710	3240	3930	3950	467
Castorwax	3060	3510	3260	3640	3950	483

这种新的评价固定液极性的方式是通用的，它不需要选择一种"零极性"的固定液作标准，并可用于测定载体和吸附剂的极性，此时 ΔG 的计算可用下式：

$$\Delta G = 2.3RT\left(\frac{I-100n}{100}b + \lg V_{g(n)} - \lg RTS\right) \tag{2-51}$$

式中，S 为载体或吸附剂的比表面积，m^2/g。

综上所述，对气液和气固色谱而言，为选择最适宜的分析条件，发展一种统一的评价固定相极性的方法是可能的。

1990 年 Golovnya 提供了根据文献值重新计算的 46 种不同极性固定液和多孔聚合物的 $\Delta G(CH_2)$ 和 $\Delta G(I)$，进一步阐明用偏摩尔吉布斯吸附（或溶解）自由能来评价固定相极性的重要价值[61]，见表 2-24。

表 2-24　用偏摩尔吉布斯吸附自由能表征固定相的极性

固定相	$-\Delta G(CH_2)$ /(J/mol)	$-\Delta G(I)$/(J/mol)				
		苯	2-戊酮	1-丁醇	1-硝基丙烷	吡啶
Butyl stearate	2191	15211	15321	15167	16746	16877
Squalane	2172	14185	12817	13620	14163	15184
Hallcomid M18	2149	15731	18438	16268	18782	18159
Apolane 87	2140	14429	12844	13487	14215	15499
Hallcomid M18 O	2136	15856	18592	16455	19041	18464
Octyldecyl adipate	2130	15593	16381	15891	18000	17745
Apiezon M	2128	14560	13028	13666	14518	15731
Dioctyl sebacate	2125	15411	16113	15624	17686	17473
Apiezon L	2119	14520	12973	13608	14499	15707
DEG stearate	2116	15177	16574	15515	16828	18839
TritonX-305	2111	19320	22318	19869	24070	23838
Dioctyl phthalate	2097	15629	16280	16301	18629	18168
Dexyl 400	2081	15798	15361	16172	18191	18379
SKTFT-50	2058	14947	15071	17171	18900	17932
PFMS-4	2058	15627	15194	15997	17994	18180
Flexol 8N8	2053	15381	17332	16244	18729	18030
Zinc stearate	2048	14625	16817	14051	15362	25461
Silbor-1	1991	15611	25010	16507	18578	19295
Versamid 940	1947	14841	17607	15036	16828	17684
OV-7	1931	13943	13576	14252	15893	15970
Diglycerol	1929	19759	27323	22904	25625	29967
OV-11	1925	14534	14092	14862	16768	16883
OV-3	1913	13339	12937	13550	14851	15062
Tergitol NPX	1909	16229	18635	16897	19876	20048
TritonX-100	1894	16215	18734	16954	19966	20098
SE-30	1874	12542	12092	12580	13442	13892
Sucrose acetate	1870	15429	17206	16421	19263	18590
OV-101	1866	12505	12076	12543	13420	13849
Silar 10C	1546	18136	20826	19883	24645	23176

续表

固定相	$-\Delta G(CH_2)$ /(J/mol)	$-\Delta G(I)$/(J/mol)				
		苯	2-戊酮	1-丁醇	1-硝基丙烷	吡啶
OV-1	1855	12435	12008	12472	13344	13771
OV-22	1849	15040	14393	15133	17297	17611
NPGA	1786	15849	18136	16778	19905	20316
OV-225	1709	15060	16393	16496	19556	18547
NPGS	1703	15808	18090	16932	20356	20237
XE-60	1680	14405	16321	16254	19246	17918
Carbowax 20M	1679	16374	18910	16710	20556	20304
FFAP	1656	16445	19376	18614	20767	21960
Carbowax 1000	1633	16335	19554	17071	20877	21040
DEGA	1581	16307	18870	17193	20831	21464
EGA	1573	16112	18393	17009	20565	20958
TCEP	1338	16675	19364	18454	22482	21599
Tetrabutylammonium picrate	1672	16317	18524	17821	21132	20613
Tetrabutylammonium chloride	1588	16245	28394	16849	22566	21136
KF · 2H$_2$O sorbent①	440	2944	3947	4435	3687	3855
Porapak Q②	3457	21328	20982	22503	22607	23021
Chromosorb 102②	3187	19825	19379	20813	21837	21228

① 在100℃条件下测定。

② 在140℃条件下测定。

5. 用保留参数 A 作为评价固定液极性的新标准[62~64]

J. Ševčik 首先提出描述正构烷烃系列保留行为的新参数 A，以找到一种不利用死时间 t_M 却能准确计算调整保留时间 t'_R 的方法。随后 A 值被用于准确计算科瓦茨保留指数，并用它来检查正构烷烃系列碳数规律的可靠性。Ševčik 进而利用正构烷烃系列的 A 值来评价 4～10 种固定液的极性[5]。Wainwright 等又提出用正构烷烃、醇、醛、乙酸酯、2-酮系列的 A 值来评价 8 种 Porapak 在不同温度下的极性特征[6]。

Ševčik 以三个相邻正构烷烃保留时间 t_R 的差值来计算 A 值：

$$A = \frac{t_{R(n+1)} - t_{R(n)}}{t_{R(n)} - t_{R(n-1)}} = \frac{\Delta_{n+1}}{\Delta_n} \tag{2-52}$$

并用 A 计算 t'_R：

$$t'_R = \Delta_n \frac{1 - (1/A)^n}{1 - (1/A)} \tag{2-53}$$

后又提出表明 A 值物理意义的表达式：

已知
$$t_R = t_M \left(1 + \frac{K_P}{\beta}\right) \tag{2-54}$$

$$\Delta G = -RT \ln K_P \tag{2-55}$$

$$K_P = e^{-\frac{\Delta G}{RT}} \tag{2-56}$$

$$t_R = t_M + \frac{t_M}{\beta} e^{\frac{\Delta G}{RT}} \tag{2-57}$$

将式（2-57）代入式（2-52）得：

$$A = \frac{e^{-\frac{\Delta G_{n+1} - \Delta G_n}{RT}} - 1}{1 - e^{-\frac{\Delta G_{n-1} - \Delta G_n}{RT}}} \tag{2-58}$$

式中，ΔG_{n+1}、ΔG_n、ΔG_{n-1} 为三个相邻正构烷烃在固定液中溶解的偏摩尔自由能；R 为理想气体常数；T 为柱温，K。

为简化 A 值的计算，已知：

$$\Delta G_{n+1} - \Delta G_n = \Delta G_{CH_2} \tag{2-59}$$

Golovnya 已提出 ΔG_{CH_2} 的计算方法：

$$\Delta G_{CH_2} = -2.3RTb \tag{2-60}$$

b 为正构烷烃系列碳数规律的斜率。将式（2-60）代入式（2-58）得到简化 A 值计算的公式：

$$A = \frac{e^{2.3b} - 1}{1 - e^{-2.3b}} \tag{2-61}$$

再用 Mitra 提出的由线性保留指数 J 转变成科瓦茨保留指数 I 的关系式：

$$\frac{J - 100n}{100} = \frac{\sigma^{\frac{I - 100n}{100}} - 1}{\sigma - 1} \tag{2-62}$$

经推导证明式（2-62）中 σ 与新参数 A 相等，因此：

$$\frac{J - 100n}{100} = \frac{A^{\frac{I - 100n}{100}} - 1}{A - 1} \tag{2-63}$$

将保留参数 A、线性保留指数 J 和科瓦茨保留指数 I 的定义式相组合、简化就得到计算 A 值的最简式：

$$A = 10^b \tag{2-64}$$

由式（2-60）求出的 b 值代入式（2-64）：

$$A = 10^{\frac{\Delta G_{CH_2}}{2.3RT}} \tag{2-65}$$

式（2-65）阐明 A 值的热力学含义，它是一个仅与同系列溶质中亚甲基团在固定液中溶解自由能有关的常数。

于世林等对 A 值进行了研究，推导出简化 A 值计算的两种方法——式（2-61）和式（2-64），进而阐明 A 值的热力含义 [式（2-65）][64]。

在 10％角鲨烷 [上试 101 白色酸洗载体（60～80 目）] 柱上，柱温 120℃，用 FID 检测，以 C_8～C_{12} 正构烷烃作试验溶质，代入式（2-52）求出 A_1，代入式（2-61）求出 A_2，代入式（2-64）求出 A_3，所获结果见表 2-25。

表 2-25 正构烷烃在角鲨烷柱上的 A 值

C_n	t_B/min	Δ_n/min	A_1	$\overline{A}_1$	t'_R/min	lgt$'_R$	b	$\overline{b}$	A_2	A_3
C_{12}	55.340				54.481	1.7362				
C_{11}	28.636	26.704			27.901	1.4456	0.2906			
C_{10}	14.956	13.680	1.9520		14.277	1.1546	0.2910			
C_9	7.952	7.004	1.9532	1.9605	7.314	0.8641	0.2905	0.2931	1.9622	1.9638
C_8	4.360	3.592	1.9499		3.705	0.5638	0.2953			
C_7	2.536	1.824	1.9692		1.865	0.2706	0.2932			
C_6	1.614	0.922	1.9783							

表 2-25 中 A_1、A_2、A_3 分别按前述式（2-52）、式（2-61）、式（2-64）计算，可看到 $\overline{A}_1$ 与 A_2、A_3 数值是相近的。

为用 A 值评价固定液的极性，使用正构烷烃、烷基苯、正构醇、2-酮系列溶质，在 11 种 10％固定液上测定了 A 值，以后三个系列 A 值加和的平均值来评价固定液的极性并与麦克雷诺兹（McReynolds）常数进行了比较。在表 2-26 中固定液一行是按麦克雷诺兹顺序排列的次序，A 按式（2-52）计算，平均分子量中带 * 的数值为在 KNAUER 分子量测定仪上测得的数值，其他取自文献 [9]。

表 2-26 依据 A 值评价固定液的极性顺序

固定液	SQ	Ap-M	OV-3	OV-7	DC-710	OV-25	OV-210	OV-225	PEG-20M	DEGA	DEGS
正构烷烃 A	1.9605	1.9503	1.8230	1.8310	1.8406	1.7972	1.6285	1.7358	1.6916	1.6619	1.6210
极性顺序	1	2	5	4	3	6	10	7	8	9	11
烷基苯 A	1.9588	1.9369	1.8074	1.8057	1.8045	1.7234	1.6876	1.7054	1.6858	1.6483	1.5682
正构醇 A	2.0033	1.9912	1.8958	1.8707	1.8945	1.8642	1.7400	1.7544	1.7183	1.6677	1.5374
2-酮 A	1.9543	1.9516	1.8778	1.9427	1.8647	1.8164	1.7353	1.7446	1.7157	1.6815	1.6177
$\overline{A}$	1.9721	1.9579	1.8603	1.8730	1.8546	1.8013	1.7210	1.7348	1.7066	1.6658	1.5911
极性顺序	1	2	4	3	5	6	8	7	9	10	11
	*	*			*			*		*	*
平均分子量	4×10^2	1.3×10^3	2×10^4	1×10^4	3.2×10^3	1×10^4	2×10^5	4.3×10^3	2×10^4	2×10^3	1.8×10^3

由表 2-26 得出如下结论：

① 对同一固定液由不同溶质系列计算的 A 值是不同的，表明同系列含有的特征官能对 ΔG_{CH_2} 有影响，由式（2-58）看到 ΔG_{CH_2} 为指数项，其微小变异会引起 A 值较大的变化。

② 仅用正构烷烃系列的 A 值来评价固定液的极性是不全面的，它仅反映色散作用力。固定液极性的排布顺序与麦克雷诺兹顺序差距很大。

③ 用烷基苯、正构醇、2-酮系列 A 值加和的平均值 $\overline{A}$ 来评价固定液的极性，可

较全面反映色散力、取向力、诱导力的相互作用。固定液极性的排布顺序与麦克雷诺兹顺序基本一致，但 OV-3 与 OV-7；OV-210 与 OV-225 的极性顺序与麦克雷诺兹顺序不同，这是由于固定液分子量的差异引起的。A 与 ΔG_{CH_2} 有关，ΔG_{CH_2} 的数值是受固定液分子量影响的，固定液的分子量愈大，色散作用力愈强。可推知，A 值能综合反映固定液极性和分子量对溶质保留行为的影响。

A 值作为评价固定液极性的标准，优点如下：

① A 值是与热力学参数 ΔG_{CH_2} 有关的常数。

② 不需人为规定"零"极性固定液，并反映固定液分子量对溶质保留行为的影响。

③ A 值计算方法简单，它避免了比保留体积、平均分子量的测量，比用偏摩尔自由能 ΔG 作为评价固定液极性的标准，在计算上简便得多。

使用 A 值的局限性在于需用含 5～7 个成员的同系列才便于 A 值的精确测定。

Ševčik 提出 A 值概念以来，其实用价值逐步被认识，今后合理的使用 A 值仍有待于进一步研究。

第二节　在高效液相色谱分析中对固定相极性的评价

在高效液相色谱分析中，广泛使用以硅胶为基体的化学键合固定相。

由于化学键合固定相的制作方法繁多，采用的基体材料和键合的特征官能团多种多样，因此化学键合固定相呈现的色谱分离特性，是多种因素组合后的总体表现，表征化学键合相色谱分离特性的方法，应能反映硅胶基体物理性质（粒径、孔径等）和键合官能团与分析物之间的物理化学相互作用（疏水、氢键、离子交换、空间阻碍等）的综合特性，并可作为化学键合相的分类方法。

一、反相固定相的极性评价

1989 年 Tanaka 等首先提出对用不同方法制备的反相 C_{18}（ODS）键合固定相进行分类的方法，并提出用下述 6 个参数来评价反相固定相的特性（见表 2-27）[65,66]。

表 2-27　评价反相固定相特性的参数

测量参数(流动相组成)	固定相性质	制备固定相的相关因素
A 戊基苯(AB)的容量因子：$k'_{(AB)} = \dfrac{t'_{R(PB)}}{t_M}$（80％甲醇水溶液）	烷基链的数量	硅胶表面积 表面碳覆盖率
B 疏水选择性：$a_{(CH_2)} = \dfrac{k'_{(PB)}}{k'_{(BB)}}$①（80％甲醇水溶液）	疏水性	表面碳覆盖率
C 形状(立体)选择性：$a_{(T/O)} = \dfrac{k'_{(T)}}{k'_{(O)}}$①（80％甲醇水溶液）	立体选择性	硅烷化官能度 表面碳覆盖率
D 氢键容量：$a_{(C/P)} = \dfrac{k'_{(C)}}{k'_{(P)}}$①（30％甲醇水溶液）	氢键容量	表面硅醇量，封尾 表面碳覆盖率
E 总离子交换容量：$a_{(B/P)} = \dfrac{k'_{(B)}}{k'_{(P)}}$①（pH 7.6）①（30％甲醇，pH 7.6水溶液）②	在 pH>7 的离子交换容量	表面硅醇量 离子交换位

续表

测量参数(流动相组成)	固定相性质	制备固定相的相关因素
F 酸性离子交换容量：$a_{(B/P)} = \dfrac{k'_{(B)}}{k'_{(P)}}$（pH 2.7）[①]（30%甲醇，pH 2.7 水溶液）[③]	在 pH<3 的离子交换容量	在 pH 3 时离子交换位的数量 硅胶的预处理

① AB—戊基苯；BB—丁基苯；T—苯并菲；O—邻三联苯；C—咖啡因；P—苯酚；B—苯胺；其中 $\alpha_{(i/j)}$ 为探针物质对的分离因子。

② pH 7.6 水溶液：0.02mol/L KH$_2$PO$_4$ 溶液。

③ pH 2.7 水溶液：0.02mol/L H$_3$PO$_4$-KH$_2$PO$_4$ 溶液。

Tanaka 还提出以 A、B、C、D、E、F 6 个参数组成平面六轴坐标，再由每种 C_{18} 固定相提供的 A、B、C、D、E、F 的数值，就可构成一幅六角形图像，由图像中各个角的突出或凹陷程度，就可大约判断每种反相固定相的特性。表 2-28 为常用反相色谱柱测定的柱特性参数。图 2-13 为平面六轴极坐标单位图。图 2-14 为某些反相色谱柱的平面六轴极坐标显示的六角形雷达图。

表 2-28 常用反相色谱柱特性参数

	常用反相色谱柱	$k'_{(AB)}$	$\alpha_{(CH_2)}$	$\alpha_{(T/O)}$	$\alpha_{(C/P)}$	$\alpha_{(B/P)}$ (pH>7)	$\alpha_{(B/P)}$ (pH<3)
1	Vydac 300-C$_{18}$	2.05	1.49	1.94	0.66	0.62	0.03
2	Nucleosil 300-7C$_{18}$	2.18	1.47	1.67	0.76	0.59	0.12
3	Cosmosil 5C$_{18}$-300	2.99	1.50	1.37	0.46	0.20	0.12
4	μBondapak C$_{18}$	3.29	1.43	1.24	0.72	0.55	0.11
5	Cosmosil 5C$_{18}$-P	3.61	1.43	1.22	0.76	0.26	0.05
6	Hypersil ODS	4.16	1.46	1.75	1.29	2.49	1.43
7	TSKgei ODS-120A	4.28	1.44	2.13	1.29	1.16	0.09
8	LiChrosorb RP-18-Ⅱ	5.14	1.48	1.81	0.80	2.13	0.74
9	TSKgel ODS 80T$_M$	5.55	1.47	1.28	0.64	0.54	0.01
10	Capcellpak C$_{18}$ SG	5.63	1.49	1.46	0.41	0.47	0.06
11	Inertsil ODS	5.82	1.48	1.32	0.53	0.26	0.07
12	Nucleosil 100-5C$_{18}$	5.93	1.47	1.59	0.58	1.47	0.07
13	TSKgel ODS-120T	6.45	1.49	1.86	0.48	0.48	0.08
14	LiChrosorb RP-18-Ⅰ	6.47	1.49	1.80	0.63	1.04	0.15
15	Cosmosil 5C$_{18}$	7.21	1.51	1.51	0.45	0.15	0.08
16	YMC A-302 ODS	7.36	1.52	1.41	0.47	0.45	0.06
17	Ultrasphere ODS	7.45	1.52	1.45	0.45	0.43	0.29
18	Develosil ODS-5	7.73	1.51	1.46	0.44	0.21	0.08
19	Zorbax BP-ODS	9.30	1.52	1.58	0.46	0.74	0.15

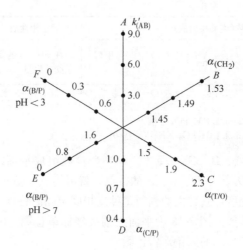

图 2-13　平面六轴极坐标单位图

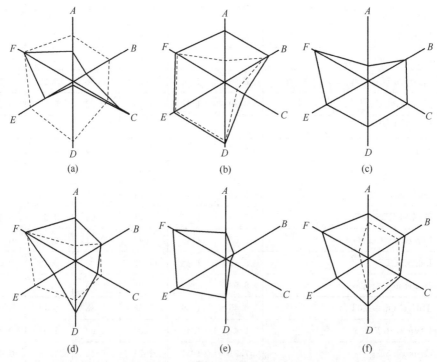

(a)　　　　　　　　(b)　　　　　　　　(c)

(d)　　　　　　　　(e)　　　　　　　　(f)

图 2-14　某些反相色谱柱的平面六轴极坐标雷达图（各色谱柱特性参数见表 2-28）
(a) TSK-120A (——)，TSK-120T (------)；
(b) Cosmosil 5C$_{18}$ (——)，Cosmosil5 C$_{18}$-300 (------)；
(c) Vydac ODS (——)；
(d) Nucleosil C$_{18}$ (——)，Nucleosil C$_{18}$-300 (------)；(e) Cosmosil C$_{18}$-P (——)；
(f) Lichrosorb RP-18-Ⅰ (——)，Lichrosorb RP-18-Ⅱ (------)

Tanaka 提出的用平面六轴极坐标的雷达图来表征反相色谱柱分离特征的方法是一种将多维变量数据用多维统计图示表达的一种方法。

雷达图又称蜘蛛网图，由于此种图示与飞机导航雷达显示屏上的图形十分相似，从而也称为雷达图。通常用雷达图对多维变量数据进行定性评价，可在二维平面上展示多维数据，可方便地研究各维数据之间的相互关系，进而对多维数据进行分类[67]。

绘制雷达图可按下述步骤进行：

① 为表达 n 维变量数据，可先画一个圆，再在圆周上等分割 n 个部分。

② 再将圆心和圆周边的 n 个点相连，获得 n 个辐射状半径，n 个半径就是 n 个变量的坐标轴。

③ 在每个坐标轴上，标记坐标单位，由于每个变量的变化范围不同，所以各个坐标轴上的单位也不相同。数据大小的方向，规定由圆心到圆周边方向为正向；反之为负向。

④ 对每个样品，将其 n 维特征值依次连接，就构成表征样品特征的雷达图。

雷达图是一种可对 n 维变量进行综合分析的图示表达方法，可以方便地表达不同样品的独特性质，并利于对不同样品进行比较。

在 Tanaka 工作基础上，2000 年 Euerby 和 Petersson 将前述对反相固定相特性评价方法，扩展用于评价 85 种反相类型化学键合固定相，并增加用戊基苯作溶质测定理论塔板数：

$$n = 16 \left[\frac{t_R(AB)}{w_b} \right]^2$$

作为评价柱特性的第七个参数。2003 年他们又扩展到 135 种不同类型化学键合固定相，提供了大量实验数据，并利用化学计量学的主成分分析法，对固定相的分类方法做出有价值的评价，也为提供统一，可普遍接受的反相键合相的标准分类检验方法做出了贡献[68]。

表 2-29 为由 Euerby 和 Petersson 提供，按上述七个色谱参数分类方法测定的 135 种反相键合相的实验数据，它对选择适用的化学键合相用于特定的分离有重要参考价值。表中提供了化学键合烷基、苯基、氰基、全氟取代基、混合烷基、短链烷基、氨基、混合己基苯基、酰胺基改性极性屏蔽，极性封尾，聚合物涂渍层，三氧化二铝和二氧化锆载体等不同类型固定相的色谱特性。它为研究化学键合固定相的分类方法，深入发掘探针化合物与固定相分子间的相互作用，提供了有益的探索。现在还提出了用三角形或正四边形来评价固定相选择性的方法[69]。

表 2-29　表征反相键合固定相特性的色谱参数

柱编号	固定相型号	$k_{(PB)}$	$a_{(CH_2)}$	$a_{(T/O)}$	$a_{(C/P)}$	$a_{(B/P)}$ (pH 7.6)	$a_{(B/P)}$ (pH 2.7)	$n/$ (塔板/m)	d_p μm	供应厂商	固定相类型[①]
1	Ace 5C$_{18}$	4.58	1.46	1.52	0.40	0.47	0.13	79200	5	Hichrom	1
2	AceAq	2.30	1.35	1.22	0.48	0.32	0.11	73500	5	Hichrom	1,2
3	Ace CN	0.26	1.08	1.73	0.51	0.74	0.15	35200	5	Hichrom	3

续表

柱编号	固定相型号	$k_{(PB)}$	$a_{(CH_2)}$	$a_{(T/O)}$	$a_{(C/P)}$	$a_{(B/P)}$ (pH 7.6)	$a_{(B/P)}$ (pH 2.7)	$n/$ (塔板/m)	d_P μm	供应厂商	固定相类型[①]
4	Ace Phenyl	1.20	1.26	1.00	0.88	0.46	0.14	15100	5	Hichrom	4
6	Astec Polymer C_{18}	4.92	1.35	4.09	0.15	0.04	0.01	31300	5	Astec	1,5
9	BetaMax Acidic	2.84	1.33	2.04	0.29	0.55	—0.03	58800	3	Hypersil	1,6
20	Discovery F5 HS	1.70	1.26	2.55	0.68	0.85	0.34	68700	5	Supelco	7
21	Discovery PEG HS	0.23	1.06	2.57	0.02	0.07	—0.04	31400	5	Supelco	9
22	Discovery RP-amide	1.65	1.35	1.81	0.49	0.44	0.19	82600	5	Supelco	6
35	Grom5;1 OD5-4 HE	6.28	1.50	1.27	0.54	0.31	0.10	49300	5	Grom	1,2,11
37	Hichrom RPB	4.58	1.40	1.21	0.36	0.18	0.11	71900	5	Hichom	10
43	HyPURITY C_4	0.55	1.30	0.72	0.44	—0.30	0.10	20600	5	Hypersil	12
58	Luna NH_2	—0.17	1.01	4.05	0.47	0.43	3.41	13300	5	Phenomenex	13
59	Luna Phenyl-Hexyl	2.82	1.33	1.10	0.91	0.33	0.11	85100	3	Phenomenex	14
90	Spherisob ASY	0.73	1.41	1.71	0.84	1.44	13.39	25800	5	Waters	15
100	Suplex pkb 100	1.24	1.35	2.84	0.34	0.29	0.00	41200	5	Supelco	16
104	Synergi MaxRP	4.91	1.44	1.15	0.33	0.32	0.08	87100	4	Phenomenex	17
123	ZirChrom PBD	1.28	1.41	2.08	0.32	18.77	9.20	73300	5	ZirChrom	18
130	Zorbax SB-C_3	0.91	1.32	1.06	2.71	0.88	0.11	63700	5	Agilent	12
134	Zorbax SB Aq	0.93	1.31	1.18	2.54	1.27	0.13	35300	5	Agilent	2,16
135	Hypersil CEC Basic	1.35	0.71	2.52	1.28	2.71	0.18	98300	3	Hypersil	1,16

① 固定相类型：1—C_{18}；2—水；3—氰基；4—苯基；5—聚合物；6—极性屏蔽；7—全氟取代；8—C_8；9—聚乙烯醇；10—混合烷基；11—极性封尾；12—短烷基配位体；13—氨基；14—苯基-己基；15—氧化铝；16—非球形；17—C_{12}；18—ZrO_2。

二、亲水作用色谱固定相的极性评价

亲水作用色谱固定相的极性评价多使用主成分分析方法，因此先对主成分分析方法进行简介，然后再介绍亲水作用色谱固定相的极性评价方法

1. 主成分分析方法[70~72]

主成分分析（principal component analysis，PCA）是多元统计分析方法之一，它主要研究将多个变量转化成为少数几个综合变量（主成分）的一种降维技术。此技术使转化生成的综合变量既能代表原始变量的绝大多数信息，又互不相关，从而使综合变量比原始变量具有更为优越的统计分析性能。

主成分分析是将原来众多具有一定相关性的变量，重新组合成一组相互无关的综合变量（主成分）来代替原始变量，这些综合变量在保留原始变量主要信息的前提下，起到简化处理问题的作用，从而使在研究复杂问题时，更能抓住主要矛盾。

（1）主成分和原始变量的关系

① 原始变量在由 x_1-x_2 坐标构成的平面图中，具有相关性。如图 2-15 所示。

② 每个主成分是各个原始变量的线性组合。

③ 各个主成分之间互不相关。

④ 主成分的数目远小于原始变量的数目。

⑤ 主成分保留了原始变量的绝大多数信息。

第一个主成分(综合变量)PC1 应是原始变量方差的最大值,包含的信息也较多。

第二~四个综合变量,即主成分 PC2、PC3、PC4 所包括原始变量的信息逐步减少。

(2) 主成分分析的几何解释

在由变量 x_1 和 x_2 构成的直角坐标中,显示有几个样品(目标物)的散点图(见图 2-15),它们大致形成一个椭圆范围,在沿 x_1 轴或沿 x_2 轴,均有较大的离散程度,如果考虑 x_1 和 x_2 的线性组合,由新的综合变量 PC1 和 PC2 坐标来描述样品,即将原始坐标逆向旋转 θ 角,就得到新的坐标 PC1 和 PC2,其和原始坐标 x_1 和 x_2 的关系如下(见图 2-16):

$$PC1 = x_1\cos\theta + x_2\sin\theta$$
$$PC2 = -x_1\sin\theta + x_2\cos\theta$$

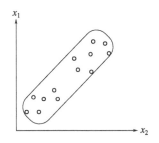

图 2-15　由两个变量表征样品(目标物)的特征

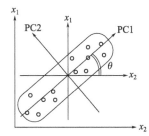

图 2-16　在原始两个变量空间,显现的主成分 PC1 和 PC2

经过上述变换后,几个样品在 PC1 轴上包含了原始变量 x_1 和 x_2 中的大多数信息,而 PC2 轴上仅包含原始变量 x_1 和 x_2 的较少信息。因此,在考虑实际问题时,若忽略 PC2 也不会对原始变量的信息带来太大的损失。由此,上述变换可理解为变量维数的减少,即样品由原始的 x_1、x_2 两个变量表征,可变换成主要由一个综合变量 PC1 来表征。

在 PCA 分析中,变量维数的减少,称作特性简约(feature reduction)。当由两个变量表征样品特性时,经主成分变换后,PC1 包含的信息要多于 PC2,此时要求 PC2 坐标必须与 PC1 正交(相互垂直),此特性简约过程,实际上是消除了信息的过剩性,使 PCA 集中在更少变量的实用信息上。

当原始变量多于两个时,需在多维空间首先确定 PC1 占有的方向,则 PC2、PC3…正交于围绕最大综合变量 PC1 所有不同方向的截面上,在任何一个由 PC1 和 PC2(或 PC1 和 PC3…)组成的平面都包括在 n 维空间内,它们都提供包含最少综合变量（主成分），且具有原始变量的最多信息。图 2-17在三维空间显示主成分 PC1-PC2，PC1-PC3，PC1-PC4 之间的关联。

当存在多维变量时，可借助专用的计算软件，求解样品在多维空间中 PC1-PC2 的关联及相应的图示。

（3）主成分的性质表征

为了简明表征主成分的特性，以含有 x_1、x_2 两个变量构成的 PC1-PC2 平面图示来说明。

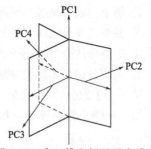

图 2-17　在三维空间显示主成分 PC1-PC2，PC1-PC3，PC1-PC4 之间关联的图示

① 得分图（score plot）　在主成分分析中，将由 PC1 和 PC2 构成的二维图示称为得分图。第一个主成分 PC1，被画在 x_1-x_2 图中，包含最多变量数据的方向上，在此图中每一个目标物在 PC1 上的投影，称为此目标物在 PC1 上的得分 S_1 [图 2-18(a)]。PC2 保持与 PC1 正交，在图中每个目标物在 PC2 上的投影，称为此目标物在 PC2 上的得分 S_2，但可看到此时各目标物的投影会有重合，构成目标物的一个聚集点，即意味着信息量的损失 [图 2-18(b)]。

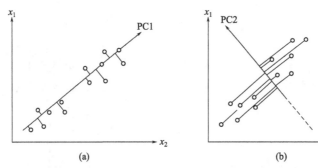

(a)　　　　　　　　　　　(b)

图 2-18　图中各散点（目标物）在 PC1 的正交投影，保护了原始数据的结构(a)，
图中各散点（目标物）在 PC2 的正交投影，隐蔽了原始数据的结构(b)

由 x_1-x_2 图转换成 PC1-PC2 图的优点是，PC2 比 PC1 存在更少的变量，即 PC2 总是不如 PC1 重要。

在 PC1-PC2 新的二维坐标图中，每个目标物都可由它们在 PC1 和 PC2 上的两个得分 S_1、S_2 来表达目标物的特征。

② 在 x_1-x_2 图和 PC1-PC2 图中变量关系的转换　在主成分分析中特别关注的一个优点是在 PC1-PC2 图中消除了在 x_1-x_2 图中原有变量的关系。

在 x_1-x_2 图（图 2-15）中每个目标物的散点是由 x_1 和 x_2 的相关性决定的，而在 PC1-PC2 图（图 2-16）中每个目标物是由在 PC1 和 PC2 上的投影的得分 S_1、S_2 的相关性决定的，因而在 PC1-PC2 图中已不存在 x_1 和 x_2 的相关性，这也表明由 x_1 和 x_2 两个变量的相关性来表征目标物的信息，在很大程度上已经过剩，它可以被压缩、减少到更少的变量。因而用 PC1-PC2 图取代 x_1-x_2 图是一个消除过剩信息量的过程，通过 PCA 可使目标物更集中在由尽量少变量提供的信息当中。

③ 特性简约 在 PCA 中特性简约是为了减少变量的维数，因此可以预料特性简约可能造成一些信息的损失，因此降低变量维数必须以一种合理的方式进行，以减少信息的损失。

特性简约操作的实现是将在 x_1-x_2 坐标中的散点，即各个目标物正交投影到一条线上。由于在平面上可以画出许多条线，因此应选择出最好的一条线，确定此条线的方向就十分重要。如在图 2-18(a)中选择了一条取向很好的线，即 PC1，在此线上各目标物的正交投影均不重合，很好地保护了原始数据的结构；而在图 2-18(b)中选择的另一条线，即 PC2，在此线上各目标物的正交投影相互重合，因而隐蔽了原始数据的结构。

（4）主成分分析的应用

主成分分析可把包含具有不同量纲多维变量来表达目标物的数据表格，经特性简约的减维处理转换成由无量纲的二维综合变量（即 PC1 和 PC2）构成的平面图示（即得分图），得分图中的各个散点对应原始数据表格中的多维变量，由图中各散点的相关性，找出各个目标物的相似性或差异性。它用简单的图示表达了大的数据表格。

主成分分析可用 PC1-PC2 构成的得分图取代原始变量的数据表格，使读者获得描绘目标物的形象表达，并由简洁的得分图，获得尽可能多的初始信息。

例如，在一个家庭有十名成员，每个家庭成员的年龄(岁)、身高(m)、体重(kg)和智商(IQ) 如表 2-30 所示，可用主成分分析法将十名家庭成员进行分组。

由表 2-30 可知，因描述每个家庭成员特征的四个相关变量（年龄、身高、体重、智商）的量纲不同，为便于等同比较，应先将四个变量进行标准化处理，即将每种变量的数值除以此变量的平均值，都转化成无量纲的数值，参见表 2-31。

表 2-30 十名家庭成员的特征描述

编号	成员称号	年龄/岁	身高/m	体重/kg	智商(IQ)
1	外祖父	68	1.76	63	140
2	外祖母	67	1.67	51	150
3	祖父	73	1.80	92	120
4	祖母	70	1.72	74	100
5	父亲	40	1.79	70	110
6	母亲	40	1.69	55	135
7	老大	12	1.46	36	150
8	老二	9	1.30	25	130
9	老三	5	1.06	18	140
10	宠物花猫	11	0.42	3	100
特征参数平均值($\bar{n}$)		39.5	1.47	48.7	128

表 2-31　十名家庭成员经标准化处理后的特征描述

编号	成员称号	年龄(岁/$\bar{n}$)	身高(m/$\bar{n}$)	体重(kg/$\bar{n}$)	智商(IQ/$\bar{n}$)
1	外祖父	1.72	1.20	1.29	1.09
2	外祖母	1.69	1.14	1.05	1.17
3	祖父	1.85	1.23	1.90	0.94
4	祖母	1.77	1.16	1.52	0.78
5	父亲	1.01	1.22	1.44	0.86
6	母亲	1.01	1.15	1.13	1.05
7	老大	0.30	0.99	0.74	1.17
8	老二	0.23	0.88	0.51	1.02
9	老三	0.13	0.72	0.37	1.09
10	宠物花猫	0.28	0.29	0.06	0.78

　　然后可用进行主成分分析的计算软件进行数据处理，可获得以下两个得分图，在得分图坐标 PC1 和 PC2 的括号内数字表示每个主成分所包含的原始变量的百分数。

　　由图 2-19（a）可看到，在 PC1（96.8%）-PC2（7.8%）的得分图中，由于主成分 PC1 包括了原始变量数据的 96.8%，它比 PC2（7.8%）更重要，其信息量损失很小，因此家庭中十名成员都呈现在得分图中。

　　而在图 2-19（b）中，PC1（58.4%）的信息量仅比 PC2（23.9%）的信息量多一倍，这就意味着在 x_1-x_2 坐标图中，PC1 线的取向不是最优化的，从而造成信息量较大的损失，因此在得分图中，十名家庭成员中，只呈现了六名成年人。

　　由图 2-19 可以看出，在得分图中 PC1 包含原始变量信息的含量较大，通常应当大于 95%，就不会造成原始变量信息的重大损失，也表明了 PC1 比 PC2 更重要。如果在得分图中 PC1 和 PC2 包含原始变量的信息相接近，就表明原始变量的信息遭受了较大的损失，这就丧失了应用主成分分析的目的。

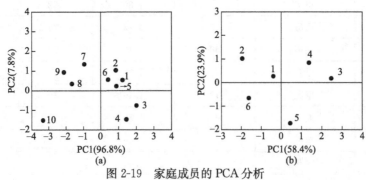

图 2-19　家庭成员的 PCA 分析
(a) PC1（96.8%）-PC2（7.8%），十名家庭成员都呈现出来；
(b) PC1（58.4%）-PC2（23.9%），仅六名成年人呈现出来

2. 亲水作用色谱固定相的极性评价

评价亲水作用色谱固定相的极性有以下两种方法。

(1) K. Irgum 法[69]

2011 年 Irgum 为研究亲水作用色谱（HILIC）固定相的选择性，探讨实验溶质与 HILIC 固定相之间相互作用的机理，提出了一种用主成分分析法（principal component analysis，PCA）来对 HILIC 固定相的极性（选择性）进行分类的方法。

为了对 22 种亲水固定相(后改为 21 种)色谱柱进行分类，选用了 21 种(后改为 18 种)不同性质的探针化合物，由它们组成 17 种(后改为 12 种)探针物质对，用每种探针物质对的分离因子 $\alpha_{i/j}$（$\alpha_{i/j}=K_{P(i)}/K_{P(j)}$）作为主成分分析的变量，来研究它们与各种 HILIC 色谱柱之间的各种相互作用，如亲水或疏水相互作用；形成氢键的能力(包括定向氢键)；偶极-偶极相互作用；π-π 电子相互作用；阳离子交换作用和阴离子交换作用。Irgum 使用的 21 种探针化合物，见表 2-32，组成的 17 种探针物质对，见表 2-33。测试使用的 HILIC 色谱柱见表 2-34。

表 2-32　Irgum 探针实验物质的分配系数（lgK_P）和水相电离常数（pK_a）

编号	化学名称	英文缩写	lgK_P	pK_a
1	胞嘧啶	Cyt	−1.24	4.83,9.98
2	尿嘧啶	Ura	−0.86	9.77,13.79
3	2-硫代胞嘧啶	S-Cyt	−0.52	6.49,9.48
4	腺嘌呤	Adi	−0.55	3.15,5.43,9.91
5	腺嘌呤核苷	Ado	−2.1	2.73,5.2
6	N-乙烯基咪唑	V-IMI	0.41	5.92
7	N-乙基咪唑	E-IMI	0.14	7.25
8	N-甲基咪唑	M-IMI	−0.23	6.82
9	1,3-二羟基丙酮	DHA	−1.53	N/A
10	甲基甘露醇	M-GLy	−0.89	N/A
11	二甲基甲酰胺	DMF	−0.63	N/A
12	α-羟基-γ-丁内酯	HBL	−0.79	N/A
13	苯基三甲基氯化铵②	PTMA	−5.87	N/A
14	苄基三甲基氯化铵	BTMA	−6.15	N/A
15	苄基三乙基氯化铵	BTEA	−5.08	N/A
16	苯甲酸	BA	−1.09	4.08
17	山梨酸②	SA	−0.35	5.01
18	苯磺酸	BSA①	−1.22	−2.36
19	色氨酸	TRP	−3.7	2.54,9.4,16.6
20	顺二氨二氯化铂(Ⅱ)	CDDP	−2.19	N/A
21	反二氨二氯化铂(Ⅱ)	TDDP	—	N/A

① 苯磺酸英文缩写应为 BSA，文献中用 BSU。

② 后未使用。

注：1. lgK_P 表示在 pH 6.8 包含离子化型体的丁醇-水两相分配系数的对数。

2. pK_a 表示在水相测定的酸电离常数的负对数。

3. N/A 表示非酸性物质。

表 2-33   Irgum 探针物质对

编号	探针物质对的组成	测量参数 $\alpha_{i/j}=\dfrac{K_{P(i)}}{K_{P(j)}}$	$\lg\alpha_{i/j}$	与固定相的相互作用
1	胞嘧啶/尿嘧啶	$\alpha_{(Cyt/Ura)}=\dfrac{K_{P(Cyt)}}{K_{P(Ura)}}$	1.44	亲水相互作用
2	胞嘧啶/2-硫代胞嘧啶	$\alpha_{(Cyt/S\text{-}Cyt)}=\dfrac{K_{P(Cyt)}}{K_{P(S\text{-}Cyt)}}$	2.40	亲水相互作用
3	N-乙基咪唑/N-甲基咪唑	$\alpha_{(E\text{-}IMI/M\text{-}IMI)}=\dfrac{K_{P(E\text{-}IMI)}}{K_{P(M\text{-}IMI)}}$	0.60	疏水相互作用
4	1,3-二羟基丙酮/甲基甘露醇	$\alpha_{(DHA/M\text{-}GLy)}=\dfrac{K_{P(DHA)}}{K_{P(M\text{-}GLy)}}$	1.72	氢键给予体
5	1,3-二羟基丙酮/二甲基甲酰胺	$\alpha_{(DHA/DMF)}=\dfrac{K_{P(DHA)}}{K_{P(DMF)}}$	2.42	多点氢键
6	腺嘌呤核苷/腺嘌呤	$\alpha_{(Ado/Adi)}=\dfrac{K_{P(Ado)}}{K_{P(Adi)}}$	3.82	多点氢键
7	甲基甘露醇/α-羟基-γ-丁内酯	$\alpha_{(M\text{-}GLy/HBL)}=\dfrac{K_{P(M\text{-}GLy)}}{K_{P(HBL)}}$	1.13	定向氢键(亲水形状选择性)
8	顺二氨二氯化铂(Ⅱ)/反二氨二氯化铂(Ⅱ)	$\alpha_{(CDDP/TDDP)}=\dfrac{K_{P(CDDP)}}{K_{P(TDDP)}}$	N/A	偶极-偶极相互作用
9	N-乙烯基咪唑/N-乙基咪唑	$\alpha_{(V\text{-}IMI/E\text{-}IMI)}=\dfrac{K_{P(V\text{-}IMI)}}{K_{P(E\text{-}IMI)}}$	2.93	π-π 电子相互作用
10	苯基三甲基氯化铵/胞嘧啶[①]	$\alpha_{(PTMA\text{-}Cyt)}=\dfrac{K_{P(PTMA)}}{K_{P(Cyt)}}$	4.73	阳离子交换作用
11	苄基三甲基氯化铵/胞嘧啶	$\alpha_{(BTMA/Cyt)}=\dfrac{K_{P(BTMA)}}{K_{P(Cyt)}}$	4.96	阳离子交换作用
12	苄基三乙基氯化铵/胞嘧啶[①]	$\alpha_{(BTEA/Cyt)}=\dfrac{K_{P(BTEA)}}{K_{P(Cyt)}}$	4.10	阳离子交换作用
13	苯磺酸/胞嘧啶[①]	$\alpha_{(BSA/Cyt)}=\dfrac{K_{P(BSA)}}{K_{P(Cyt)}}$	0.98	阴离子交换作用
14	苯甲酸/胞嘧啶	$\alpha_{(BA/Cyt)}=\dfrac{K_{P(BA)}}{K_{P(Cyt)}}$	0.88	阴离子交换作用
15	山梨酸/胞嘧啶[①]	$\alpha_{(SA/Cyt)}=\dfrac{K_{P(SA)}}{K_{P(Cyt)}}$	0.28	阴离子交换作用
16	色氨酸/腺嘌呤	$\alpha_{(TRP/Adi)}=\dfrac{K_{P(TRP)}}{K_{P(Adi)}}$	6.73	两性(四极静电)
17	山梨酸/苯甲酸[①]	$\alpha_{(SA/BA)}=\dfrac{K_{P(SA)}}{K_{P(BA)}}$	0.32	疏水形状选择性

① 后未使用。

注:1. N/A 代表非酸性物质。

2. K_P:在 pH 6.8 包含离子化型体的丁醇-水两相的分配系数。

表 2-34   Irgum 测试色谱柱的参数

序号	标记名称	制造商	载体	官能团	粒径/μm	孔径/Å	比表面积/(m²/g)	柱尺寸/(mm×mm)
1	ZIC-HILIC	Merck	硅胶	聚磺烷基三甲铵乙内酯,两性	5	200	135	4.6×100
2	ZIC-HILIC	Merck	硅胶	聚磺烷基三甲铵乙内酯,两性	3.5	200	135	4.6×150

续表

序号	标记名称	制造商	载体	官能团	粒径/μm	孔径/Å	比表面积/(m²/g)	柱尺寸/(mm×mm)
3	ZIC-HILIC	Merck	硅胶	聚磺烷基三甲铵乙内酯,两性	3.5	100	180	4.6×150
4	ZIC-HILIC	Merck	多孔聚合物	聚磺烷基三甲铵乙内酯,两性	5	—	—	4.6×50
5	Nucleodur HILIC	Macherey-Nagel	硅胶	磺烷基三甲铵乙内酯,两性	5	110	340	4.6×100
6	PCHILIC	Shiseido	硅胶	磷酸胆碱,两性	5	100	450	4.6×100
7	TSKgel Amide 80	Tosoh Bioscience	硅胶	酰胺(聚氨基甲酰基)	5	80	450	4.6×100
8	TSKgel Amide 80	Tosoh Bioscience	硅胶	酰胺(聚氨基甲酰基)	3	80	450	4.6×50
9	Poly Hydroxyethyl A	PolyLC	硅胶	聚(2-羟乙基)天冬酰胺	5	200	188	4.6×100
10	Li Chrospher100Diol	Merck	硅胶	2,3-二羟丙基	5	100	350	4.0×125
11	Luna HILIC	Phenomenex	硅胶	交联二醇	5	200	185	4.6×100
12	Polysulfoethyl A	PolyLC	硅胶	聚(2-磺乙基)天冬酰胺	5	200	188	4.6×100
13	Chromolith Si	Merck	硅胶整体柱	未衍生化	N/A	130	300	4.6×100
14	Atlantis HILIC Si	Waters	硅胶	未衍生化	5	100	330	4.6×100
15	Purospher STARSi	Merck	硅胶	未衍生化	5	120	330	4.0×125
16	LiChrospher Si 100	Merck	硅胶	未衍生化	5	100	400	4.0×125
17	LiChrospher Si 60	Merck	硅胶	未衍生化	5	60	700	4.0×125
18	Cogent TypeC Silica	Microsolv	硅胶	硅胶氢化物("C型"硅胶)	4	100	350	4.6×100
19	Li Chrospher100NH₂	Merck	硅胶	3-氨丙基	5	100	350	4.0×125
20	Purospher STAR NH₂	Merck	硅胶	3-氨丙基	5	120	330	4.0×125
21	TSKgel NH₂-100	Tosoh Bioscience	硅胶	氨烷基	3	100	450	4.6×50
22	Li Chrospher 100 CN	Merck	硅胶	3-氰丙基	5	100	330	4.0×125

选用胞嘧啶/尿嘧啶（Cyt/Ura）物质对（亲水相互作用）和苯甲酸/胞嘧啶（BA/Cyt）物质对（阴离子交换作用）作为两个正交主成分向量 PCⅠ和 PCⅡ，此二物质对在化学性质上无相关性，即呈现正交特性。

当以 PCⅠ（50%）作横坐标，以 PCⅡ（20%）作纵坐标[50%和 20%分别为向量

α（Cyt/Ura)和 α（BA/Cyt）在数据基体中占有的百分数]，绘制二维空间的得分（score）和负载（loading）双图（biplot），见图 2-20。图中给出 21 种 HILIC 色谱柱的分类聚集图，分为氨基柱（表 2-34 中 19～21 号三种柱）、中性柱（5～11 号七种柱）、硅胶柱（13～18 号六种柱）和两性柱（1～4，12 号五种柱）四类。

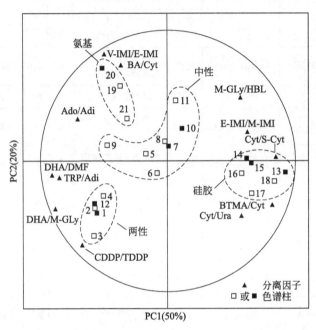

图 2-20　用主成分分析法获得 21 种 HILIC 色谱柱的得分、负载双图

（2）N. Tanakal 法[73,74]

2011 年 Tanaka 研究小组对 HILIC 固定相的选择性分类进行了研究，他们选用了 15 种 HILIC 色谱柱（见表 2-35），并用 13 种极性探针化合物（见表 2-36），组成 8 组探针物质对（见表 2-37），并由选用的探针物质对，来表征它们与 HILIC 固定相的 8 种相互作用（即疏水相互作用、亲水相互作用、空间异构体的选择作用、位置异构体的选择作用、分子形状的选择作用、阳离子交换作用、阴离子交换作用和对固定相表面富水层 pH 的选择作用）对 HILIC 固定相选择性的影响。

表 2-35　Tanaka 测试使用的 HILIC 色谱柱

序号	官能团	柱名称	粒径 /μm	柱尺寸 /(mm×mm)	生产厂商
1	两性	ZIC-HILIC	5	4.6×150	Merck SeQuant (Umeä Sweden)
2		ZIC-HILIC	3.5	4.6×150	Macherey-Nagel
3		Nucleodur HILIC	3	4.6×150	(Düren Germany)
4	酰胺	Amide-80	3	4.6×150	Tosoh(Tokyo,Japan)
5		Amide-80	5	4.6×150	Waters(Milford, MA. USA)
6		X Bridge Amide	3.5	4.6×150	

续表

序号	官能团	柱名称	粒径/μm	柱尺寸/(mm×mm)	生产厂商
7	聚丁二酰亚胺衍生物	PolySULFOETHYL	3	2.1×100	PolyLC(Columbia,MD. USA)
8		PolyHYDROXYETHYL	3	2.1×100	
9	环糊精二醇	CYCLOBONOI	5	4.6×250	Astec(Whippany,Nj. USA)
10		LiChrospher Diol	5	4.6×100	Merck(Darmstadt,Germany)
11	裸露硅胶	Chromolith Si	整体柱	4.6×100	Merck Advanced Material Technologe (Wilmington,DE. USA)
12		Halo HILIC	2.7	4.6×150	
13		COSMOSIL HILIC	5	4.6×150	
14	氨基	Sugar-D	5	4.6×150	Nacalai
15		NH₂-MS	5	4.6×150	

表 2-36　Tanaka 选用的探针化合物

序号	探针物质	英文缩写	表征 HILIC 特征基团的贡献
1	尿嘧啶核苷(尿苷)	U	对亚甲基(—CH₂—)的选择性
2	5-甲基尿苷	5MU	
3	2′-脱氧尿苷	2dU	对羟基(—OH)的选择性
4	Vidarabine 阿糖腺苷	V	对构型(空间)异构体的选择性
5	腺嘌呤核苷(腺苷)	A	
6	2′-脱氧鸟苷	2dG	对结构(位置)异构体的选择性
7	3′-脱氧鸟苷	3dG	
8	4-硝基苯-α-D 吡喃葡萄糖苷	NPαGlu	对分子形状的选择性
9	4-硝基苯-β-D 吡喃葡萄糖苷	NPβGlu	
10	对甲苯磺酸钠	SPTS	对阴离子交换作用的选择性
11	N,N,N-三甲基苯基氯化铵	TMPAC	对阳离子交换作用的选择性
12	可可碱(3,7-二甲基黄嘌呤)	Tb	对固定相表面富水层 pH 值影响的选择性
13	茶碱(1,3-二甲基黄嘌呤)	Tp	

表 2-37　Tanaka 探针物质对

编号	选用的探针物质对	物质对英文缩写	测量参数 $\alpha_{(i/j)} = \dfrac{k_i}{k_j}$	与固定相的相互作用
1	尿苷/5-甲基尿苷	U/5MU	$\alpha_{(U/5MU)} = \dfrac{k_U}{k_{5MU}}(=\alpha_{CH_2})$	疏水相互作用

续表

编号	选用的探针物质对	物质对英文缩写	测量参数 $\alpha_{(i/j)}=\dfrac{k_i}{k_j}$	与固定相的相互作用
2	尿苷/2′-脱氧尿苷	U/2dU	$\alpha_{(U/2dU)}=\dfrac{k_U}{k_{2dU}}(=\alpha_{OH})$	亲水相互作用
3	阿糖腺苷/腺苷	V/A	$\alpha_{(V/A)}=\dfrac{k_V}{k_A}$	构型(空间)异构体的选择作用
4	2′-脱氧鸟苷/3′-脱氧鸟苷	2d/3d	$\alpha_{(2d/3d)}=\dfrac{k_{2d}}{k_{3d}}$	结构(位置)异构体的选择作用
5	4-硝基苯-α-D 吡喃葡萄糖苷/4-硝基苯-β-D 吡喃葡萄糖苷	NPαGlu/NPβGlu	$\alpha_{(NP\alpha Glu/NP\beta Glu)}=\dfrac{k_{NP\alpha Glu}}{k_{NP\beta Glu}}(=\alpha_{(\alpha/\beta)})$	对分子形状的选择作用
6	对甲苯磺酸钠/尿苷	SPTS/U	$\alpha_{(SPTS/U)}=\dfrac{k_{SPTS}}{k_U}(=\alpha_{AX})$	阴离子交换作用
7	N,N,N-三甲基苯基氯化铵/尿苷	TMPAC/U	$\alpha_{TMPAC/U}=\dfrac{k_{TMPAC}}{k_U}(=\alpha_{CX})$	阳离子交换作用
8	可可碱/茶碱	Tb/Tp	$\alpha_{(Tb/Tp)}=\dfrac{k_{Tb}}{k_{Tp}}$	对固定相表面富水层 pH 值的选择作用

表 2-38　Tanaka 测试 HILIC 色谱柱雷达图中，九轴坐标表达固定相的特性参数

序号	柱名称	$k(U)$	$\alpha(CH_2)$	$\alpha(OH)$	$\alpha(V/A)$	$\alpha(2d/3d)$	$\alpha(\alpha/\beta)$	$\alpha(AX)$	$\alpha(CX)$	$\alpha(Tb/Tp)$
1	ZIC-HILIC(5μm)	2.11	1.67	2.03	1.50	1.11	1.14	0.05	4.41	1.18
2	ZIC-HILIC(3.5μm)	2.10	1.71	2.07	1.51	1.12	1.14	0.05	4.33	1.20
3	Nucleodur HILIC(3μm)	2.20	1.28	1.55	1.46	1.08	1.14	0.15	3.46	1.00
4	Amide-80(3μm)	2.30	1.27	1.67	1.29	1.08	1.18	0.03	3.62	1.30
5	Amide-80(5μm)	4.58	1.27	1.64	1.28	1.08	1.18	0.06	2.82	1.32
6	XBridge Amide(3.5μm)	2.55	1.29	1.70	1.30	1.07	1.16	0.09	1.18	1.38
7	PolySULFOETHYL(3μm)	1.58	1.48	2.13	1.21	1.06	1.24	①	7.66	1.00
8	PolyHYDROXYETHYL (3μm)	3.02	1.36	1.92	1.31	1.07	1.21	0.09	2.47	1.14
9	CYCLOBOND Ⅰ (5μm)	0.70	1.13	1.21	1.24	1.10	1.20	0.44	5.36	1.01
10	LiChrospher Diol (5μm)	1.50	1.15	1.36	1.32	1.06	1.17	0.01	3.27	1.04
11	Chromolith Si	0.31	1.12	1.00	1.16	1.11	1.31	①	65.27	1.22

续表

序号	柱名称	k(U)	α(CH$_2$)	α(OH)	α(V/A)	α(2d/3d)	α(α/β)	α(AX)	α(CX)	α(Tb/Tp)
12	Halo HILIC(2.7μm)	0.64	1.16	1.08	1.18	1.13	1.29	①	43.86	1.26
13	COSMOSIL HILIC(5μm)	1.60	1.14	1.60	1.36	1.03	1.13	2.81	0.09	0.80
14	Sugar-D(5μm)	1.58	1.44	1.74	1.45	1.10	1.22	5.18	①	0.52
15	NH$_2$-MS(5μm)	2.44	1.30	1.88	1.36	1.07	1.20	7.54	①	0.54

①表示 SPTS 或 TMPAC 在甲苯前洗脱出。

注：1. k（容量因子）$=t'_R/t_M$，以甲苯作死时间探针。

2. α（分离因子）$=k_i/k_j$（i 和 j 为一个物质对）。

他们先用主成分分析法，选用尿苷的容量因子 k(U)（主要反映亲水相互作用）和 N,N,N-三甲基苯基氯化铵的容量因子 k（TMPAC）（主要反映阳离子交换作用）作为正交的主成分向量成分Ⅰ和成分Ⅱ（正交系指此二探针化合物与固定相间的相互作用互不相干），并以成分Ⅰ（74.0%）作横坐标，以成分Ⅱ（21.6%）作纵坐标［74.0%和 21.6%分别为向量 k(U) 和 k(TMPAC) 在数据基体中占有的百分数］绘制出二维轮廓图（profiling plot），见图 2-21。

在轮廓图中 15 种 HILIC 色谱柱可分为五个聚集群：

① 硅胶柱　图中右上角的 11、12。

② 氨丙基柱　图中下部中间偏左的 13、14、15。

③ 两性柱　图中中间偏下的 1、2、3。

④ 中性酰胺柱　图中偏左的 4、5。

⑤ 中性二醇柱　图中下部偏右的 7、9、10。

从成分Ⅰ坐标看，从左到右亲水性逐渐减弱；由成分Ⅱ坐标看，由下到上阳离子交换作用逐渐增强，由上到下阴离子交换作用逐渐增强。

图中 8 号柱远离五个聚集群，显示较强的亲水性；图中 6 号柱位于两性柱、中性柱和氨丙基柱的中间位置，与此三个聚集群的特性相近。

Tanaka 研究组为了表达每个 HILIC 色谱柱的分离特性，还使用了在二维平面上表达多维数据分布的雷达图（radar plots），其早已用于描述反相液相色谱柱的分离特性。

在表达 HILIC 色谱柱分离特性的雷达图中，使用了尿苷的容量因子 k(U) 和 8 个探针物质对的分离因子（$\alpha_{i/j}=k_i/k_j$）；α(CH$_2$)、α(OH)、α(V/A)、α(2d/3d)、α(α/β)、α(AX)、α(CX) 和 α(Tb/Tp)，以此九个参数绘出了具有九轴坐标的雷达图，其对应的数据见表 2-38。15 个色谱柱的雷达图见图 2-22。

由雷达图可看到具有相似官能团的色谱柱，并未生成完全相同的图形，但具有一定的相似性，如 1、2 号柱（ZIC-HILIC）和 3 号柱（Nucleodur HILIC）；4、5 号柱（Amide-80）和 6 号柱（X-Bridge Amide）；11 号柱（chromolithsi）和 12 号柱（Halo

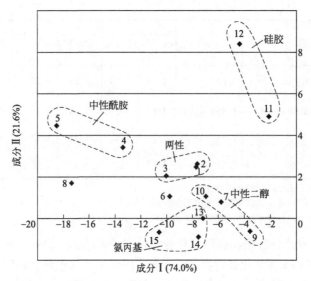

图 2-21   15 种 HILIC 色谱柱，由主成分分析法获得的色谱柱分成 5 组的轮廓图

HILIC)；13 号柱（COSMOSIL HILIC）、14 号柱（Sugar-D）和 15 号柱（NH$_2$-MS）。

3. 探针物质对分离因子 $\alpha_{i/j}$ 的热力学含义

在色谱分析中，已知容量因子 k 和分配系数 K_P 的关系如下：

$$k = \frac{K_P}{\beta}$$

式中，β 为相比，$\beta = \dfrac{V_M}{V_S}$；V_M 和 V_S 分别为色谱柱中流动相和固定相的体积。

色谱分析中，溶质在固定液溶解（或被吸附）的自由能 ΔG_{K_P} 为：

$$\Delta G_{K_P} = -2.3RT\lg K_P$$

$$K_P = 10^{-2.3\frac{\Delta G_{K_P}}{RT}}$$

探针物质对的分离因子 $\alpha_{i/j}$ 为：

$$\alpha_{i/j} = \frac{k_{(i)}}{k_{(j)}} = \frac{K_{P(i)}/\beta}{K_{P(j)}/\beta} = \frac{K_{P(i)}}{K_{P(j)}} = \frac{10^{-2.3\frac{\Delta G_{K_P(i)}}{RT}}}{10^{-2.3\frac{\Delta G_{K_P(j)}}{RT}}}$$

$$\lg\alpha_{i/j} = \frac{-2.3\dfrac{\Delta G_{K_P(i)}}{RT}}{-2.3\dfrac{\Delta G_{K_P(j)}}{RT}} = \frac{\Delta G_{K_P(i)}}{\Delta G_{K_P(j)}}$$

由上述可知：探针物质对分离因子的对数（$\lg\alpha_{i/j}$）等于两种探针物质在固定液中的溶解（或被吸附）自由能的比值（$\Delta G_{K_P(i)}/\Delta G_{K_P(j)}$）。

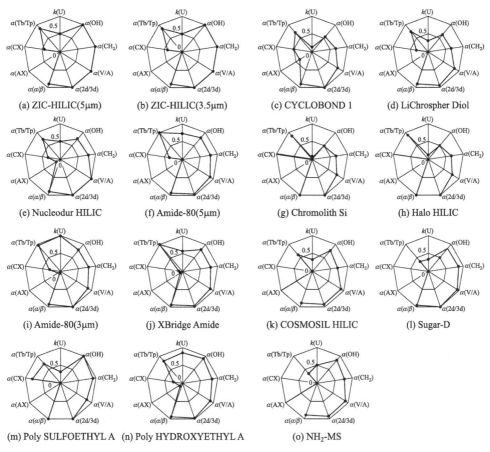

图 2-22 表达 HILIC 15 种色谱柱(表 2-38)分离特性的雷达图

k(U)—尿苷的保留值；α(OH)—亲水性程度；α(CH$_2$)—疏水性程度；α(V/A)—构型异构体的分离程度；α(2d/3d)—位置（结构）异构体的分离程度；α(α/β)—分子形状选择性；α(AX)—阴离子交换作用的程度；α(CX)—阳离子交换作用的程度；α(Tb/Tp)—固定相的酸-碱性质

第三节 总结

由前述可看出，在色谱分析中，为了评价和选择固定相，从 20 世纪 50 年代开始，许多色谱工作者做了大量的工作，评价的方法也是多种多样的。

但至今为止，在气相色谱分析中，罗胥尼德常数和麦克雷诺兹常数已普遍被广大色谱工作者接受作为评价和选择固定液的依据，并阐明此两常数中保留指数增量 δI 的热力学含义。20 世纪 90 年代 Takacs 深入研究了科瓦茨保留指数，提出了科瓦茨系数 K_c 和分子结构系数 S_c 的新概念，并用保留极性 RP，麦克雷诺兹极性 MP 和平均极性因子 APF、有效极性 P^E 来表征固定相的极性特征，进而阐明分子结构系数 S_c 的热力学含义。

20 世纪 70 年代后发展起来的用热力学参数评价固定液的特性，其用宏观的热力

学函数 ΔG^{E}、$\Delta H_{e}^{s}(CH_2)$、$\Delta G_{s}^{m}(CH_2$ 或 $X)$、$\delta(\Delta G)_{CH_2}$、保留参数 A 来表征固定液与溶质分子间的微观作用力，反映了人们在固定液极性评价上，对热力学依据认识的深化。

从发展趋势看，用仔细选择的特征溶质（或官能团），由其在固定液上溶解的偏摩尔自由能的变化 ΔG^{S} 或偏摩尔过剩吉布斯自由能的变化 ΔG^{E}，来描述固定液的极性是比较全面的表达方法，它不依赖于选择"零"极性固定液，是一种绝对的标准，但仍需进行大量的工作，才能得到更完善的结论。

20 世纪 70 年代后发展起来的高效液相色谱，由于反相色谱柱的广泛使用，在 80 年代末，促使 Tanaka 采用反映分子间各种相互作用的探针物质对来表征不同反相固定相的分离特性，并用探针物质对的分离因子 $\alpha_{i/j}$，绘制平面六轴极坐标的雷达图，形象地描述不同反相固定相的分离特性。90 年代以后，随亲水作用色谱的快速发展，2011 年 Irgum 和 Tanaka 仍采用反映不同分子间相互作用探针物质对的分离因子 $\alpha_{i/j}$，来评价亲水作用色谱固定相的分离特性。Irgum 应用主成分分析法，由得分（score）和负载（loading）双图（biplot），获得分子分离性质相近固定相的聚集图。Tanaka 仍使用雷达图，给出平面九轴极坐标的图示，表征各种亲水作用色谱固定相的分离特性，并可由雷达图的相似性，判断其分离特性的相关性。在本章中也阐明了分离因子 $\alpha_{i/j}$ 的热力学含义。

由上述可知，对高效液相固定相极性的评价，还处于早期形象化的水平，远未达到在气液色谱中，使用热力学函数来评价固定相极性的水平[70]。

参 考 文 献

[1] Mann J R, Jr Preston S T. J Chromatogr Sci, 1973, 11: 216.

[2] Rohrschneider L. J Chromatogr Sci, 1973. 11: 160.

[3] Rohrschneider L, Fresenius Z. Anal Chem, 1959, 170: 256.

[4] Rohrschneider L. Advances in Chromatography vol Ⅳ, 1967, 333-363.

[5] Supina W R. The Packed Column in Gas Chromatography, 1974: 53-84.

[6] Bayer E. Angew, Chem, 1959, 71: 299.

[7] Chovin P, Lebbe J. Separation Immédiate et Chromatographic, 1961, edited by J Tranchant, G A M S, Paris, 1962: 90.

[8] Prérôt A, Buzon J. Practical Manual of Gas Chromatography, edited by J Tranchant, London, 1969: 111-112.

[9] Brown I. J Chromatogr, 1963, 10: 284-293.

[10] Wehrll A, Kováts E. Helv Chim Acta, 1959, 42: 2709.

[11] Kovats E. Helv Chim Acta, 1958, 41: 1915.

[12] Kaiser R. Chromatographia, 1970, 3: 383.

[13] Rohrschneider L. J Chromatogr, 1966, 22: 6.

[14] Rohrschneider L. LC-GC Int, 1993, 6 (7): 553-561.

[15] Rohrschneider L. Chromatographia, 1994, 38 (11/12): 679-688.

[16] Averill W. Gas Chromatography, 1962: 1-6.

[17] Ettre L S. J Gas Chromatogr, 1963, 1: 36.

［18］Supina W R, Rose L P. J Chromatogr Sci, 1970, 8: 214.

［19］Haken J K. J Chromatogr Sci, 1975, 13: 432.

［20］McReyholds W O. J Chromatogr Sci, 1970, 8: 695.

［21］Hartkopf A, Grunfeld S, Delumyea R. J Chromatogr Sci, 1974, 12: 119.

［22］Keller R A. J Chromatogr Sci, 1973, 11: 58.

［23］Kaplar L, Szita C, Takács J, et al. J Chromatogr, 1972, 65: 115.

［24］Takács J, Szentirmai Zs, Molnar E B, et al. J Chromatogr, 1972, 65: 121.

［25］Hartkopf A. J Chromatogr Sci, 1974, 12: 113.

［26］Etlre L S. Chromatographia, 1974, 7: 261.

［27］Heckers H, Dittmar K, Melcher F W, et al. J Chromatogr, 1977, 135: 93.

［28］Tarjan G, Kiss A, Takacs J, et al. J Chromatogr, 1976, 119: 327.

［29］Riedo F, Frjtz D, Kováts E Sz, et al. J Chromatogr, 1976, 126: 63.

［30］Vernon F, Ogundipe C O E. J Chromatogr, 1977, 132: 181.

［31］Vernon F, Gopal P L. J Chromatogr, 1978, 150: 45.

［32］Vernon F, J Chromatogr, 1978, 148: 397.

［33］Vigdergauz M S, Bankovskaya T R. Chromatographia, 1976, 9 (11): 548-553.

［34］Vigdergauz M S, Zakharova N V, Bankovskaya T R, et al. Chromatographia, 1978, 11 (6): 316-320.

［35］Tarjan G, Nyiredy S, Takacs J M, et al. J Chromatogr, 1989, 472: 1.

［36］Fernandez-Sanchez E, Fernander-Torres A, Santiuste J M. Chromatographia, 1991, 31 (1/2): 75-79.

［37］Takacs J M. J Chromatogr Sci, 1991, 29 (9): 382-389.

［38］Santiuste J M, Takacs J M. J Chromatogr Sci, 1997, 35 (10): 495-501.

［39］Santiuste J M, Takacs J M. J Chromatogr Sci, 1999, 37 (4): 113-120.

［40］Garcia-Dominguez J A, Santiuste J M, Dai Q. J Chromatogr A, 1997, 787: 143-159.

［41］Hepp M A, Klee M S. J Chromatogr, 1987, 404: 145-154.

［42］Kersten B R, Poole C F. J Chromatogr, 1988, 452: 191-208.

［43］Poole S K, Kersten B R, Poole C F. J Chromatogr, 1989, 471: 91-103.

［44］Snyder L R. J Chromatogr Sci, 1978, 16: 223.

［45］Novák J, Ruzickova T, Wicar S, et al. Anal Chem, 1973, 45: 1365.

［46］傅鹰. 化学热力学导论. 北京: 科学出版社, 1964: 276-279.

［47］黄子卿. 非电解质溶液理论导论. 北京: 科学出版社, 1973: 10-12, 148-154.

［48］Leathard D A, Shurlock B C. Identification Techniques in Gas Chromatography, 1970: 11-20.

［49］Risby T H, Jurs P C, Reinbold B L. J Chromatogr, 1974, 99: 173.

［50］Reinbold B L, Risby T H. J Chromatogr Sci, 1975, 13: 372.

［51］Figgins C E, Risby T H, Jurs P C. J Chromatogr Sci, 1976, 14: 453.

［52］Figgins C E, Reinbold B L, Risby T H. J Chromatogr Sci, 1977, 15: 208.

［53］Purnell H. Gas Chromatography, 1962, 219.

［54］Mc Reynolds W O. Gas Chromatographic Retention Data, Preston Technical Abstracts Company, Evanston, Ⅲ, 1966.

［55］Kersten B R, Poole S K, Poole C F. J Chromatogr, 1989, 468: 235.

［56］Golovnya R V, Arsenyev Yu N. Chromatographia, 1970, 3: 455.

［57］Golovnya R V, Arsenyev Yu N. Chromatographia, 1971, 4: 250.

［58］Golovnya R V, Misharina T A. Chromatographia, 1977, 10: 658.

［59］Catalog No. 19. Applied Science Laboratories Inc State College, Pa (USA), 1976: 15-17.

［60］ Golovnya R V. Chromatographia, 1979，8：533-538.

［61］ Golovnya R V. Polanuer B M. J Chromatogr, 1990, 517：51-66.

［62］ Ševčik J, Löwentap M S H. J Chromotogr, 1981, 217：139-150.

［63］ Wain wright M S, Haken J K, Srisukh D. J Chromatogr, 1982, 236：1-9.

［64］ 于世林，刘燕周. 色谱, 1986, 4 (3)：177-178, 141.

［65］ Kimata K, Iwaguchi K, Tanaka N, et al. J Chromatogr Sci, 1989, 27 (12)：721.

［66］ Krupczynska K, Buszewski B, Jandera P. Anal Chem, 2004, 76 (3)：227A.

［67］ 洪文学，等. 基于多元统计图表示原理的信息融合和模式识别技术. 北京：国防工业出版社，2008.

［68］ Euerby M R, Petersson P. LC-GC Europe, 2000, Sep：665；J Chromatogr A, 2003, 994：13.

［69］ Dinh N P, Jonsson T, Irgum K. J Chromatogr A, 2011, 1218：5880.

［70］ Massart D L, Heyden Y V. LC-GC Europe, 2004, 17 (11)：586.

［71］ West C. LC-GC North America, 2016, 34 (11)：868.

［72］ 傅德印. 应用多元统计分析. 北京：高等教育出版社，2013.

［73］ Kawachi Y, Ikegami J, Tanaka N, et al. J Chromatogr, A, 2011, 1218：5903.

［74］ Lesellier E, West C. J Chromatogr A, 2007, 1158：329.

第三章 色谱过程中的分子间作用能及保留值的预测

第一节 色谱过程中的分子间作用能

在色谱分析条件下，被分析物质在各种固定相上的保留行为，是由其在固定液溶解或吸着的偏摩尔自由能 ΔG 所决定的，而 ΔG 的数值是由固定相的分子结构和与被分析物质之间的分子间相互作用力来决定的，ΔG 值越大，固定相的极性越高，固定相和被分析物质分子间相互作用也越强。

不同物质分子间的相互作用力可以分为四类：

① 色散力（dispersion forces）或称 London 力。

② 取向力（orientation forces）或称 Keeson 力。

③ 诱导力（induction forces）或称 Debye 力。

④ 电子给予-接受力（electron donor-acceptor forces）和氢键力（hydrogen-bonding forces）。

一、Golovny 用分子间作用能来计算 ΔG[1]

Golovny 提出，在色谱分析过程中，溶质在固定相上的溶解或吸着自由能，是上述四种分子间作用能的总和：

$$\Delta G = \Delta G_d + \Delta G_o + \Delta G_{in} + \Delta G_{d\text{-}ac(H)} \tag{3-1}$$

式中，ΔG_d 为因色散力产生的自由能变化；ΔG_o 为因取向力产生的自由能变化；ΔG_{in} 为因诱导力产生的自由能变化；$\Delta G_{d\text{-}ac(H)}$ 为因电子给予-接受力或氢键力产生的自由能变化。

在非极性固定相，溶质与固定相间的作用能，主要是由分子间非特效相互作用 ΔG_d 决定的。

在极性固定相，溶质与固定相间的作用能，主要是由分子间特效相互作用 ΔG_o、ΔG_{in} 和 $\Delta G_{d\text{-}ac(H)}$ 决定的。

Kováts 首先提出溶质在固定相的溶解（或吸着）的自由能与科瓦茨保留指数存在下述关系：

$$\Delta G_x = A + B I_x \tag{3-2}$$

已知

$$\lg K_P = \frac{b(I_x - 100n)}{100} + \lg \frac{V_{g(n)} T_c \rho_L}{273}$$

由分配系数 K_P 可计算 ΔG：

$$\Delta G = -2.3RT \lg K_P = -2.3RT \left[\frac{b(I_x - 100n)}{100} + \lg \frac{V_{g(n)} T_c \rho_L}{273} \right] \tag{3-3}$$

将此式展开：

$$\Delta G = -2.3RT \frac{I_x}{100} b - 2.3RT \left[\lg \frac{V_{g(n)} T_c \rho_L}{273} - bn \right]$$

已知 $\Delta G_{CH_2} = -2.3RTb$，所以

$$\Delta G = \frac{\Delta G_{CH_2}}{100} I_x - 2.3RT \left[\lg \frac{V_{g(n)} T_c \rho_L}{273} - bn \right] \tag{3-4}$$

从而可知：

$$A = -2.3RT \left[\lg \frac{V_{g(n)} T_c \rho_L}{273} - bn \right] \tag{3-5}$$

$$B = \frac{\Delta G_{CH_2}}{100} = \Delta G_{Iu} \tag{3-6}$$

ΔG_{Iu} 为对应一个保留指数单位的亚甲基（—CH$_2$）溶解自由能。因此可导出：

$$\Delta G = A + \Delta G_{Iu} I_x \tag{3-7}$$

令 $\Delta G_{I_x} = \Delta G_{Iu} I_x$，$\Delta G_{I_x}$ 相当于 I_x 倍的亚甲基溶解自由能，表达了色散力相互作用能 ΔG_d。

因此：

$$\Delta G = A + \Delta G_{I_x} \tag{3-8}$$

$$A = \Delta G - \Delta G_{I_x} \tag{3-9}$$

A 值表达了除色散力相互作用能以外的其他分子间作用能（ΔG_o、ΔG_{in}、$\Delta G_{d\text{-}ac(H)}$）对溶质溶解（或吸着）自由能 ΔG 的贡献。A 值通过式（3-5），仅用正构烷烃进行分析就可计算出 A 值。因 ΔG 总大于 ΔG_{I_x}，A 总为正值。

二、Novak 提出溶质分子中各种官能团的 $\Delta G^{(i)}$ 具有加和性[2]

Novak 提出溶质在固定液中溶解的总自由能，可以认为是由分子中各个官能团贡献能量的总和。如对 $(CH_3)_n \cdot (CH_2)_m \cdot X$ 同系列化合物；

$$\Delta G_{(CH_3)_n \cdot (CH_2)_m \cdot X} = n\Delta G^{CH_3} + m\Delta G^{CH_2} + \Delta G^X$$

热力学函数加和性原理可应用于任何类型的有机化合物，X 可为下述官能团，如

$$-O-, \quad \begin{array}{c} \\ \diagdown \\ C=O \\ \diagup \end{array}, \quad -OH, \quad -\overset{\displaystyle O}{\underset{\displaystyle H}{\overset{\|}{C}}}, \quad -\overset{\displaystyle O}{\underset{\displaystyle OH}{\overset{\|}{C}}}, \quad -\overset{\displaystyle O}{\underset{\displaystyle OCH_3}{\overset{\|}{C}}} \quad 等，\Delta G^{CH_3} 可由乙$$

烷（CH_3-CH_3）计算，ΔG^{CH_2} 可由含 X 官能团的同系列化合物计算，ΔG^X 可由简单

有机化合物，如乙醚（C_2H_5—O—C_2H_5）、乙醇（C_2H_5OH）、乙醛（ $CH_3-\overset{\overset{\displaystyle O}{\|}}{C}-H$ ）、

丙酮（ $\overset{\displaystyle CH_3}{\underset{\displaystyle CH_3}{}}C=O$ ）、乙酸（ $CH_3-\overset{\overset{\displaystyle O}{\|}}{C}-OH$ ）、乙酸甲酯（ $CH_3-\overset{\overset{\displaystyle O}{\|}}{C}-OCH_3$ ）等

来计算。

由每种化合物的分配系数可以计算它在固定液中的溶解自由能：

$$\Delta G_{(CH_3)_n \cdot (CH_2)_m \cdot X} = -2.3RT \lg \frac{V_{g(CH_3)_n \cdot (CH_2)_m \cdot X} T_c \rho_L}{273}$$

$$\Delta G^X = \Delta G_{(CH_3)_n \cdot (CH_2)_m \cdot X} - \Delta G^{CH_3} - \Delta G^{CH_2}$$

当已知 ΔG^{CH_3}、ΔG^{CH_2} 和 ΔG^X 后，就可组合成不同有机分子的溶解自由能，也为有机化合物溶解自由能（或保留值）的预测开辟了途径。

三、保留指数和分子结构之间的关联[3]

科瓦茨保留指数是气相色谱分析中三个重要的基础参量（比保留体积 V_g、分离因子 α 和科瓦茨保留指数）之一，它是一个加和性参数。

1. 保留指数的热力学依据

保留指数的热力学基础是正构烷烃同系列在固定液中溶解的自由能与烷烃的碳数呈线性关系：

$$\Delta G_n = \Delta G_0 + n\Delta G_C$$

式中，n 为正构烷烃的碳数；ΔG_C 为每个碳基团（CH_2）对自由能的贡献；ΔG_0 为对端基甲基（—CH_3）的校正系数。

对具有特征官能团（X）的其他溶质分子，其在固定液中溶解的自由能与它含有的有效碳数呈线性关系：

$$\Delta G_X = \Delta G_0' + N\Delta G_C$$

式中，N 为溶质的有效碳数；ΔG_C 仍为每个碳基团（CH_2）对自由能的贡献；$\Delta G_0'$ 为对端基甲基（—CH_3）和特征官能团（X）的校正系数。

任何溶质在固定液中的溶解自由能与分子中含有的碳数（n）或有效碳数（N）成正比的线性关系，就决定了科瓦茨保留指数具有加和性。

有效碳数（N）是指当计算科瓦茨保留指数时，在选定的两个相邻正构烷烃（n 和 $n+1$）碳数之间的中间数值。

2. 保留指数增量

保留指数增量，是指两个保留指数间的差值，它指示溶质或固定相之间特征官能团之间的相互作用。

保留指数增量可以分为以下几类：

① 在同一固定液中，两种不同溶质保留指数的差值 ΔI：

$$\Delta I = I_2 - I_1 = 100 \frac{\lg V_{g(2)} - \lg V_{g(1)}}{b}$$

它表达了在同一固定液中，两种溶质选择性的差异，可用选择性系数 $r_{2/1}$（或分离因子 $\alpha_{1/2}$）来表达：

$$r_{2/1} = \lg \frac{V_{g(2)}}{V_{g(1)}} = \frac{\Delta I b}{100}$$

② 在同一固定液中，具有单一特征官能团的极性化合物（RX）与对应母体正构烷烃（RH）的保留指数差值 ΔH ［可称为同系因子（homomorphy factor）］

在非极性固定液（NP）中：$\Delta H_X^{NP} = I_{RX}^{NP} - I_{RH}^{NP} = 100 \left(\dfrac{\Delta G_{RX}^{NP} - \Delta G_{RH}^{NP}}{\Delta G_{CH_4}^{NP}} \right)$

在极性固定液（P）中：　　$\Delta H_X^{P} = I_{RX}^{P} - I_{RH}^{P} = 100 \left(\dfrac{\Delta G_{RX}^{P} - \Delta G_{RH}^{P}}{\Delta G_{CH_4}^{P}} \right)$

如在非极性固定液角鲨烷上，柱温 80℃，测得己基环丙烷（ $\triangle\!\!\!\bigwedge\!\!\bigwedge$ ）的保留指数 $I_1 = 913.0$；1-辛烯（ $\bigvee\!\!\bigwedge\!\!\bigwedge$ ）的保留指数 $I_2 = 782.7$，它们对应母体的正构烷烃分别为正壬烷（$I = 900$）和正辛烷（$I = 800$）。

对己基环丙烷，其　　　$\Delta H_X^{NP} = 913.0 - 900 = 13.0$

对 1-辛烯，其　　　　$\Delta H_X^{NP} = 782.7 - 800 = -17.3$

测得的 ΔH^{NP} 数值分别表征了己基环丙烷和 1-辛烯与母体正构烷烃在性质上的差别，也表达了特征官能团的特性。

ΔH^{NP} 还可用于对具有特征官能团化合物的保留指数进行预测，如对 3-己烯环丙烷（ $\triangle\!\!\!\bigwedge\!\!\bigwedge$ ），可利用保留指数的加和性，来预测它的保留指数：

$$I = 900 + 13.0 - 17.3 = 895.7$$

为证明预测的可靠性，在此角鲨烷柱上，于 80℃实测 3-己烯环丙烷的保留指数，其为 895.3，它与预测值基本相符合，表明了预测计算的正确性。

对具有双官能团的有机化合物（RXY），计算 ΔH 可按下述公式：

$$\Delta H_X = I_{RXY} - I_{RHY}$$

$$\Delta H_Y = I_{RXY} - I_{RHX}$$

影响 ΔH 数值的因素为：

a. 碳链骨架的碳数和立体排布；

b. 非碳原子（或特征官能团）的种类和数目和对分子立体构型的影响；

c. 对非极性和极性固定相，仅考虑其碳链骨架及分支对几何形状的影响。

③ 对具有单一特征官能团的极性化合物（RX），在极性和非极性两种固定液上测定的保留指数的差值 ΔI 为：

$$\Delta I_{RX} = I_{RX}^{P} - I_{RX}^{NP} = 100\left(\frac{\Delta G_{P}^{RX} - \Delta G_{P}^{n}}{\Delta G_{P}^{CH_4}}\right)$$

式中，I_{RX}^{P} 和 I_{RX}^{NP} 为溶质在极性和非极性固定液测定的保留指数；ΔG_{P}^{RX}、ΔG_{P}^{n} 和 $\Delta G_{P}^{CH_4}$ 的含义见第二章第一节三中 "5. 保留指数增量 ΔI 的热力学含义"。

ΔI 表达了实验溶质与极性固定液分子间作用力的强弱，是表征固定液极性的重要方法（见罗胥尼德常数和麦克雷诺兹常数）。

影响 ΔI 值的因素为：

a. 溶质含有特征官能团的种类；

b. 溶质含有的特征官能团对分子间相互作用的屏蔽作用；

c. 固定相的极性和分子的几何形状。

3. 保留指数和分子结构的关联

由文献提供的两个测定实例予以说明。

【例 3-1】四种丁醇异构体保留指数增量的理论预测和实验测定数值的比较。

在极性柱 Emulpher O 和非极性柱 Apiezon L 上，分别注入甲醇、乙醇、丙醇。按 $\Delta I = I^{P} - I^{NP}$，分别求出实验溶质各个官能团对保留指数的贡献（见表 3-1）。

表 3-1 由 ΔI 计算各官能团对保留指数的贡献[①]

化合物组成	特征官能团 X	基体数值	R				甲基官能团在基体上的位置		
			C_1	C_2	C_3	C_4 或更高	α	β	γ
$R^2\text{—}\overset{\overset{R^1}{\mid}}{\underset{\underset{R^3}{\mid}}{C}}\text{—X}$	—OH 醇类	453	—57	—76	—80	—82	—19	—4	—2

① 数据取自：Wehrli A, Kovats E. Helv Chim Acta, 1959, 42: 2709-2736.

四种丁醇异构体理论预测的 ΔI 值：

正丁醇

$CH_3\text{—}CH_2\text{—}CH_2\text{—}\overset{\overset{H}{\mid}}{\underset{\underset{H}{\mid}}{C}}\text{—OH}$

$R^1 = H$ 0
$R^2 = C_3$ —80
$R^3 = H$ 0
$\Delta I = 453 - 80 = 373$

仲丁醇

$CH_3\text{—}\overset{\overset{CH_3}{\mid}}{CH}\text{—}\overset{\overset{H}{\mid}}{\underset{\underset{H}{\mid}}{C}}\text{—OH}$

$R^1 = H$ 0
$R^2 = C_2$ —76
$R^3 = H$ 0
C_1 在 R^2 的 α 位   —19
$\Delta I = 453 - 95 = 358$

异丁醇

$CH_3\text{—}CH_2\text{—}\overset{\overset{H}{\mid}}{\underset{\underset{OH}{\mid}}{C}}\text{—}CH_3$

$R^1 = C_1$ —57
$R^2 = H$ 0
$R^3 = C_2$ —76
$\Delta I = 453 - 133 = 320$

叔丁醇

$CH_3\text{—}\overset{\overset{CH_3}{\mid}}{\underset{\underset{CH_3}{\mid}}{C}}\text{—OH}$

$R^1 = C_1$ —57
$R^2 = C_1$ —57
$R^3 = C_1$ —57
$\Delta I = 453 - 171 = 282$

表 3-2　四种丁醇异构体的实验测定 ΔI 值（130℃）

峰号	实验测定的保留指数			理论计算 ΔI	峰名称
	Apiezon L	Emulphor O	ΔI		
A	472	758	286	282	叔丁醇
B	553	871	318	320	异丁醇
C	575	929	354	358	仲丁醇
D	606	973	367	373	正丁醇

由表 3-1 和表 3-2 比较理论预测计算的 ΔI 值和实验测定的 ΔI 值二者较好地一致，表明保留指数和溶质的分子结构有密切的关联。

【例 3-2】香精油中一种未知萜烯醇的理论预测

在香精油研究中，有一种萜烯醇的结构不能确定，但已知结构的四种萜烯醇在 Emulphor O 和 Apiezon L 柱上测定的 ΔI 值已由文献提供（见表 3-1 的注）分别为：

I　$\Delta I=281$　　II　$\Delta I=276$　　III　$\Delta I=333$　　IV　$\Delta I=304$

在上述两种色谱柱上，经实验测定未知结构萜烯的 $\Delta I=270$，由此推断，与已知四种萜烯的 ΔI 值比较，其结构为 II。后再经质谱（MS）分析确认其结构的确为 II 所示。

此例再次表明保留指数 I 值与溶质的分子结构密切相关。

在表征固定相极性的罗胥尼德常数和麦克雷诺兹常数中的质比常数 a、b、c、d、e，表达的是实验溶质的特性，它不依赖于固定相的性质。

第二节　保留值的预测方法

一、用质比常数和相比常数预测保留指数的近似值[4~6]

罗胥尼德已阐述了溶质特性、固定相特性和保留体积三者之间的关系，如图 2-1 所示。溶质的保留体积 V_P^{RX} 与溶质 RX 的特性 S^{RX} 和固定相特性 S_P 的关系可用下述函数表述：

$$V_P^{RX} = f(S^{RX}S_P)$$

即当 S^{RX} 和 S_P 为已知时，可用于预测溶质 RX 在固定相 P 上的保留数据。

任一溶质 RX 在极性固定相上的保留指数 I_P^{RX} 可表述为：

$$I_P^{RX} = I_{NP}^{RX} + b^{RX}\Delta I_P^{BZ}$$

式中，I_{NP}^{RX} 为溶质在非极性（NP）固定相上测定的保留指数；b^{RX} 为溶质 RX 的质比常数（表达了溶质的极性）；$\Delta I_{\mathrm{P}}^{\mathrm{BZ}}$ 为以苯作特征溶质表示的固定相的极性。b^{RX} 和 $\Delta I_{\mathrm{P}}^{\mathrm{BZ}}$ 可用下述公式计算：

$$b^{\mathrm{RX}} = \frac{I_{\mathrm{P}}^{\mathrm{RX}} - I_{\mathrm{NP}}^{\mathrm{RX}}}{I_{\mathrm{P}}^{\mathrm{BZ}} - I_{\mathrm{NP}}^{\mathrm{BZ}}} = \frac{I_{\mathrm{P}}^{\mathrm{RX}} - I_{\mathrm{NP}}^{\mathrm{RX}}}{\Delta I_{\mathrm{P}}^{\mathrm{BZ}}}$$

$$\Delta I_{\mathrm{P}}^{\mathrm{BZ}} = I_{\mathrm{P}}^{\mathrm{BZ}} - I_{\mathrm{NP}}^{\mathrm{BZ}}$$

此处提出的非极性固定相为角鲨烷，以苯为特征溶质表示的固定相的极性 $\Delta I_{\mathrm{P}}^{\mathrm{BZ}}$ 可从麦克雷诺兹常数表中查到。

二、Takacs 的分子指数法[7~11]

1973 年 Takacs 提出基于物质的分子结构，来预测溶质保留指数的方法。他通过确定溶质的结构单元对保留指数的贡献，提出一系列保留指数的增量值，其计算方法认为任何溶质的保留指数可按下式计算：

$$I = I_{\mathrm{M}} / f_i$$

式中，f_i 为溶质与固定相的相互作用因子，它与固定相的极性和温度相关，但对非极性角鲨烷固定相可以忽略；I_{M} 为分子保留指数（molecular retention index），它为构成分子的原子指数 I_{a}（atomic index）和原子之间化学键指数（chemical bond index）I_{b} 贡献的加和：

$$I_{\mathrm{M}} = I_{\mathrm{a}} + I_{\mathrm{b}}$$

原子指数贡献 I_{a} 由构成溶质分子式中原子的原子量的 1/10，作为计算依据：

$$I_{\mathrm{a}}(\mathrm{C}) = 1.21；I_{\mathrm{a}}(\mathrm{H}) = 0.10；I_{\mathrm{a}}(\mathrm{O}) = 1.60$$

键指数贡献 I_{b} 由分子中各个原子间连接化学键的键指数数值的总和获得。

现以在角鲨烷柱，柱温 92℃，用分子指数法预测苯、甲苯和间二甲苯的保留指数。

(1) 苯

I_{a}：C 1.21；H 0.10

$I_{\mathrm{a}} = 6 \times (1.21) + 6 \times (0.10) = 7.86$

I_{b}：C—H 5.96；C—C（或 C=C）10.42；共轭效应 56.78

$I_{\mathrm{b}} = 6 \times (5.96) + 6 \times (10.42) + 1 \times (56.78) = 155.06$

f_i：0.25063

$$I = \frac{I_{\mathrm{M}}}{f_i} = \frac{I_{\mathrm{a}} + I_{\mathrm{b}}}{f_i} = \frac{7.86 + 155.06}{0.25063} = 650.04（实测：650.6）$$

(2) 甲苯

I_{a}：C 1.21；H 0.10

$I_{\mathrm{a}} = 7 \times (1.21) + 8 \times (0.10) = 9.27$

I_{b}：C—H 5.96；对 C—C 键，因与每个 C 原子连接的 H 原子个数的不同并受到与 C 原子连接的其他官能团的影响，从而使不同的 C—C 连接方式会提供不同的 I_b 值：12.18、11.30、10.42、10.16；共轭效应 56.78

$I_b = 8 \times (5.96) + 1 \times (12.18) + 2 \times (11.30) + 2 \times (10.16) + 2 \times (10.42) + 1 \times (56.78) = 180.40$

f_i：0.25063

$I = \dfrac{I_M}{f_i} = \dfrac{I_a + I_b}{f_i} = \dfrac{9.27 + 180.40}{0.25063} = 756.77$（实测：758.0）

（3）间二甲苯

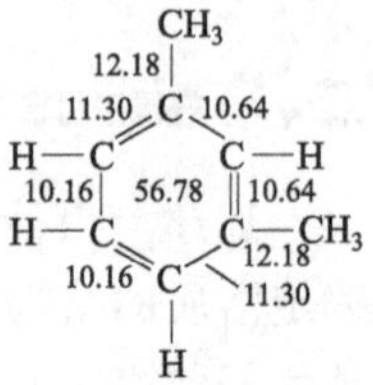

I_a：C 1.21；H 0.10

$I_a = 8 \times (1.21) + 10 \times (0.10) = 10.68$

I_b：C—H 5.96；C—C 12.18；11.30；10.64；10.16；共轭效应 56.78

$I_b = 10 \times (5.96) + 2 \times (12.18) + 2 \times (11.30) + 2 \times (10.64) + 2 \times (10.16) + 1 \times (56.78) = 204.94$

f_i：0.25063

$I = \dfrac{I_M}{f_i} = \dfrac{I_a + I_b}{f_i} = \dfrac{10.68 + 204.94}{0.25063} = 860.31$（实测：863.0）

上述对苯、甲苯、间二甲苯保留指数的预测计算值与实测数值相符合表明了 Takacs 分子指数法的可信性。

在此法中 I_a 值比较容易确定，而 I_b 值对同一类化学键，会随原子间连接位置的不同而有不同的数值，并且 Takacs 未能提供各类化学键的 I_b 数值，因而使本法的应用受到限制，但 Takacs 提供的解决问题的思路还是值得肯定的。

三、Randic 分子连通性指数法[12~17]

分子拓扑学（molecular topology）是使用化学图论，将化合物的结构式用分子图来表示，结构式反映了分子中不同原子间的键连情况，在分子图中，把分子中原子的键连情况转译成结构描述符，并用数值表达。它用抽象的点（vertices）和边（edge）的连接来表达分子的结构，并用一系列数字、一个多项式、一个矩阵或一个数值指数，即拓扑指数（topological index）来表征。

拓扑指数以分子图中"点"的相邻关系为基础，表达出各个点间的连接关系。其中最常用的是由 Randic 提出经 Kier 等发展的分子连通性指数（molecular connectivity indices）^iX，^iX 是一种新的描述分子结构的参数，它是描述烷烃化合物系列分支结构的定量方法。在烷烃碳链骨架上，每个碳原子的分支程度与其相连碳原子的个数相关，即与分子图中各个顶点的度数相关联，如戊烷有三种异构体，它的分支程度，按(a) → (c)顺序增大，各个顶点的度数 d_i 已标在分子图中，度数 d_i 最小为1，最大为4，如图 3-1 所示。

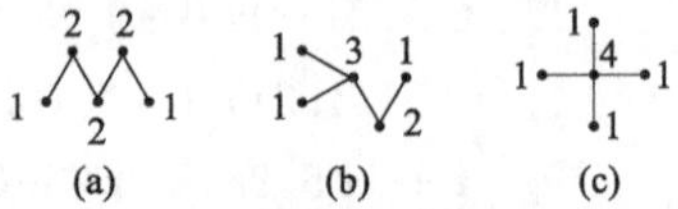

图 3-1　戊烷异构体的分子结构

分子图中每个碳键（即每个边）都可用一对数字

来表征，如图 3-1 中（a）→（c）的四边，可分别用以下四组数字来表征：

(a) (1, 2)；(2, 2)；(2, 2)；(1, 2)

(b) (1, 3)；(1, 3)；(2, 3)；(1, 2)

(c) (1, 4)；(1, 4)；(1, 4)；(1, 4)

在色谱分析中，保留值是溶质分子微观结构的宏观反映，分子连通性指数表达了分子内原子间的连接信息，它描述了有机分子的拓扑性质，并与溶质分子在色谱分析中的 Kováts 保留指数和比保留体积有密切的相关性，还可用一定的函数式表达 I（或 V_g）与 ^iX 的关联，用分子连通性指数来预测烷烃和芳烃的保留指数有令人惊讶的准确性。

分子连通性指数 ^iX 用来表达分子中具有的分支结构，它以"隐氢分子图"（hydrogen-suppressed molecular graph）中的"点"（i）的度数（d_i）为基础，d_i 常用术语"点价"（valancy of vertex）表示，表达了原子点 i 上具有分支键边的数目。

由 Randic 提出，经 Kier 等发展的分子连通性指数系列方程式为：

$$^iX = \sum_{s=1}^{t} (d_i d_j d_k) S^{-\frac{1}{2}} \ (i \neq j \neq k \neq \cdots)$$

式中，S 表示图中的一个边；i 表示分子图中边的总数；$d_i d_j d_k \cdots$ 表示相连原子 i、j、$k \cdots$ 顶点度数的数值；X 左上标 i 表示分子连通性指数的阶数，如 ^1X 表示一阶分子连通性指数，它可分别为：

零阶　$^0X = \sum (d_i)^{-\frac{1}{2}}$

一阶　$^1X = \sum (d_i d_j)^{-\frac{1}{2}}$

二阶　$^2X = \sum (d_i d_j d_k)^{-\frac{1}{2}}$

其中一阶分子连通性指数 ^1X 与色谱分析中的科瓦茨保留指数 I 或比保留体积 V_g 的相关性最强。

1. 计算正戊烷的各阶分子连通性指数 ^0X、^1X、^2X

已知正戊烷的隐氢分子图为：

再画出各阶的子图：

按照上述公式计算各阶分子连通性指数：

零阶：$^0X = \dfrac{1}{\sqrt{1}} + \dfrac{1}{\sqrt{2}} + \dfrac{1}{\sqrt{2}} + \dfrac{1}{\sqrt{2}} + \dfrac{1}{\sqrt{1}} = 4.121$

一阶：$^1X = \dfrac{1}{\sqrt{1 \times 2}} + \dfrac{1}{\sqrt{2 \times 2}} + \dfrac{1}{\sqrt{2 \times 2}} + \dfrac{1}{\sqrt{2 \times 1}} = 2.414$

二阶：$^2X = \dfrac{1}{\sqrt{1 \times 2 \times 2}} + \dfrac{1}{\sqrt{2 \times 2 \times 2}} + \dfrac{1}{\sqrt{2 \times 2 \times 1}} = 1.354$

2. 计算 2,3,4-三甲基戊烷的各阶分子连通性指数 ^0X、^1X、^2X

已知 2,3,4-三甲基戊烷的隐氢分子图为：

画出各阶的子图：

零阶：　　　　　　　　　一阶：　　　　　　　　　二阶：

按照上述公式计算各阶分子连通性指数：

零阶：$^0X = \dfrac{1}{\sqrt{1}} + \dfrac{1}{\sqrt{3}} + \dfrac{1}{\sqrt{1}} + \dfrac{1}{\sqrt{3}} + \dfrac{1}{\sqrt{1}} + \dfrac{1}{\sqrt{3}} + \dfrac{1}{\sqrt{1}} + \dfrac{1}{\sqrt{1}} = 6.732$

一阶：$^1X = \dfrac{1}{\sqrt{1 \times 3}} + \dfrac{1}{\sqrt{1 \times 3}} + \dfrac{1}{\sqrt{3 \times 3}} + \dfrac{1}{\sqrt{3 \times 1}} + \dfrac{1}{\sqrt{3 \times 3}} + \dfrac{1}{\sqrt{1 \times 3}} +$

$\dfrac{1}{\sqrt{3 \times 1}} = 3.553$

二阶：$^2X = \dfrac{1}{\sqrt{1 \times 3 \times 1}} + \dfrac{1}{\sqrt{1 \times 3 \times 3}} + \dfrac{1}{\sqrt{3 \times 3 \times 1}} + \dfrac{1}{\sqrt{3 \times 3 \times 1}} + \dfrac{1}{\sqrt{3 \times 3 \times 1}} +$

$\dfrac{1}{\sqrt{1 \times 3 \times 3}} + \dfrac{1}{\sqrt{1 \times 3 \times 1}} = 3.347$

一些烷烃和支链烷烃的分子连通性指数如表 3-3 所示。

表 3-3　烷烃和支链烷烃的分子连通性指数

化合物	^0X	^1X	^2X	化合物	^0X	^1X	^2X
正戊烷	4.121	2.414	1.354	正庚烷	5.536	3.414	2.061
2,2-二甲基丁烷	5.207	2.561	2.914	3-甲基己烷	5.699	3.308	2.302
环戊烷	3.536	2.500	1.768	2,2-二甲基己烷	6.621	3.351	3.664
正己烷	4.323	2.914	1.707	2,5-二甲基己烷	6.596	3.626	3.365
2,4-二甲基戊烷	5.362	3.126	3.023	2,2,3-三甲基戊烷	6.784	3.481	3.675
苯	3.464	2.000	1.155	2,3,4-三甲基戊烷	6.732	3.553	3.347
环己烷	4.243	3.000	2.121	2-甲基庚烷	6.406	3.770	2.890
2,3-二甲基戊烷	5.362	3.181	2.630	2,2,5-三甲基己烷	7.492	3.917	4.493
3-甲基戊烷	4.992	2.808	1.922	正辛烷	6.243	3.914	2.414

零阶子图，是由各个原子的顶点组成，不包含任何边，也未考虑各点间的连接关系，因此 ^0X 是顶点度数 d_i 的倒数平方根之和。

一阶子图，是由各个边构成的，它包含了原子间的连接关系，^1X 比 ^0X 更能表达对异构体的分辨能力。

二阶子图，是由两个邻边组成，边的数目会随分子中分支的增多而增加，其对异构体也呈现一定的分辨能力。

烷烃或支链烷烃在不同固定相上预测的保留指数（或比保留体积）与分子连通性指数的关联可表达如下：

利用零阶、一阶、二阶分子连通性指数预测的方程式为：

$$I = A + B(^0X) + C(^1X) + D(^2X) + E(^1X)^2 + F(^2X)^2 \tag{3-10}$$

式中，A、B、C、D、E、F 为回归系数，实验表明一阶 ^1X 和 $(^1X)^2$ 对预测保留指数最有价值。

仅利用一阶分子连通性指数预测的方程式为：

$$I = \alpha + \beta(^1X) + \gamma(^1X)^2 + \varepsilon(^1X)^3 + \zeta(^1X)^4 \tag{3-11}$$

式中，α、β、γ、ε、ζ 为回归系数，用此式预测的结果更准确，表明 ^1X 和保留指数 I 的相关性最好。

预测值和实验测定值比较，烷烃和支链烷烃在正十八烷、1-十八醇和 1-氯代十八烷三种固定相上，进行预测保留指数时，使用的回归系数见表 3-4。

表 3-4 在三种固定相上预测 I 值时使用的回归系数

回归系数	固定相			回归系数	固定相		
式(3-10)	正十八烷	1-十八醇	1-氯代十八烷	式(3-11)	正十八烷	1-十八醇	1-氯代十八烷
A	1.10×10^3	1.43×10^3	1.55×10^3	α	1.39×10^4	1.56×10^4	1.75×10^4
B	-5.79	4.95×10^1	5.57×10^1	β	-1.75×10^4	-1.91×10^4	-2.16×10^4
C	-4.74×10^2	-7.67×10^2	-8.57×10^2	γ	8.24×10^3	8.89×10^3	1.01×10^4
D	4.34×10^2	-0.31	-3.05	ε	-1.70×10^3	-1.80×10^3	-2.06×10^3
E	1.02×10^2	1.39×10^2	1.52×10^2	ζ	1.31×10^2	1.35×10^2	1.56×10^2
F	-7.58	-6.18	-6.52				
n	18	16	16	n	18	16	16
S	37.00	45.51	47.63	S	19.07	18.13	17.63
r	0.9337	0.9203	0.9119	r	0.9814	0.9866	0.9872

注：表中 n 为数据点的数目；S 为测定的标准误差；r 为多重校正系数

由表 3-4 中 r 值可看出，应用式（3-11）为预测保留指数会更准确。

至今各阶分子连通性指数的物理意义还未被清楚地阐明。

当把分子连通性指数应用到含有多重键的不饱和有机分子时（如丁烯和丁二烯），或应用于含有杂原子（如 O、N、S、卤素）的有机化合物（如 1,1-二甲基丙醇和 2-戊醇）时，就会遇到困难，它们虽有不同的分子结构，但计算出的 ^0X 和 X 都有相同的数值。为解决此类问题，Kier 提出了价连通性指数 $^mX_i^v \left[^mX_i^v = \sum\limits_{k=1}^{m} \prod\limits_{i=1}^{m+1} (\delta_i)_k^{-\frac{1}{2}} \right]$，他用一个与顶点原子的价数密切相关的 δ_i 代替顶点的度数 d_i（$\delta_i = Z_i^v - h_i$，Z_i 为第 i 个原子的价电子数目，h_i 为与第 i 个原子相连的氢原子数目）；以后 Balaban 又提出了平均距离和的连通性指数 J（$J = \sum \overline{s_i}\, \overline{s_j})^{-\frac{1}{2}}$，他用与分子图对应的距离矩阵中每一行元素相加的平均距离 $\overline{s}$ 代替顶点的度数 d_i。因此随价连通性指数和平均距离和的连通性指数的发展，不仅使分子连通性指数能够更有效地描述分子的结构，并且在有关分子结构和分子物理、化学性质与生物活性的应用上，也发挥出更重要的作用。欲了解有关详情，请参阅分子拓扑学专著。

四、灰色理论预测保留值[18~24]

在化学计量学中，将样本分析体系分为三类[24]：

① 需进行完整的定性分析和定量分析的样本分析体系，称黑色分析体系。

② 定性组成已知，仅需进行定量分析的样本分析体系，称白色分析体系。

③ 仅已知部分定性信息，仍需进行定性分析和定量分析的样本分析体系，称为灰色分析体系。

灰色理论（grey theory）是适用于灰色分析系统，研究少量数据不确定性的理论，是研究少数据、贫信息不确定性问题的新方法。

对不确定系统的研究，通常采用概率统计、模糊数学、粗糙集理论和灰色理论四种方法。

灰色理论以部分信息已知、部分信息未知的"小样本""贫信息"的不确定系统为研究对象，通过对部分已知信息的生成、开发，去提取有价值的信息，实现对不确定系统运行行为、演化规律的正确描述，进而实现对其未来变化的定量预测。

灰色理论着重研究概率统计和模糊数学难以解决的"小样本""贫信息"的不确定性问题，并依据少量信息的覆盖，通过具有指数或近似指数系列算子的作用，挖掘蕴含在观测数据中的重要信息，探索事物运动的真实规律。

灰色理论的基础是"信息的不完全"，其特点是用"少数据建模"，与模糊数学的不同点是它着重研究"外延明确、内涵不明确"的对象。

1. GM（1，1）预测模型

GM（1，1）的含义为 G（grey）M（model）[1（一阶微分方程），1（一个变量）]。

由存在的数据构成建模的原始序列，令 $x^{(0)}$ 为 GM（1，1）的建模序列：

$$x^{(0)} = [x^{(0)}(1),\ x^{(0)}(2),\ \cdots,\ x^{(0)}(n)]$$

$x^{(0)}$ 为 x 的有限序列，再令 $x^{(1)}$ 为原始系列 $x^{(0)}$ 的一次累加生成（AGO）序列：

$$x^{(1)} = [x^{(1)}(1),\ x^{(1)}(2),\ \cdots,\ x^{(1)}(n)]$$
$$x^{(1)}(1) = x^{(0)}(1)$$

$x^{(0)}(k)$ 为 x 的无穷序列，$x^{(1)}(k)$ 为 $x^{(0)}(k)$ 的 AGO 序列：

$$x^{(1)}(k) = \sum_{i=1}^{k} x^{(0)}(i),\ k = 1,2,\cdots,n$$

令 $Z^{(1)}$ 为与 $x^{(1)}$ 邻近的平均值（MEAN）序列：

$$Z^{(1)} = (Z^{(1)}(2),\ Z^{(1)}(3),\ \cdots,\ Z^{(1)}(n))$$

$$Z^{(1)}(k) = 0.5x^{(1)}(k) + 0.5x^{(1)}(k-1),\ k = 1, 2, \cdots, n$$

GM（1，1）的灰微分方程模型为：

原始形式：　　$x^{(0)}(k) + ax^{(1)}(k) = b,\ x^{(0)}(k) = b - ax^{(1)}(k)$

均值形式：　　$x^{(0)}(k) + aZ^{(1)}(k) = b,\ x^{(0)}(k) = b - aZ^{(1)}(k)$

$$\downarrow \qquad\ \downarrow \qquad\quad \downarrow \qquad\quad \downarrow$$

灰导数　　发展　　白化　　灰色
　　　　　系数　背景值　作用量

在上述一个变量的一阶微分方程式中的参量 a 称为发展系数，b 称为灰色作用量。GM（1，1）的定义型方框图，见图 3-2。

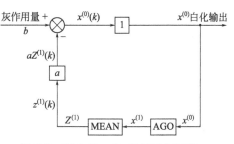

在图 3-2 中，以 b 为输入（即为前因），以 $x^{(0)}$ 为输出（即为后果），此图反映输入到输出的因果关系，由于 b 是通过辨识得到的等效灰色作用量（灰因）；$x^{(0)}$ 是实际的数据（白果），因而此模型的作用机理符合灰因白果规律。

图 3-2　GM（1，1）定义型方框图

2. GM（1，1）的矩阵方程

GM（1，1）的建模序列为：

$$x^{(0)} = [x^{(0)}(1),\ x^{(0)}(2),\ \cdots,\ x^{(0)}(n)]$$

GM（1，1）定义型灰色微分方程（均值形式）为：

$$x^{(0)}(k) + aZ^{(1)}(k) = b$$

将 $k = 2, 3, \cdots, n$ 数值代入上式，得到方程组为：

$$x^{(0)}(2) + aZ^{(1)}(2) = b$$
$$x^{(0)}(3) + aZ^{(1)}(3) = b$$
$$\vdots$$
$$x^{(0)}(n) + aZ^{(1)}(n) = b$$

上述方程组可转换成下述矩阵方程：$\boldsymbol{Y} = \boldsymbol{B}\hat{\boldsymbol{a}}$

其中 $\boldsymbol{Y}$ 为数据向量；$\boldsymbol{B}$ 为数据矩阵；$\hat{\boldsymbol{a}}$ 为参数向量；分别表达为：

$$\boldsymbol{Y} = \begin{bmatrix} x^{(0)}(2) \\ x^{(0)}(3) \\ \vdots \\ x^{(0)}(n) \end{bmatrix};\ \boldsymbol{B} = \begin{bmatrix} -Z^{(1)}(2) & 1 \\ -Z^{(1)}(3) & 1 \\ \vdots & \vdots \\ -Z^{(1)}(n) & 1 \end{bmatrix};\ \hat{\boldsymbol{a}} = \begin{bmatrix} a \\ b \end{bmatrix} = (\boldsymbol{B}^{\mathrm{T}}\boldsymbol{B})^{-1}\boldsymbol{B}^{\mathrm{T}}\boldsymbol{Y}$$

参数向量 $\boldsymbol{a}$、$\boldsymbol{b}$ 的矩阵辨识算式 $(\boldsymbol{B}^{\mathrm{T}}\boldsymbol{B})^{-1}\boldsymbol{B}^{\mathrm{T}}$ 实际上是矩阵 $\boldsymbol{B}$ 的广义逆矩阵。

3. GM（1，1）的白化微分方程

GM（1，1）灰微分方程的内涵为：

$$x^{(0)}(k) + aZ^{(1)}(k) = b$$

$x^{(0)}(k)$ 为灰导数，对应于 $\mathrm{d}x^{(1)}/\mathrm{d}t$，

$Z^{(1)}(k)$ 为灰背景，对应于 $x^{(1)}(t)$，

a 为发展系数，b 为灰色作用量，皆为微分方程式的参数。

此灰微分方程对应的白化微分方程为：

$$\frac{\mathrm{d}x^{(1)}}{\mathrm{d}t} + ax^{(1)} = b$$

此白化型方程是真正的微分方程，如果说此白化型模型的精度高，就表明用 $x^{(0)}$ 原始序列建立的 GM（1，1）模型达到了预期的目的。

白化微分方程的解为：

$$\hat{x}^{(1)}(k+1) = \left[x^{(0)}(1) - \frac{b}{a}\right]\mathrm{e}^{-ak} + \frac{b}{a}$$

还原数据检验：$\hat{x}^{(0)}(k+1) = \hat{x}^{(1)}(k+1) - \hat{x}^{(1)}(k)$ （一次累减还原方程）

4. 灰色理论在液相色谱保留值预测中的应用

1993 年周申范等在反相色谱分析中，利用灰色理论预测了九种火炸药在不同配比甲醇/水二元流动相中的容量因子 k 值[22]。

他们首先以 α-TNT（2,4,6-三硝基甲苯）为例，在不同配比甲醇/水二元流动相中实测出少量容量因子 k 值数据，建立了 GM（1，1）模型，给出了 $x^{(0)}$ 和 $x^{(1)}$ 数据，列出了 Y、B、$\hat{a}$ 的矩阵方程，用白化微分方程求解，并用一次累减还原方程对数据进行还原数据检验，保证了 GM（1，1）模型的可靠性。

为了验证预测结果的可靠性，采用 150mm×4mm YQGC$_{17}$H$_{35}$ 反相硅胶柱，柱温 21.5℃，用 UVD（230nm）检测，分别在 100∶0、95∶5、90∶10、85∶15、80∶20、75∶25（体积比）甲醇-水二元流动相中测定了 2,4-DNT（2,4-二硝基甲苯）等九种火炸药的容量因子 k，然后用 GM（1，1）模型分别去计算九种火炸药在前述 6 种二元流动相的容量因子 k，所获数据见表 3-5。结果表明，用 GM（1，1）模型计算值，与实测的 k 值，最大偏差在 $-0.11 \sim +0.07$ 之间，其在实验允许范围之内，表明灰色理论的 GM（1，1）模型适用于反相液相色谱容量因子 k 值的预测。

表 3-5   九种火炸药实测值和用灰色理论计算的预测值

炸药		甲醇-水（体积比）					
		100∶0	95∶5	90∶10	85∶15	80∶20	75∶25（预测）
2,4-DNT	k'测	0.42	0.62	1.00	1.14	1.52	2.06
	k'计	0.42	0.69	0.89	1.16	1.51	1.96
	偏差	0.00	0.07	−0.11	0.02	−0.01	−0.10
RDX	k'测	0.27	0.37	0.52	0.56	0.67	0.79
	k'计	0.27	0.40	0.48	0.57	0.67	0.80
	偏差	0.00	0.03	−0.04	0.01	0.00	0.01

续表

炸药		甲醇-水（体积比）					
		100：0	95：5	90：10	85：15	80：20	75：25（预测）
DEGN	k'测	0.32	0.41	0.56	0.63	0.74	0.97
	k'计	0.32	0.44	0.52	0.63	0.75	0.89
	偏差	0.00	0.03	−0.04	0.00	0.01	−0.08
TETRYL	k'测	0.28	0.36	0.49	0.56	0.69	0.93
	k'计	0.28	0.38	0.46	0.56	0.69	0.84
	偏差	0.00	0.02	−0.03	0.00	0.00	−0.09
NQ	k'测	0.31	0.39	0.50	0.55	0.64	0.79
	k'计	0.31	0.41	0.47	0.55	0.64	0.75
	偏差	0.00	0.02	−0.03	0.00	0.00	−0.04
TEGN	k'测	0.33	0.42	0.56	0.63	0.76	1.00
	k'计	0.33	0.44	0.53	0.63	0.76	0.91
	偏差	0.00	0.02	−0.03	0.00	0.00	−0.09
HMX	k'测	0.19	0.26	0.33	0.36	0.39	0.42
	k'计	0.19	0.28	0.31	0.35	0.40	0.45
	偏差	0.00	0.02	−0.02	−0.01	0.01	0.03
DINA	k'测	0.28	0.37	0.46	0.51	0.59	0.74
	k'计	0.28	0.38	0.44	0.51	0.59	0.68
	偏差	0.00	0.01	−0.02	0.00	0.00	−0.06
EDNA	k'测	0.34	0.19	0.20	0.15	0.12	0.11
	k'计	0.34	0.20	0.18	0.15	0.13	0.11
	偏差	0.00	0.01	−0.02	0.00	0.01	0.00

　　唐婉莹、周申范等进而研究 RPHPLC 中，溶质在二元流动相中的 k 值与强洗脱溶剂体积分数 φ 的线性关系[23]：$\lg k = A + B\varphi$。

　　他们指出此公式为微分方程 $dk/d\varphi = Bk$，$k_{\varphi \to 0} = \mathrm{e}^A$ 的解，并进而提出，此式中的 A、B 值与灰色理论 GM（1，1）模型中的发展系数 a 和灰色作用量 b 有相互关联。

　　他们将 GM（1，1）模型中的白化微分方程的解，代入数据检验的一次累减还原方程中，求出：$a = -B\lambda$（$\lambda = \varphi/k$，λ 为等差数列 $\varphi(i) = 0,1,2,\cdots$ 的公差）

$$b = B\lambda \mathrm{e}^A \left[(1 - \mathrm{e}^{B\lambda})^{-1} - 1 \right]$$

　　从而表明 GM（1，1）模型中的 a、b 值与 $\lg k = A + B\varphi$ 中的 A、B 值存在函数关系，并用 10 种火炸药，在 100：0、95：5、90：10、85：15、80：20（体积比）五种甲醇-水二元流动相中，验证了上述函数关系的存在。

　　结果表明，在反相液相色谱中，溶质容量因子 k 不仅与流动相强洗脱溶剂的体积分数 φ 存在近似的线性关系，也可用灰色理论 GM（1，1）模型进行预测。

五、定量结构-保留关系预测保留值

　　定量结构-（色谱）保留关系［quantitative structure-(chromatographic) retention relationships，QSRR] 是由溶质的分子结构来预测其在色谱分析中的保留数据，它已成为色谱科学研究中的一个分支。当 QSRR 方法应用到生物样品或药物时，通过测定它们的亲油性参数（lipophilicity parameter），来确定其生物活性时，也可称为定量结构-（生物）活性关系 ［quantitative structure-(biological) activity relationships，QSAR] 或称定量保留-（生物）活性关系 ［quantitative retention-(biological) activity relationships，QRAR][25~28]。

1. QSRR 在色谱分析中的应用

定量结构-保留关系（QSRR），现已广泛应用于色谱分析中，其在气相色谱、平板色谱（薄层色谱）、液相色谱（RPHPLC、亲和色谱、胶束色谱）、电驱动分离方法（胶束电动色谱、微乳液电动色谱、毛细管电色谱）和超临界流体色谱中已获大量使用。

QSRR 方法是用一个或几个与溶质分子结构相关的描述符，即结构描述符（structural descriptors）作为自变量，去寻找与预测保留值相关的因变量模型，此时需确定二者的函数关系，即 $y = f(x)$，并需对测定的 y 值进行化学计量学方法检验，由相关系数确定预测函数关系的可靠性。

通常分析物（溶质）的化学结构和色谱分析的保留数据之间的关系不能用严格的经典热力学原理来推导。经典热力学依靠它自身从来未能预测溶质的任何物理化学性质，它仅阐明物质性质之间的相关性，因此对分子结构和色谱保留值的关联，仅能用超热力学（extrathermodynamics）来说明。

"超热力学"术语的含义是超出经典热力学组成范围的科学，该方法与经典热力学的相似之处是当应用时，无须弄清具体的微观机理。超热力学方法是用一定的物理化学概念去建立预测色谱保留值的具体模型，并与一定的热力学概念相结合。

用超热力学建立的模型，由于缺少热力学的严格信息，使用的分子结构描述符不一定具有明确的物理意义，但可提供其他方法难以提供的信息。超热力学的特征表达方法是化学家广泛认可的线性自由能关系（linear free-energy relationship，LFER），尽管 LFER 不是热力学的必然结果，但它表明相关数量之间存在客观联系。

LFER 可看作当反应物为同系物，且反应条件相同时，两个反应物的平衡常数的对数之间存在线性关系：

$$\lg K_B = m \lg K_A + n$$

或 $$\lg(K_B/K_{BR}) = m \lg(K_A/K_{AR})$$

式中，K_A、K_B 为 A 和 B 反应系统的平衡常数；K_{AR}、K_{BR} 为在 A 和 B 反应系统中参比物的平衡常数。

在色谱分析中，溶质在两相达化学平衡时，其自由能变化为：

$$\Delta G = -RT\ln K = -RT\ln(k/\beta)$$

式中，K 为平衡常数；k 为容量因子；β 为相比。

$$\ln(k/\beta) = -\frac{\Delta G}{RT}$$

$$\ln k = -\frac{\Delta G}{RT} + \ln \beta$$

上述公式表明，在色谱分析中溶质容量因子的对数（即保留值）与溶质在色谱过程的自由能变化呈现线性关系，这就是 QSRR 预测色谱分析保留值的基本关系式。

溶质在两相转移过程产生的自由能变化，可用由分子结构描述符构成的定量函数关系表达，从而可建立多种预测保留值与结构描述符的定量函数关系模型，而实现保留值的预测。QSRR 这种预测保留值方法的一个共同基础就是溶质分子与固定相和流动相之间的各种分子间作用力，即色散力、取向力、诱导力和给予-接受力及氢键力。

2. QSRR 的方法学[26,27]

QSRR 研究的先驱者 R. Kaliszan 用图示（图 3-3）表达了 QSRR 研究的方法学和目的。由图中可看到，为进行 QSRR 研究，对一个足够多的分析物系列和一系列表达它们结构的描述符，需要一系列可以定量比较的色谱保留参数，通过使用统计用计算机处理的化学计量学技术，保留参数可依据不同的分析物的结构描述符来表征。如果 QSRR 的统计有效性和物理含义已知，则 QSRR 可应用到以下几个方面：

① 确定最有用（考虑性质）结构描述符的一致性（同一性）。

② 来预测一个新分析物和同类未知分析物的色谱保留值。

③ 在一个给定的色谱系统，获得对分离操作分子作用机理的理解。

④ 可定量比较单一色谱柱的分离特性。

⑤ 用于评价分析物在色谱物理化学性质之外的性质，如亲油性和离解常数。

⑥ 测定药物和生物制品的相对生物活性。

在色谱分析中，溶质的保留参数（如科瓦茨保留指数、容量因子）是由溶质、固定相、流动相三者之间的分子间作用力所决定的，而分子间作用力的大小又与三者的分子

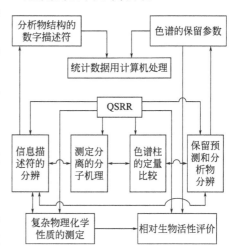

图 3-3　QSRR 研究的方法学和目的

结构相关。由于分子结构不能以准确的定量形式表达，因而也不可能推导出严格的热力学基础规范的色谱保留参数与三者分子结构相关的定量函数表达式。

虽然至今还未得到色谱保留值和分子结构相关的通用表达式，但色谱分析实践一直在探讨溶质色谱行为的规律。由于在一个给定的色谱分析系统中，因选定的固定相和流动相是固定不变的，色谱保留值只与溶质的分子结构相关。当分析一个同系列化合物时，其保留值随溶质分子碳数的增加，而呈现线性均匀的变化，也即碳数规律，其已在气相色谱分析中予以证实。当分析非同系列结构有差异的溶质时，其分子结构参数的差异可用数学统计方法进行评价。

溶质的分子结构，可用多种结构描述符来表达，每种结构描述符都可看作独立变

量，它与色谱的保留参数间存在一定的定量函数关系，它可为单一变量的回归线性方程或多元变量的一次回归线性方程，可利用简单的线性回归或多元线性回归方法，由相关系数判别预测保留值定量函数关系模型的可靠性。

用 QSRR 预测色谱保留值的测定步骤如下：

用一个确定的色谱分析系统来预测溶质的色谱保留值：

① 首先依据预测溶质的分子结构，正确选择一个或几个（现最多为五个）结构描述符作为建立定量函数模型的自变量。

② 其次依据 LFER，建立所选择的结构描述符与色谱保留值（如 lg$k$，作为因变量）之间的定量函数关系模型。

③ 用与预测溶质具有相同分子结构的参比物，进行色谱分析，将所获得的色谱保留值代入已建立的定量函数关系模型中，求解线性模型中各个结构描述符自变量应当具有的回归系数，使定量函数关系式可以进行运算。

④ 将待预测溶质的结构描述符的已知数值，代入已建立可运算的定量函数模型中，就可求解出待预测溶质的色谱保留值。

⑤ 由获得的预测保留值，进行化学计量学处理，依据其线性的优劣，判定其定量函数关系模型的可信性。

3. 分子结构描述符[27~30]

每个溶质的分子结构都可用多个分子结构描述符来表达，每个分子结构描述符只反映分子结构某一个方面的特性，不能反映分子结构的整体特征，这就促使不少 QSRR 研究者采用多个分子结构描述符来建立与色谱保留值之间的定量函数关系模型，以期获得能够全面、综合反映分子结构的特征，更加可信的 QSRR 模型。

从总体看，反映溶质分子结构特性的分子结构符的数目是没有限制的。Todeschine 和 Consonni 在 2000 年编写了 "Handbook of Molecular Discriptors" 一书，他们全面地分析了 3300 个参考物，并收集了 1800 个分子描述符，此有价值的专著，详细列出了在化学文献中已出现的分子描述符的特性；并编制了 "龙软件 2.3 版"（Dragon Software 2.3 Version），以用于各种分子描述符定量函数模型的计算，现已在全世界获得应用[29,30]。

常用的分子结构描述符可分为以下几类：

(1) 与分子整体性质相关的描述符

碳数、分子质量、折射率、极化度、摩尔体积或面积、溶剂可以润湿的体积或面积、溶质在正辛醇/水两相分配系数的对数（lg$P$）。

(2) 物理化学经验和半经验参数

Hammett 常数、Hansch 常数、Taft 立体常数、疏水碎片（链节）参数、溶解度参数、线性溶剂能关系（linear solvation energy relationship，LSER）参数，溶质在正辛醇/水两相分配系数的对数（lg$P$）、沸点温度、电离常数负对数（pK_a）。

(3) 与分子极性相关的(电子的)描述符

偶极矩、原子和碎片的电子过剩电荷、最高占有分子轨道（HOMO）能、最低未占有分子轨道（LUMO）能、部分带电荷面积、局部偶极、亚分子极性参数。

（4）与分子几何形状相关的描述符

分子尺寸的长宽比、STERIMOL 参数、惯性矩，投影面积参数。

（5）由分子图推导出的拓扑描述符

分子连通性指数（价连通性指数、平均距离和的连通性指数）、Kappa 指数、分子信息量拓扑指数、分子中电子信息拓扑指数。

（6）分子形状与分子极性的组合参数

比较分子场分析（comparative molecular field analysis，CoMFA）参数、比较分子表面分析（comparative molecular surface analysis，CoMSA）参数。

表 3-6 为在 QSRR 分析中一系列实验分析物的分子结构描述符。

表 3-6　在 QSRR 分析中一系列实验分析物的分子结构描述符[26]

编号	分析物	μ/D	δ_{min}/e^-	$A_{was}/Å^2$
1	苯甲酰胺	3.583	-0.4333	293.46
2	4-氰基酚	3.311	-0.2440	290.90
3	吲唑	1.547	-0.2034	284.44
4	苄腈	3.336	-0.1349	279.14
5	吲哚	1.883	-0.2194	292.38
6	2-萘酚	1.460	-0.2518	323.16
7	苯甲醚	1.249	-0.2116	288.94
8	苯	0.000	-0.1301	245.21
9	1-萘基乙腈	3.031	-0.1381	364.26
10	苄基氯	1.494	-0.1279	296.17
11	萘	0.000	-0.1277	311.58
12	联苯	0.000	-0.1315	358.08
13	菲	0.020	-0.1279	374.73
14	芘	0.000	-0.1273	392.41
15	2,2-二萘醚	1.463	-0.1606	510.36

注：μ 为分子的总偶极矩，$1D=3.34×10^{-30}C·m$；δ_{min} 为大多数负电性原子的电子过剩电荷；A_{was} 为可接收水的分子表面积，$1Å^2=10^{-20}m^2$。

上述分子结构描述符通过统计模式与保留数据相关并被全部推荐用于 QSRR 中。分子结构描述符既可由理论计算推导出，又可由实验测定。理论计算可依据分子的化学结构，利用商业提供的软件包，应用 Dragon 软件（Talete Svi）可对任何化学整体分子，计算几千个描述符。由实验（经验）确定的分子结构描述符，同样称作溶剂化显色参数（solvatochromic parameters），其使用依据线性溶剂自由能关系（linear solvation energy relationships，LSER）方法，由精心的实验获取并消耗大量的时间，这会限制并妨碍使用 LSER 方法来快速进行保留值预测的目的。

现在已有很大的分子结构描述符的储存库（典型的多于 4000 个），为了选择具有最多信息量的分子结构描述符，需要借助补充一个适当可变的选择方法，例如遗传算法（genetic algorithm，GA）与一个多元回归方法（multiple regression method）相组合，如多元线性回归（multiple linear regression，MLR）或偏最小二乘法（partial least squares，PLS）以生成预测模型[31]。

早在 1990 年 Hasan 和 Jurs 就引入第一个商业有用的软件，可以处理 200 多种不同的分子结构描述符[32]。1996 年 Katritzky 及同事在他们全面的综述中引入大量分子结构描述符，并由他们的实验室进一步报道了扩展有关 QSRR 信息的数量[33]。

应当看到有些分子结构描述符的定义是确切的，但其物理意义并不清楚，虽然一些非经验的分子结构描述符已被报道，用于含多个描述符变量的定量函数模型中，但不表明它们具有任何杰出的可信性。

任何溶质分子不是由不同原子简单加和组成的，而是具有一定的反应特性的整体，它具有的反应特性是由分子结构决定的。溶质的分子结构存在一些未知的神秘性，它既不是通常认定的结构连接方式，也不是量子化学模式认可的方式，因此人们总希望建立一种全新的分子结构描述符的代码以期真实表达溶质分子结构的特征。

4. 在 QSRR 中预测保留值的各种定量函数关系模型

（1）在 HPLC 中，预测保留值的经典模型[27,28]

在 RPHPLC 中，当使用二元混合溶剂流动相时，溶质的容量因子随流动相组成变化有下述函数关系：

$$\lg k = \lg k_W - s\varphi \tag{3-12}$$

它为对变量 φ 的直线方程式，φ 为在流动相中有机改性剂所占有的体积分数；s 为斜率；$\lg k_W$ 是以 100% 水作流动相时，外推溶质的 $\lg k$ 值，其为截距。斜率 s 表达了被分析溶质和给定色谱系统的特性，它适用于非同系列的化合物。此公式与线性溶剂强度（linear solvent strength，LSS）很好地一致。

此 LSS 模型可由两次梯度 RPHPLC 实验获得的保留数据去计算 $\lg k_W$ 和 s，可用商品供应的软件进行计算。依据在两次不同梯度洗脱时间 t_G 完成的梯度运行，同样可在预先设计的梯度洗脱条件下计算溶质的梯度保留时间 t_R。因此，当具有 $\lg k_W$ 和 s 后，在任何选择的等度洗脱条件下，同样可计算对应溶质的保留系数。所有的计算可按照基本的 LSS 方程式进行：

$$t_R = (t_M/T)\lg(2.3k_0 T + 1) + t_M + t_D \tag{3-13}$$

式中，t_M 为死时间；k_0 是在梯度洗脱开始用等度洗脱测定的溶质的容量因子；t_D 是梯度洗脱时的滞留时间；T 是梯度陡度参数，可按下式计算：

$$T = t_M s\Delta\varphi/t_G = V_M s\Delta\varphi/t_G \cdot F \tag{3-14}$$

式中，V_M 为柱死体积；s 为式（3-12）的斜率；$\Delta\varphi$ 为梯度洗脱过程，流动相中强洗脱溶剂体积分数的变化值。

式（3-12）可用一个更精确的方程式表达：

$$\lg k = A\varphi^2 + B\varphi + C \tag{3-15}$$

式中，φ 含义同式（3-12）；A、B、C 为回归系数。

对式（3-12）和式（3-15）现已做出统计评价，在 18 种 RPHPLC 柱，以水-甲醇和水-乙腈作为流动相，对 23 种分析物进行色谱分析测定了保留参数，实验结果表明，式（3-15）比式（3-12）在一种统计意义上对保留参数的描述有了改进，并显示在水-甲醇流动相，外推的 $\lg k_W$ 使用式（3-15）和式（3-12）没有统计意义上的差别，而在水-乙腈流动相，外推的 $\lg k_W$，对大多数色谱柱，用式（3-15）和式（3-12）有统计意义上的差别[32]。

（2）用单一分子结构描述符建立的 QSRR 模型[31~36]

在 RPHPLC 中，用分子结构描述符 $\lg P$ 来预测实验溶质的保留参数，它是比前述经典预测模型更可信的预测模型。$\lg P$ 是实验溶质在正辛醇/水两相中分配系数的对数，由它建立的预测保留值的模型为：

$$\lg k = M + N \lg P \tag{3-16}$$

式中，M、N 为回归系数；M 为截距；N 为斜率。

$\lg P$ 可由结构式用商品提供的软件计算，由一系列模型分析物导出的式（3-16）可应用到任何化合物，其预测质量依赖于使用的计算 $\lg P$ 的软件，现使用的有三种软件：

① ACD 软件（Advanced Chemistry Development，Toronto，Canada）。

② HYPERCHEM 软件（Hypercube，Waterloo，Canada）。

③ CLOGP 软件（Biobyte，Claremont，CA）。

其中 ACD 软件能比其他两种软件给出更多的 $\lg P$ 数值。

$\lg P$ 表达了溶质的疏水性（hydrophobicity）参数，它预测保留值的更精确的形式为：

$$\lg k = D + E \lg P + F (\lg P)^2 \tag{3-17}$$

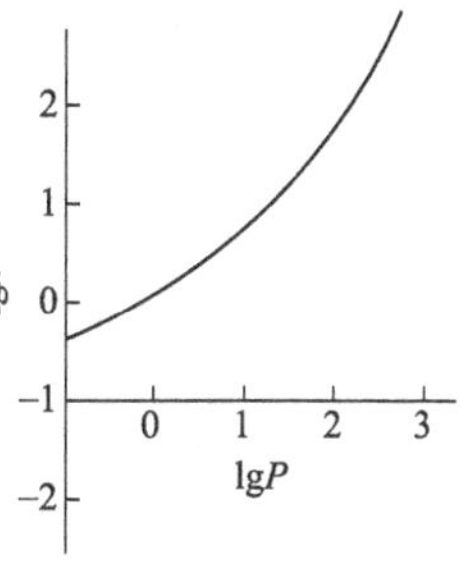

此预测保留值的 QSRR 模型的图示见图 3-4。

图 3-4　$\lg k$-$\lg P$ 图

（3）简单、最耐用的 QSRR 模型[37]

1999 年 Kaliszan 提出在 RPHPLC 中，用三个分子结构描述符，组成 QSRR 模型，可用下述方程式表达：

$$保留参数 = k_1 + k_2 \mu + k_3 \delta_{\min} + k_4 A_{was} \tag{3-18}$$

式中，保留参数可为等度洗脱的 $\lg k$ 或梯度洗脱保留时间 t_R，$k_1 \sim k_4$ 为回归系数。分子结构描述符：μ 为分子的总偶极矩；$\delta_{\min}$ 为分子中带负电荷原子的电子过剩电荷；A_{was} 为可接受水分子的表面积。

式（3-18）是由 15～18 个试验分析物系列推导出的，它具有统计意义，与式（3-18）形式对应的通用 QSRR 配对方程式也已推导出[38]。用甲醇或乙腈作为有机改性剂，在 6 种色谱柱上，对表 3-6 中 15 种不同分析物进行两次梯度洗脱，用配对的方程式预测了它们的保留时间，总洗脱时间分别为 $t_G = 20\,\text{min}$ 和 $t_G = 40\,\text{min}$。预测计算和实验测定的保留时间的相对误差约为 $14\%\sim32\%$。它对一种新的分析物（仅知结构式）进行保留值预测，可获一级近似的保留值。

(4) 基于线性溶剂自由能关系(LSER)的通用 QSRR 模型[39,40]

此通用 QSRR 模型使用五个分子结构描述符，是由 Abraham 在 1999 年提出的，它可表述如下：

$$\lg k = \lg k_。 + rR_2 + vV_x + s\Pi_2^H + a\sum\alpha_2^H + b\sum\beta_2^H \tag{3-19}$$

此式为多元线性回归方程式，其中分子结构描述符分别为：R_2 为过剩分子折射率；V_x 为特征的 Mc Gowan 体积；Π_2^H 为磁极性/可极化性；$\sum\alpha_2^H$ 为总有效氢键酸度；$\sum\beta_2^H$ 为总有效氢键碱度（上述五个参数可分别用 E、V、S、A、B 表示）。式中 r、v、s、a、b 为回归系数，表征对应色谱系统（固定相、流动相）的性质。$\lg k_。$ 为直线截距。

此模型呈现一个好的保留值预测能力，但需要对几千个化合物有用的结构参数进行以实验为依据的测定。2002 年 Wilson 等完善了一个基于 LSER 保留值预测的计算程序[41]，它基于有限数目的实验测量。然而，全面地讲，此方法对常规保留值预测目的显现相当复杂。

在 QSRR 研究中，Atraham 模型在 RPHPLC 中的应用，已被许多其他研究者认可，它可用于对特定分析物或更多其他分析物保留值的预测。

有些研究者预测不同系列分析物和结构稍有不同的化合物时，将式（3-19）简化，仅使用 V_x（或 R_2）、$\sum\beta_2^H$ 和 $\sum\alpha_2^H$ 三个分子结构描述符，构成简化方程式：

$$\lg k = k_1 + k_2\sum\alpha_2^H + k_3\sum\beta_2^H + k_4V_x \tag{3-20}$$

式中，$k_1\sim k_4$ 为回归系数。此简化方程式对特定分析物和 RPHPLC 系统是有统计意义的，并可用来对 RPHPLC 色谱柱做定量比较。

(5) 基于 LSER 的保留值疏水扣除模型[40~42]

在此方法中，假设从 RPHPLC 的保留值中扣除疏水性的主要贡献，对保留值的残留贡献，是由疏水分析物以外的其他溶质与固定相/流动相的相互作用来建立的。1986 年 Carr 和 2004 年 Snyder 给出了溶质的保留值（k）与柱选择性（α）的一般方程式[42,44]：

$$\lg\alpha = \lg k - \lg k_{ref} = \lg\frac{k}{k_{ref}} = H\eta - S\delta + A\beta + B\alpha + C\kappa \tag{3-21}$$

式中，k 为给定分析物的容量因子；k_{ref} 为非极性参考溶质的容量因子。分子结构描述符为：η 为溶质的疏水性 (hydropho bicity)；δ 为分子容积 (bulkiness) 或分析物分子进入固定相的阻力；β 为氢键碱度；α 为氢键酸度；κ 为分析物分子的近似电荷（或正或负）。式中大写字母 H、S、A、B、C 表达了色谱柱的性质，H 为柱子的疏水性；S 为分析物整体分子进入固定相的立体阻力；A 为色谱柱的氢键酸度，表示对未离解硅醇基（—SiOH）的吸引能力；B 为色谱柱的氢键碱度，表示对水分子的吸引能力；C 为色谱柱的阳离子交换活性（依赖 pH 值），表示对离解硅醇基（—SiO⁻）的吸引能力。

此疏水扣除模型已在 9 种固定相中对一系列不同的分析物进行了验证，其显示没有超过前述（2）和（3）预测模型的优点。

现已对超过 300 种色谱柱，列出了表格化的 Snyder 参数（H、S、A、B、C），适用于预测和优化 RPHPLC 的分离，并用于表征色谱柱的分离特性。

（6）基于 LSER 关系的一般 QSRR 模型[43,44]

在 QSRR 研究的早期，Sadek、Carr、Taft、Abraham 等提出了在 RPHPLC 中基于 LSER 关系的一般预测保留值的模型，其表达如下：

$$\lg k = \lg k_W + M(\delta_m^2 - \delta_s^2)V_x/100 + S(\Pi_s^* - \Pi_m^*)\Pi_x \\ + A(\beta_s - \beta_m)\alpha_x + B(\alpha_s - \alpha_m)\beta_x \tag{3-22}$$

式中，溶质的分子结构描述符为：V_x 为摩尔体积；Π_x 为可极化度/磁极性；α_x 为氢键酸度；β_x 为氢键碱度。括号内各项表示色谱系统的补充性质，下标 s 表示固定相，m 表示流动相；δ 为溶解度参数；Π 为可极化度/磁极性；β 为色谱柱的碱度（接受氢键的能力）；α 为色谱柱的酸度（给出氢键的能力）；M、S、A、B 为回归系数。

（7）在蛋白质组学中，预测肽保留时间的 QSRR 模型[45]

在蛋白质组学中，肽的分离十分重要，给定肽保留时间的预测与常规 MS/MS 数据分析相结合，可以帮助对肽分辨的确认。

预测肽保留时间 t_R 的 QSRR 模型的方程式可表达为：

$$t_R = K_1 + K_2 \lg \mathrm{Sum_{AA}} + K_3 \lg \mathrm{VDW_{Vol}} + K_4 C \lg P \tag{3-23}$$

式中分子结构描述符为：$\mathrm{Sum_{AA}}$ 为构成单一肽的各种氨基酸梯度保留时间的总和；$\mathrm{VDW_{Vol}}$ 为肽的 Vander Waals 体积；$C\lg P$ 为肽在正辛醇-水两相分配系数的对数；t_R 为肽的 HPLC 梯度洗脱时间；$K_1 \sim K_4$ 为回归系数。

式（3-23）已应用于不同的 RPHPLC 色谱柱，在不同梯度洗脱条件下，对不同系列肽的保留时间进行了预测，取得良好的结果。

（8）在超临界流体色谱依据 LSER 建立的 QSRR 模型[46]

依据 LSER，1998 年 Carr 提出了预测气相色谱（GC）和超临界流体色谱（SFC）保留值的模型，其方程式表达如下：

$$\lg k = \lg k_\circ + l \lg L^{16} + s\Pi_2^H + a \sum \alpha_2^H + b \sum \beta_2^H + rR_2 \tag{3-24}$$

式中，$\lg k$ 为溶质容量因子的对数；$\lg k_\circ$ 为截距；溶质的分子结构描述符为：$\lg L^{16}$ 为溶质在气相（CO_2）-正十六烷两相分配系数的对数；Π_2^H 为溶质的磁极性/可极化性；$\sum \alpha_2^H$ 为溶质的总有效氢键酸度；$\sum \beta_2^H$ 为溶质的总有效氢键碱度；R_2 为溶质的过剩（超额）分子折射率；l,s,a,b,r 为回归系数。

此模型建立的 SFC 系统为：5m×50mm（i. d.），固定相为 SB-Methyl-100（聚二甲基硅酮），液膜厚度为 0.25μm 的毛细管柱；流动相为 SFC 级 CO_2；温度为恒温 100℃；压力为恒压 1300psi（1psi＝6894.76Pa）。

在此色谱系统，溶质在两相的分散作用和空腔（Cavity）形成过程（由 $\lg L^{16}$ 反映）是保留的主要因素，并随系统的温度、压力变化而改变溶质在 CO_2 相的分散作用随系统压力的增加引起保留值的降低。在低温，溶质-CO_2 分散作用随温度增加而降低，并引起保留值的增加；在高温，溶质-聚二甲基硅烷的分散作用比溶质-CO_2 分散作用降低得更快，从而观察到保留值降低。

溶质在 SFC 系统的保留同样依赖于溶质的 Π_2^H、$\sum\alpha_2^H$、$\sum\beta_2^H$ 和 R_2，这些相互作用对保留值的贡献，会随温度、压力的增加而降低（在此系统中，CO_2 作为一种 Lewis 酸）。

5. 建立保留值预测模型应关注的几个问题

（1）在建模中如何合理选择分子结构描述符的数目

通常按照节俭的原则，在预测模型中，含有较少的分子结构描述符，会有更好的预测结果。通过对预测保留数据的检查，一般使用 $2\sim4$ 个（平均 3 个）独立的分子结构描述符，对合理预测保留值就已经足够了[47]。

（2）预测模型建立后，还需要检查模型的有效性

当使用预测模型时，先选用 $10\sim20$ 个欲测分析物进行色谱分析实验，测定它们各自的保留值，与此同时，再将已知的分子结构描述符，代入已确定的定量函数模型中，分别计算出各个分析物的保留值。然后可以绘制 $\lg k$（实验值）-$\lg k$（计算值）图示，从图中可看到数据点位置接近于一条直线，求出一元线性回归方程式 $\lg k$（实验值）$=a+b\lg k$（计算值），再计算此直线的相关系数 r，r 值愈接近于 1，就表明此预测模型的有效性就愈高。

（3）确定预测模型的应用范围

在 QSRR 研究中，对一个特定的色谱系统，使用选定的分子结构描述符组成预测模型的定量函数关系，它们都有一定的应用范围，如可应用于某个同系列有机化合物或此同系列的相关衍生物。如果欲测保留值的有机化合物的结构和已建立模型时选用的分子结构描述符表达的结构特征差异很大，就会影响预测保留值的准确度。

参 考 文 献

[1] Golovny R V, Misharina T A. J Chromatogr, 1980, 190：1-12.

[2] Novak J. J Chromatogr, 1973, 78：269-271.

[3] Ettre L S. Chromatographia, 1974, 7 (1)：39-46.

[4] Schomburg G, Dielmann G. J Chromatogr Sci, 1973, 11 (3)：151-159.

[5] Haken J K. J Chromatogr Sci, 1973, 11 (3)：144-150.

[6] Rohrschneider Lutz. J Chromatogr Sci, 1973, 11 (3)：160-166.

[7] Takacs J M. J Chromatogr Sci, 1973, 11 (4)：210-220.

[8] Takacs J. J Chromatogr, 1969, 42：19.

[9] Takacs J, Szita C, Tarjan G. J Chromatogr, 1971, 56：1.

[10] Takacs J. J Chromatogr, 1972, 66：205；67：203.

[11] Vanheertum R. J Chromatogr Sci, 1975, 13 (3)：150-152.

[12] Rendic M. J Am Chem Soc, 1975, 97：6609.

[13] Kier L B, Hall L H. Molecular Connectivity in Chemistry and drug Research. New York：Academic

Press，1976.

[14] McGregor T R. J Chromatogr Sci，1979，17（6）：314-316.

[15] Kaliszan R. Chromatographia，1979，12（3）：171-174.

[16] 辛厚文. 分子拓扑学. 合肥：中国科技大学出版社，1991：73-96.

[17] 杨锋，罗明道，屈松生. 分析化学，1998，26（5）：497-500.

[18] 邓聚龙. 灰预测与灰决策. 武汉：华中科技大学出版社，2002：71-93.

[19] 刘恩峰，谢乃明，等. 灰色系统理论及应用. 第 6 版. 北京：科学出版社，2013：97-120.

[20] 曾波，孟伟，王正新. 灰色预测系统建模对象拓展研究. 北京：科学出版社，2014：10-20.

[21] 党耀国，王正新，钱吴永，等. 灰色预测技术方法. 北京：科学出版社，2015：12-14.

[22] 周申范，刘敏，陈佼. 分析化学，1993，21（10）：1126-1130.

[23] 唐婉莹，周申范，杨凌霄. 色谱，1998，16（2）：95-99.

[24] 梁逸曾，许青松. 复杂体系仪器分析——白、灰、黑分析体系及其多变量解析方法. 北京：化学工业出版社，2012.

[25] 王连生，支正良，高松亭. 分子结构与色谱保留. 北京：化学工业出版社，1994.

[26] 17. Kaliszan R. Quantitative Stracture Property（Retention）Relationships in Liquid Chromatography. Fanali S，Haddad P R，Poole C F，et al. Liquid Chromatography：Fundamentals and Instrumentation. Amsterdam：Elsevier，2013.

[27] Kaliszan R. Chem Rev，2007，107：3212-3246.

[28] Heberger K. J Chromatogr A，2007，1158：273-305.

[29] Todeschini R，Consonni V. Handbook of Molecular Discriptors. Weinheim：Wiley-VCR，2000.

[30] Todeschini R，Consonni V，Pavan M. Dragon software Version 2.3（http://WWW. disat. unimib. it/chm/dragon. htm）.

[31] Al-Haj M A，Kaliszan R，Nasal A. Anal Chem，1999，71：2976-2985.

[32] Hasan M N，Jurs P C. Anal Chem，1990，62：2318.

[33] Karelson M，Lobanor V S，Katritz A R. Chem Kev，1996，96：1027.

[34] Poole C P，Poole S K，Gunatilleka A D. Adv Chromatogr，2000，40：159.

[35] Yabin Wen，Ruth I J，Dolan J W，et al. LC-GC North Am，2016，34（8）550-558.

[36] Al-Haj M A，Kaliszan R，Buzewski B. J Chromatogr Sci，2001，39：29.

[37] Kaliszan R，Vanstraten M A，Markuszewski M，et al. J Chromatogr A，1999，855：455-486.

[38] Baczek T，Kaliszan R. J Chromatogr A，2002，962：41-55；2003，987：29.

[39] Abraham M H，Poole C F，Poole S K. J Chromatogr A，1999，942：79.

[40] Abraham M H，Ibrahim A，Zissimas A M. J Chromatogr A，2004，1037：29.

[41] Wilson N S，Nelson M D，Dolan J W，et al. J Chromatogr A，2002，961：171.

[42] Snyder L R，Dolan J W，Carr P W. J Chromatogr A，2004，1060：77.

[43] Boczek T，Kaliszan R，Novotna K，et al. J Chromatogr A，2005，1075：109.

[44] Carr P W，Tuft R W，Horvath C. Anal Chem，1986，58：2674.

[45] Sadek P C，Carr P W，Abraham M H，et al. Anal Chem，1985，57：2971.

[46] Weckwerth Jeff D，Carr P W. Anal Chem，1998，70：1404-1411.

[47] Sun Z L，Song L J，Zhang X T，et al. Chromatogriphia，1996，42（1/2）：43-48.

第四章　色谱过程动力学

第一节　色谱过程理论的分类

色谱过程理论的分类需依据热力学和动力学两方面的因素综合考虑[1]。

热力学因素是从吸附或分配等温线呈现的线性或非线性来确定的。

动力学因素是由溶质在两相间质量转移的速度来确定的，如果转移的速度是瞬间完成的，达到的化学平衡是可逆的，可称作理想色谱；如果转移的速度不是很快完成的，且反应是不可逆的，就称作非理想色谱。

一、吸附等温线

在气固色谱分析中，溶质于恒定温度下，在气相和吸附剂固相间达到吸附平衡时，所获色谱峰形与存在的三种吸附等温线密切相关，可用图 4-1 表达。

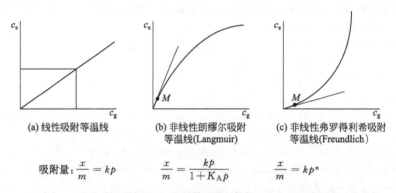

(a) 线性吸附等温线	(b) 非线性朗缪尔吸附等温线(Langmuir)	(c) 非线性弗罗得利希吸附等温线(Freundlich)

吸附量：$\dfrac{x}{m}=kp$　　$\dfrac{x}{m}=\dfrac{kp}{1+K_{A}p}$　　$\dfrac{x}{m}=kp^{n}$

式中，x 为溶质被吸附量；m 为固体吸附剂数量；p 为达吸附平衡时系统的压力；n 和 k 为常数；$k=T_{\infty}K_{A}$，T_{∞} 为吸附剂的饱和吸附量，$K_{A}=c_{s}/c_{g}$，为吸附系数。与每种吸附等温线对应的色谱峰形为：

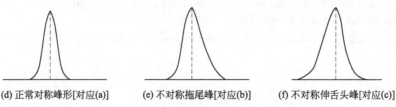

(d) 正常对称峰形[对应(a)]	(e) 不对称拖尾峰[对应(b)]	(f) 不对称伸舌头峰[对应(c)]

图 4-1　吸附等温线与色谱峰形的关联

由图 4-1 中（b）、（c）可以看到，从非线性吸附等温线的切点 M 作切线，在 M 点以下切线和非线性等温线重合，因此可知，当进样量很小时，也可获得与图 4-1 中（d）相同的对称色谱峰形。

二、分配等温线

在气液色谱分析中，溶质于恒定温度下，在气相和固定液间达到分配平衡时所获色谱峰形与存在的三种分配等温线密切相关，可用图 4-2 表达。

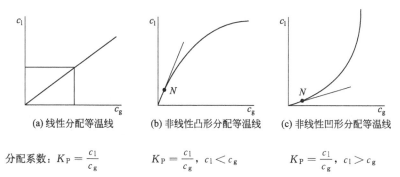

分配系数：$K_P = \dfrac{c_1}{c_g}$ $K_P = \dfrac{c_1}{c_g}$，$c_1 < c_g$ $K_P = \dfrac{c_1}{c_g}$，$c_1 > c_g$

活度系数：$\gamma = 1$，符合亨利定律；$\gamma < 1$，与拉乌尔定律产生负偏差；$\gamma > 1$，与拉乌尔定律产生正偏差。与每种分配等温线对应的色谱峰形为：

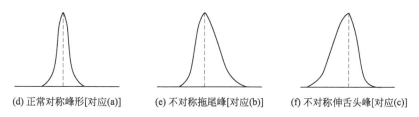

图 4-2 分配等温线与色谱峰形的关联

由图 4-2 中（b）、（c）可以看到，从非线性分配等温线的切点 N 作切线，在 N 点以下切线和非线性等温线重合（此切线符合亨利定律），因此，当进样量很小时，也可获得与图 4-2 中（d）相同的对称色谱峰形。

三、色谱理论的分类

吸附或分配等温线的线性和非线性与理想或非理想色谱概念相组合，可以构成以下四种色谱理论：

1. 线性理想色谱[2]

此类型色谱的主要特点是具有最简单的假设，首先溶质在两相的分配（或吸附）等温线是线性的，其次溶质在两相的质量转移是瞬间完成的，因此溶质在色谱柱中移动过程，棒状进样峰形保持不变，峰形并不扩散。溶质的分配系数 K_P 在全部浓度范

围 c_T（$c_T=c_s+c_g$）保持为一常数，溶质以恒定的速度通过色谱柱。当混合组分进入色谱柱，它们之间没有相互作用，并按 K_P 值由小到大分别逸出色谱柱。

此类线性理想色谱中，溶质通过色谱柱的过程如图 4-3 所示。

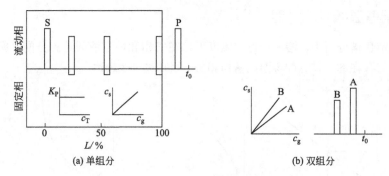

(a) 单组分　　　　　　　　　(b) 双组分

图 4-3　溶质在线性理想色谱过程的色谱图

c_g、c_s—溶质在流动相（g）和固定相（s）的浓度；K_P—溶质的分配系数；$c_T=c_g+c_s$，溶质在两相的总浓度；
L—色谱柱柱长的百分数（0 代表柱头；100％代表柱尾）；t_0—进样的起始点；
在 A、B 双组分中 $K_{P(B)}>K_{P(A)}$；S—柱头塞状进样；P—色谱峰形

但是在气相色谱（液相色谱）中，线性理想色谱只在理论上存在，在实际工作中并未出现，这是由于在色谱分析过程中，溶质在两相间的质量传递并不是瞬间完成的，并且溶质分子在柱中移动的过程还伴随着溶质在两相中的扩散。

2. 线性非理想色谱[3~8]

此类色谱，首先认为溶质在两相的分配（或吸附）等温线是线性的，洗脱的色谱峰为对称的高斯曲线形状，其次认为溶质在两相的质量转移是慢过程，存在传质阻力。当溶质分子进入流动相后会引起谱带前缘扩散，进入固定相的溶质分子会溶解，并再次挥发进入流动相，会使谱带后端拖尾，溶质在柱中移动时，这两种影响是对等的，从而仍能保持色谱峰形对称。溶质峰形的非理想扩张程度正比于溶质在色谱柱中的停留时间。

在线性非理想色谱中，溶质在色谱柱中的迁移过程如图 4-4 所示。

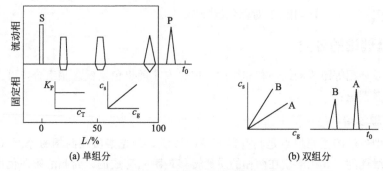

(a) 单组分　　　　　　　　　(b) 双组分

图 4-4　溶质在线性非理想色谱中的迁移过程的色谱图

（图中各符号同图 4-3）

当进样量低时，在线性吸附等温线（溶质在固体吸附剂上呈现可逆的物理吸附）或线性分配等温线（溶质在固定液中的分配符合亨利定律）情况下，溶质在色谱柱中的质量转移可用线性非理想色谱理论——塔板理论和速率理论来说明，它们分别从热力学和动力学角度，阐述了溶质在色谱柱中的迁移过程，色谱峰峰形谱带加宽的原因。

在气相色谱（或液相色谱）分析中，大部分应用的色谱分离属于线性非理想色谱范畴。

在气液色谱分析中，在进样量低、符合亨利定律的情况下，也会获得拖尾峰形，这是由于载体对溶质的不可逆吸附造成的；若获得伸舌头峰，是由于进样量过大，致使样品气化不完全造成的。

3. 非线性理想色谱[9,10]

在气液色谱分析中，若分配等温线呈非线性，溶质与固定液形成与拉乌尔定律产生负偏差（活度系数 $\gamma < 1$）或正偏差（$\gamma > 1$）的非理想溶液，从而获得不对称的色谱峰形（拖尾峰或伸舌头峰）。此时溶质在两相的质量转移是快速完成的。

a. 若与拉乌尔定律产生负偏差，随溶质在溶液中浓度的增加，分配系数 K_P 会逐渐降低，溶质在色谱柱中的移动速度也会加快，在柱中高浓度谱带比低浓度谱带移动得更快，从而形成色谱峰前缘浓度高、斜度大，而峰的后部浓度低；形成峰前沿明显的拖尾峰，如图 4-5 所示。

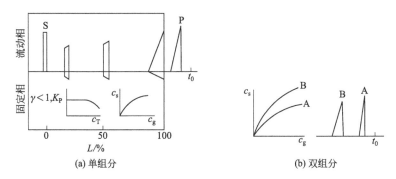

图 4-5　溶质在非线性（负偏差）理想色谱过程的色谱图（拖尾峰）
（图中符号同图 4-3，γ—活度系数）

b. 若与拉乌尔定律产生正偏差，随溶质在溶液中浓度的增加，分配系数 K_P 会逐渐增大，溶质在色谱柱中的移动速度也会减慢，在柱中高浓度谱带比低浓度谱带移动得更慢，形成的色谱峰具有斜度很小的前缘，而后即陡高，构成后缘明显的伸舌头峰，如图 4-6 所示。

在气液色谱的正常进样浓度范围，很少遇到此类型的色谱图，仅当进样量过大时，才会出现此种情况。此外，当样品中含有两个或更多个组分时，溶质间的相互作用会对分配系数产生影响，因此使用任何准确的数学处理都是不可能的。

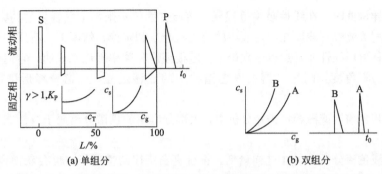

图 4-6   溶质在非线性（正偏差）理想色谱过程的色谱图（伸舌头峰）
（图中符号同图 4-3，γ—活度系数）

4. 非线性非理想色谱[11]

在气固色谱分析中，若吸附等温线呈非线性，溶质与固体吸附剂形成朗缪尔或弗罗得利希吸附等温线，由于存在化学吸附而获得不对称的色谱峰形（拖尾峰或伸舌头峰）。此时溶质在两相的质量转移速度是十分缓慢的。

a. 若形成朗缪尔吸附等温线，随溶质在固体吸附剂上吸附量的增加，溶质的吸附系数 K_A 不能保持常数，且逐渐减小，因此造成色谱峰前沿扩展得快，而后端随 K_A 的减小而扩展得慢。当溶质移出色谱柱时，不仅色谱峰形扩展，而且形成明显不对称的拖尾色谱峰，如图 4-7 所示。

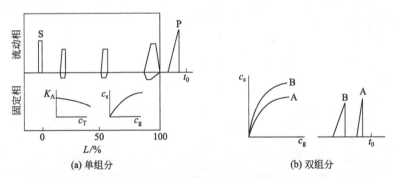

图 4-7   溶质在非线性朗缪尔吸附等温线情况下的色谱图（不对称拖尾峰）
（图中符号同图 4-3，K_A—吸附系数）

由于固体吸附剂对气体的吸附多呈现朗缪尔型吸附等温线，因此在气固色谱分析中多呈现拖尾色谱峰。对低分子量的永久性气体（如 H_2、O_2、N_2、CO、CO_2、CH_4、C_2H_6、C_2H_4、C_2H_2 等），由于它们的吸附系数 K_A 很小，可在常温柱温下进行气固色谱分析。

b. 若形成弗罗得利希吸附等温线，随溶质在固体吸附剂上吸附量的增加，溶质的吸附系数不能保持常数，并随不可逆化学吸附的增大而逐渐加大，溶质在两相的质量转移速度也十分缓慢，从而造成色谱峰前沿移动缓慢，而后端随 K_A 的增大而快速前移。当溶质移出色谱柱时，不仅色谱峰形展宽，而且形成明显不对称的伸舌头峰，如图 4-8 所示。

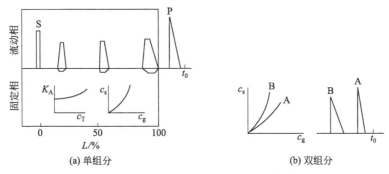

(a) 单组分　　　　　　　　　　(b) 双组分

图 4-8　溶质在非线性弗罗得利希吸附等温线情况下的色谱图（不对称伸舌头峰）
（图中符号同图 4-3，K_A—吸附系数）

对上述两种非线性非理想气固色谱图，阐述色谱峰形扩展的理论比较复杂。

第二节　气相色谱过程动力学

在气相色谱中主要介绍线性非理想色谱的塔板理论和速率理论。

一、塔板理论[3~5,12,18,20,25]

在气液色谱分析中，塔板理论通过热力学的气、液两相平衡来研究色谱的峰形，通过样品组分在气、液两相分配系数的差别，解释了样品中不同组分在色谱柱中获得分离的原因。为了阐述色谱柱分离效能的高低，沿用了在化学工程中描述精馏塔分离效率的塔板概念。

塔板理论是 1941 年由 A. T. P. Martin 提出的，此理论提出用高斯曲线方程式来描述色谱峰的峰形，阐述了在色谱峰不同高度时，计算峰宽度的方法；提出对一定长度色谱柱计算理论塔板数和理论塔板高度的方法，确立了一整套描述色谱柱效率的方法，至今得到普遍的采用。

1. 基本假设

① 用塔板概念把色谱柱分割成许多体积单元，每个体积单元称作一块塔板，每块塔板的长度称作塔板高度。

② 在每一块塔板上，溶质在气-液两相很快达到分配平衡。

③ 溶质在通过色谱柱的全部塔板时，其分配系数不随浓度改变，保持为常数。

④ 溶质沿柱移动时，只发生径向扩散，而纵向（色谱柱轴向）扩散可以忽略，即溶质的扩散仅在每块塔板上进行。

⑤ 流动相在色谱柱中移动是间歇地通过每块塔板，不是连续通过。

2. 在塔板模型上，溶质在气-液两相建立分配平衡的过程

首先阐述单一溶质组分在不同塔板上，建立的分配平衡。

设某溶质组分的总量 $w=1$，它在气、液两相的分配系数 $K_P=1$，其在总塔板数

$n=5$ 的色谱柱上进行分离，五块塔板的编号 r 分别为 0、1、2、3、4。溶质分配在固定液相的质量分数为 G，溶质在流动相（气相）的质量分数为 L。此溶质组分在五块塔板上的分配情况，如表 4-1 所示。

表 4-1　溶质 $w=1$，$K_P=1$ 在总塔板数 $n=5$ 色谱柱中的质量分布 $(n=1+r)$

向零号塔板注入样品总量 $w=1$ 向柱中注入载气的板体积数：$N=0$	塔板编号		0	1	2	3	4
	未平衡	G	1				
		L	0				
	平衡	G	0.5				
		L	0.5				
	溶质总量		1.0				

向柱中注入载气的板体积数：$N=1$	塔板编号		0	1	2	3	4
	未平衡	G	→	0.5			
		L	0.5				
	平衡	G	0.25	0.25			
		L	0.25	0.25			
	溶质总量		0.50	0.50			

向柱中注入载气的板体积数：$N=2$	塔板编号		0	1	2	3	4
	未平衡	G	→	0.25	0.25		
		L	0.25	0.25			
	平衡	G	0.125	0.25	0.125		
		L	0.125	0.25	0.125		
	溶质总量		0.25	0.50	0.25		

向柱中注入载气的板体积数：$N=3$	塔板编号		0	1	2	3	4
	未平衡	G	→	0.125	0.25	0.125	
		L	0.125	0.25	0.125		
	平衡	G	0.0625	0.1875	0.1875	0.0625	
		L	0.0625	0.1875	0.1875	0.0625	
	溶质总量		0.125	0.375	0.375	0.125	

向柱中注入载气的板体积数：$N=4$	塔板编号		0	1	2	3	4
	未平衡	G	→	0.0625	0.1875	0.1875	0.0625
		L	0.0625	0.1875	0.1875	0.0625	
	平衡	G	0.0312	0.125	0.1875	0.125	0.0312
		L	0.0312	0.125	0.1875	0.125	0.0312
	溶质总量		0.0625	0.25	0.375	0.25	0.0625

由表 4-1 可以看到，在零号塔板（$r=0$）上，溶质在气、液两相达平衡时的质量分数各为 0.5（因 $K_P=1$），当一个板体积的载气以脉冲方式进入零号塔板后，就把在零号塔板气相含有的溶质组分推到 1 号塔板（$r=1$），而零号塔板上在液相存在的溶质和 1 号塔板上进入气相的溶质，就会在各自的塔顶上重新建立新的分配平衡，从而使在零号塔板中，溶质的总量为 0.5，气、液两相各为 0.25；在 1 号塔板中，溶质的总量也为 0.5，气、液两相各为 0.25。此后，每当一个新的板体积的载气，以脉冲方式进入色谱柱，建立新的气-液分配平衡的过程就会重复进行。

表 4-1 仅描述脉冲进入 4 个板体积载气，在色谱柱中溶质建立新的气-液分配平衡后，溶质在每块塔板上分布的质量分数的数值，已呈现质量分数在中间塔板上较高，而在起始和末端塔板上较低的分布趋势。

如果仍在上述仅有五块塔板的柱子中继续脉冲通入 5～16 个板体积的载气，溶质在五块塔板上达分配平衡时，每块塔板上溶质质量分数的分布见表 4-2。

表 4-2　单一溶质在 $n=5$，$K_P=1$，$w=1$ 色谱柱内任一板上分配的质量分数

N（载气板体积数）＼r	0	1	2	3	4	柱出口
0	1	0	0	0	0	0
1	0.5	0.5	0	0	0	0
2	0.25	0.5	0.25	0	0	0
3	0.125	0.375	0.375	0.125	0	0
4	0.063	0.250	0.375	0.250	0.063	0
5	0.032	0.157	0.313	0.313	0.157	0.032
6	0.016	0.095	0.235	0.313	0.235	0.079
7	0.008	0.056	0.116	0.275	0.275	0.118
8	0.004	0.032	0.086	0.196	0.275	0.138
9	0.002	0.018	0.059	0.141	0.236	0.138
10	0.001	0.010	0.038	0.100	0.189	0.118
11		0.005	0.024	0.069	0.145	0.095
12		0.002	0.016	0.046	0.107	0.073
13		0.001	0.008	0.030	0.076	0.054
14			0.004	0.019	0.053	0.038
15			0.002	0.012	0.036	0.026
16			0.001	0.007	0.024	0.018

由表 4-2 可知，当通入第五个板体积的载气时（$N=5$），溶质就开始从柱出口逸出，进入检测器，产生检测信号。以溶质在每块塔板上的质量分数（w）作纵坐标，以脉冲通入的板体积载气的个数（N）作横坐标，绘制 w-N 图，如图 4-9 所示。

由图 4-9 可以看出，单一溶质从具有五块塔板的色谱柱中冲洗出来的最大浓度是在 $N＝8$ 和 9 时，流出曲线像个峰形，但不对称，这是由于色谱柱总塔板数太少的缘故，当塔板数 n 大于 50 时，就可获得对称的色谱峰形。当 $n＝10^3 \sim 10^6$ 时，色谱峰呈正态分布，并服从概率理论。

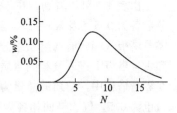

图 4-9   单一溶质由 $n＝5$ 色谱柱中流出的曲线图

由上述可知，溶质在每块塔板上建立的气-液相平衡都是瞬间完成的，随脉冲式塔体积载气不断进入色谱柱，单一溶质组分在每块塔板上的质量分布在不断地变化，溶质在每块塔板上的质量分布符合二项式分布：$(p＋q)^N$，如表 4-3 所示。

表 4-3   单一组分在 $n＝7$, $K_P＝p/q$ 柱内任一板上分配的质量分数

N \ r	0	1	2	3	4	5	6
0	1						
1	p	q					
2	p^2	$2pq$	q^2				
3	p^3	$3p^2q$	$3pq^2$	q^3			
4	p^4	$4p^3q$	$6p^2q^2$	$4pq^3$	q^4		
5	p^5	$5p^4q$	$10p^3q^2$	$10p^2q^3$	$5pq^4$	q^5	
6	p^6	$6p^5q$	$15p^4q^2$	$20p^3q^3$	$16p^2q^4$	$6pq^5$	q^6

依据塔板理论的假设，利用二项式分布，就可求出具有不同分配系数溶质组分在每块塔板上的质量分布情况，因而可描绘出每种溶质色谱峰流出曲线的形状。

利用塔板理论的假设，也可描绘出具有相同进样量，但分配系数 K_P 不相同的双组分，在总塔板数 $n＝5$ 色谱柱上的分离情况。

如双组分 $w_A＝1$；$w_B＝1$，$K_{P(A)}＝2$，$K_{P(B)}＝0.5$，此双组分样品在五块塔板上的分配情况如表 4-4 所示。流出曲线见图 4-10。

表 4-4   双组分 $w_A＝1.0$, $K_{P(A)}＝2$; $w_B＝1.0$, $K_{P(B)}＝0.5$ 在总板数 $n＝5$ 色谱柱中的质量分布

	塔板编号		0	1	2	3	4
向零号塔板注入样品 $w_A＝1.0$ $w_B＝1.0$ 向柱中注入载气的板体积数：$N＝0$	未平衡	G	1.0,1.0				
		L					
	平衡	G	0.333,0.667				
		L	0.667,0.333				
	溶质总量		1.0,1.0				

续表

向柱中注入载气的板体积数:N=1	塔板编号		0	1	2	3	4
	未平衡	G	→	0.333,0.667			
		L	0.667,0.333				
	平衡	G	0.222,0.222	0.111,0.445			
		L	0.445,0.111	0.222,0.222			
	溶质总量		0.667,0.333	0.333,0.667			

向柱中注入载气的板体积数:N=2	塔板编号		0	1	2	3	4
	未平衡	G	→	0.222,0.222	0.111,0.445		
		L	0.445,0.111	0.222,0.222			
	平衡	G	0.148,0.074	0.148,0.296	0.037,0.297		
		L	0.297,0.037	0.296,0.148	0.074,0.148		
	溶质总量		0.445,0.111	0.444,0.444	0.111,0.445		

向柱中注入载气的板体积数:N=3	塔板编号		0	1	2	3	4
	未平衡	G	→	0.148,0.074	0.148,0.296	0.037,0.297	
		L	0.297,0.037	0.296,0.148	0.074,0.148		
	平衡	G	0.099,0.025	0.148,0.148	0.074,0.296	0.012,0.198	
		L	0.198,0.012	0.296,0.074	0.148,0.148	0.025,0.099	
	溶质总量		0.297,0.037	0.444,0.222	0.222,0.444	0.037,0.297	

向柱中注入载气的板体积数:N=4	塔板编号		0	1	2	3	4
	未平衡	G	→	0.099,0.025	0.148,0.148	0.074,0.296	0.012,0.198
		L	0.198,0.012	0.296,0.074	0.148,0.148	0.025,0.099	
	平衡	G	0.066,0.008	0.132,0.066	0.099,0.197	0.033,0.263	0.004,0.132
		L	0.132,0.004	0.263,0.033	0.197,0.099	0.066,0.132	0.008,0.066
	溶质总量		0.198,0.012	0.395,0.099	0.296,0.296	0.099,0.395	0.012,0.198

注:每个单元格中的两个数据,前面的数据代表 A 组分,后面的数据代表 B 组分。

由表 4-4 可知,当通入第五个板体积的载气时($N=5$),分配系数小的 B 组分就开始从柱出口逸出,可观察到 A、B 两个组分已经开始分离开。分配系数大的 A 组分集中在第二块塔板($r=1$),分配系数小的 B 组分集中在第四块塔板($r=3$)。

上述依据塔板理论的假设,仅在有限数目($n=5$)的塔板上,利用溶质一定的分配系数就可说明色谱峰的形成过程,并可利用溶质分配系数的差别,解释不同溶质的分离过程。上述描述的仅为最简单的情况,由于色谱柱包含的塔板数目太少,所

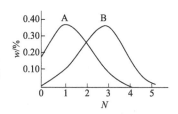

图 4-10 A、B 双组分在 $n=5$
色谱柱的流出曲线图

获色谱峰形不够对称,分配系数不同的溶质组分还未获得完全的分离。

对于一个真实的色谱柱,它包含的理论塔板数绝不是几块,而是成百、上千、上万块,高效柱可达几十万块($10^3 \sim 10^6$)。此时如果仍用二项式分布的方法进行研究是极为困难的。

3. 色谱流出曲线方程式

前述利用脉冲方式将载气注入色谱柱,研究色谱流出曲线的方法,相似于研究多次间歇萃取过程中溶质的分配情况,它称作克雷格(Craig)分布,用二项式分布描述溶质在色谱柱中各个塔板上质量分布的状况。

当载气以连续流动方式进入色谱柱获得不对称的色谱峰形时,可用泊松(Poisson)分布曲线函数来描述溶质在色谱柱每块塔板上的质量分数。

泊松分布曲线函数可表述如下:

$$^{N}w_r = \frac{N!}{r!\,(N-r)!}\,p^{N-r}q^r \tag{4-1}$$

式中,N 为通用载气的板体积数;r 为塔板编号;$^{N}w_r$ 为溶质在编号 r 塔板上,通入 N 个板体积的载气时的质量分数;p 为溶质在固定液相的质量分数;q 为溶质在流动相(气相)的质量分数。

【例 4-1】溶质总量 $w = 1.0$,$K_P = 1$,$p = 0.5$,$q = 0.5$。

计算溶质在 $r = 2$,$N = 4$ 塔板上的质量分数。

$$^{4}w_2 = \frac{4!}{2!\,(4-2)!} \times 0.5^{4-2} \times 0.5^2 = 0.375$$

当色谱柱的理论板数上万块时,利用泊松分布曲线函数进行计算会十分复杂;并且当 $n > 100$ 时,色谱峰曲线形状逐渐对称,接近高斯(Gaussian)分布曲线。

利用泊松分布曲线函数,并使用 Stirling 近似公式、θ 函数、泰勒级数等数学变换,可获得高斯分布曲线的函数形式,推导过程如下:

对式(4-1),利用 Stirling 近似公式,当 $N > 10$ 时

$$N! = \sqrt{2\pi N}\,N^N\mathrm{e}^{-N}$$

$$r! = \sqrt{2\pi r}\,r^r\mathrm{e}^{-r}$$

$$(N-r)! = \sqrt{2\pi(N-r)}\,(N-r)^{N-r}\mathrm{e}^{-(N-r)}$$

将上述三个阶乘代入式(4-1):

$$^{N}w_r = \frac{1}{\sqrt{2\pi}}\sqrt{\frac{N}{r(N-r)}}\left(\frac{N_q}{r}\right)^r\left(\frac{N_p}{N-r}\right)^{N-r} \tag{4-2}$$

设存在常数 a、b,使得 θ 函数满足:

$$a \leqslant \theta = \frac{r-N_q}{\sqrt{N_{pq}}} \leqslant b$$

有:

$$r - N_q = \theta\sqrt{N_{pq}}$$

$$N - r = N_p - \theta \sqrt{N_{pq}}$$

则

$$\frac{r(N-r)}{N} = N_{pq} \tag{4-3}$$

由 Talley 级数知：

$$\ln(1+X) \approx X - \frac{1}{2}X^2$$

$$\ln(1-X) \approx X + \frac{1}{2}X^2$$

则

$$\ln\left(\frac{N_q}{r}\right)^r \left(\frac{N_p}{N-r}\right)^{N-r} = -\frac{1}{2}\theta^2$$

$$Y = e^X, \quad \ln Y = X$$

故

$$\left(\frac{N_q}{r}\right)^r \left(\frac{N_p}{N-r}\right)^{N-r} = e^{-\frac{1}{2}\theta^2} = e^{-\frac{1}{2}\left(\frac{r-N_q}{\sqrt{N_{pq}}}\right)^2} \tag{4-4}$$

将式 (4-4) 代入式 (4-2) 得：

$$^N w_r = \frac{1}{\sqrt{2\pi N_{pq}}} e^{-\frac{1}{2}\left(\frac{r-N_q}{\sqrt{N_{pq}}}\right)^2} \tag{4-5}$$

当曲线出现极大值时，组分的质量分数不变，即：

$$\frac{^{N+1}w_r}{^N w_r} = \frac{(N+1)p}{(N+1)-r} = 1$$

$$r = (N+1)(1-p) = (N+1)q \approx N_{max}q$$

又因

$$p = 1 - q \approx 1$$

所以

$$N_{pq} \approx N_{max}q \approx r, \quad q = r/N_{max}$$

将 r，N_{pq} 代入式 (4-5) 得：

$$^N w_r = \frac{1}{\sqrt{2\pi r}} e^{-\frac{r}{2}\left(1-\frac{N}{\sqrt{N_{max}}}\right)^2} \tag{4-6}$$

在式 (4-6) 中，r 为塔板编号数；N 为进入色谱柱的载气板体积数；N_{max} 为溶质组分达极大值时，对应的载气板体积数（$N_{max} = r/q$）。

可将 $^N w_r$ 变换成溶质在气相中的浓度 c：

$$c = \frac{^N w_r wq}{\Delta V} = \frac{^N w_r wr}{\Delta V N_{max}} \tag{4-7}$$

式中，w 为样品总量；q 为溶质在气相的质量分数（$q = r/N_{max}$）；ΔV 为每块塔板的载气体积。

由于 $V_R = N_{max}\Delta V$，V_R 为保留体积；此外当 r 数值很大时，可近似认为柱理论塔板数 $n = r + 1 \approx r$；当溶质从色谱柱逸出时，通过色谱柱载气的总体积为 $V = N\Delta r$，可导出 $N = \frac{V}{\Delta V}$，将上述 $N_{max} = \frac{V_R}{\Delta V}$、$r$、$N$ 代入式 (4-7)，可导出：

$$c = \frac{\sqrt{n}w}{\sqrt{2\pi}V_R} e^{-\frac{n}{2}\left(1-\frac{V}{V_R}\right)^2} \tag{4-8}$$

此式即为色谱峰流出曲线方程式，表示 c 随变量 V 而改变，是塔板理论的基本方程式。

此方程式即为高斯分布曲线（正态分布曲线）的函数形式。

它表达了被色谱分离的溶质组分，被载气携带离开具有 n 个塔板的色谱柱，进入检测器时的浓度，它是输送溶质的载气体积 V 的函数。

4. 色谱流出曲线方程式的特性

（1）流出曲线的浓度极大值

浓度极大值即为色谱峰的峰高。

当 $V=V_R$ 时， $c = c_{max} = \dfrac{\sqrt{n}w}{\sqrt{2\pi}V_R}$

由此式可看出影响色谱峰极大值的因素为：

a. 进样总量 w 愈大，c_{max} 愈大。

b. 色谱柱理论塔板数 n 愈大，c_{max} 也愈大。

c. 溶质的保留体积 V_R 愈大，c_{max} 愈小。

由图 4-11 可以看到，当进样量 w、色谱柱的理论塔板数 n 均一定时，在色谱图中，保留体积 V_R 小的溶质组分其色谱峰峰形高而窄，而 V_R 大的溶质组分，其色谱峰峰形矮而宽。

当色谱柱的理论塔板数 n 一定时，色谱峰的极大值 c_{max} 和溶质的保留体积 V_R 成反比，如图 4-12 所示。

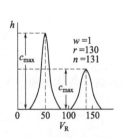

图 4-11   峰高 h-溶质保留体积 V_R 色谱峰流出曲线图

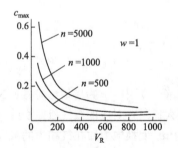

图 4-12   当色谱柱理论塔板数 n 一定时，溶质色谱极大值 c_{max}-溶质保留体积 V_R 的关系图

（2）色谱峰区域宽度的计算

对于呈正态分布的色谱峰（高斯峰），它的三个特征峰高位置，即半峰高（$h/2$）、拐点高（$0.607h$）和峰底高（$0h$），所对应的色谱峰的宽度称为色谱峰的区域宽度。

色谱峰的区域宽度用正态分布曲线的标准偏差 σ 来表征，如图 4-13 所示。

① 半峰宽 $w_{1/2}$（$2\Delta t_{1/2}$）的计算   对正态分布色谱峰，其峰高对应的色谱峰流出

时间为保留时间 t_R，其半峰高对应的色谱峰流出时间为 $t_{1/2}$，二者的差值 $t_R - t_{1/2} = \Delta t_{1/2}$，$\Delta t_{1/2}$ 即为半峰宽的一半，所以半峰宽 $w_{1/2} = 2\Delta t_{1/2}$。见图 4-13。

在正态分布色谱峰中，其标准偏差 σ 可表达为：

$$\sigma = \frac{V_R}{\sqrt{n}} = \frac{t_R}{\sqrt{n}}$$

式中，V_R 为保留体积；t_R 为保留时间；n 为色谱柱理论塔板数。

因此可把色谱峰流出曲线方程式改写为：

$$c = \frac{\sqrt{n}\,w}{\sqrt{2\pi}\,V_R} e^{-\frac{n}{2}(1-\frac{V}{V_R})^2}$$

$$= \frac{w}{\sqrt{2\pi}\,\sigma} e^{-\frac{(t_R-t)^2}{2\sigma^2}} \qquad (4-9)$$

在峰高处：$c_{max} = \dfrac{w}{\sqrt{2\pi}\,\sigma}$ $\quad (t = t_R)$

在半峰高处：$c_{1/2} = \dfrac{1}{2}c$ $\quad (t = t_{1/2})$

可以导出：$\dfrac{c_{max}}{c_{1/2}} = e^{\frac{(t_R-t_{1/2})^2}{2\sigma^2}} = 2$

$$\frac{(t_R - t_{1/2})^2}{2\sigma^2} = \ln 2$$

$$t_R - t_{1/2} = \Delta t_{1/2} = \sqrt{2\ln 2}\,\sigma$$

半峰宽：$\qquad w_{1/2} = 2\Delta t_{1/2} = 2 \times \sqrt{2\ln 2}\,\sigma = 2.354\sigma$ $\qquad (4-10)$

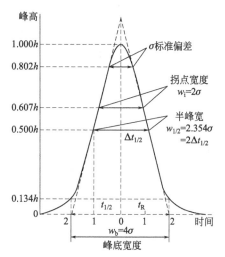

图 4-13　正态分布色谱峰（高斯峰）的区域宽度

② 拐点峰宽 w_i 的计算　正态分布色谱峰的拐点位置相当于峰高的 0.607 倍，在此点以上，高斯曲线呈上升趋势，在此高度以下，高斯曲线呈下降趋势。

拐点对应于高斯曲线函数的二级微商等于零的位置。

$$c = \frac{w}{\sqrt{2\pi}\,\sigma} e^{-\frac{(t_R-t)^2}{2\sigma^2}}$$

一级微商：$\qquad \dfrac{dc}{dt} = \dfrac{w}{\sqrt{2\pi}\,\sigma}\left[-\dfrac{2(t_R-t)}{2\sigma^2} e^{-\frac{(t_R-t)^2}{2\sigma^2}}\right]$

二级微商：$\dfrac{d^2 c}{dt^2} = \dfrac{w}{\sqrt{2\pi}\,\sigma}\left\{-\dfrac{t_R-t}{\sigma^2}\left[-\dfrac{2(t_R-t)}{2\sigma^2} e^{-\frac{(t_R-t)^2}{2\sigma^2}} + e^{-\frac{(t_R-t)^2}{2\sigma^2}} \times \dfrac{-1}{\sigma^2}\right]\right\}$

$$= \frac{w}{\sqrt{2\pi}\,\sigma} \times \frac{1}{\sigma^2} e^{-\left[\frac{(t_R-t)^2}{\sigma^2}-1\right]}$$

高斯曲线拐点：$\qquad\qquad t = t_i,\ \dfrac{d^2 c}{dt^2} = 0$

$$\frac{(t_R - t_i)^2}{\sigma^2} - 1 = 0$$

$$t_R - t_i = \sigma$$

正态分布色谱峰，两拐点间的峰宽：

$$w_i = 2(t_R - t_i) = 2\sigma \qquad (4\text{-}11)$$

由 $t_R - t_i = \sigma$，也可计算出拐点对应的色谱峰高位置：

$$c = c_{max}e^{-\frac{(t_R - t_i)^2}{2\sigma^2}} = c_{max}e^{-\frac{\sigma^2}{2\sigma^2}} = c_{max}e^{-\frac{1}{2}} = c_{max}\frac{1}{\sqrt{e}} = 0.607c_{max}$$

③ 峰底宽度 w_b 的计算　正态分布的色谱峰，见图4-14。由拐点 FH 切线交点 C 与色谱峰和基线交点 A、B 组成一个 $\triangle ABC$，由峰顶点 C 向基线作垂线交点为 D，DE 即为峰高 h，$GE = CG = 0.607h$，$FH = 2\sigma$，$FG = \sigma$。

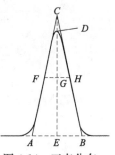

$$\triangle AEC \backsim \triangle FGC$$

$$\frac{AE}{FG} = \frac{CE}{CG}, \quad AE = FG\frac{CE}{CG} = \sigma\frac{2 \times 0.607h}{0.607h} = 2\sigma$$

峰底宽度：　　$w_b = 2AE = 2 \times 2\sigma = 4\sigma \qquad (4\text{-}12)$

图 4-14　正态分布色谱峰的三角形

由 $AE = t_R - t_b = 2\sigma$ 可计算对应峰底宽度时的色谱峰高位置：

$$c = c_{max}e^{-\frac{(t_R - t_b)^2}{2\sigma^2}} = c_{max}e^{-\frac{4\sigma^2}{2\sigma^2}} = c_{max}e^{-2} = c_{max}\frac{1}{e^2} = 0.134c_{max}$$

(3) 色谱柱理论塔板数 n 的计算

由半峰宽 $w_{1/2}$ （$2\Delta t_{1/2}$）计算已知：

$$\frac{(t_R - t_{1/2})^2}{2\sigma^2} = \ln 2, \quad 因 \sigma = \frac{t_R}{\sqrt{n}}$$

$$\frac{(t_R - t_{1/2})^2}{2\frac{t_R^2}{n}} = \ln 2, \quad n \text{ 可用半峰宽进行计算：}$$

$$n = \frac{2\ln 2 t_R^2}{(t_R - t_{1/2})^2} = 2\ln 2\left(\frac{t_R}{\Delta t_{1/2}}\right)^2 = 8\ln 2\left(\frac{t_R}{2\Delta t_{1/2}}\right)^2 = 5.54\left(\frac{t_R}{w_{1/2}}\right)^2$$

另因　　　　　　　$w_{1/2} = 2\Delta t_{1/2} = 2.354\sigma, \quad w_b = 4\sigma$

$$\frac{w_{1/2}}{w_b} = \frac{2.354\sigma}{4\sigma}$$

$$w_{1/2} = \frac{2.354}{4}w_b$$

因而，n 也可用峰底宽度进行计算：

$$n = 5.54\left[\dfrac{t_R}{\dfrac{2.354}{4}w_b}\right]^2 = 16\left(\dfrac{t_R}{w_b}\right)^2 \tag{4-13}$$

当已知色谱柱柱长 L 时，就可计算出相当于一块理论塔板的高度 H：

$$H = \dfrac{L}{n} \tag{4-14}$$

它也称作等效理论塔板高度（heigh equivalent to a theoretical plate，HETP）。

上述计算理论塔板数 n 和理论塔板高度 H 的方法，由于没有考虑死时间 t_M 的影响，所以会造成计算值与实验结果不相符合，因而提出有效理论塔板数 n_{eff} 和有效理论塔板高度 H_{eff} 的计算方法，即用 t'_R 取代 t_R：

$$n_{eff} = 5.54\left(\dfrac{t'_R}{2\Delta t_{1/2}}\right)^2 = 16\left(\dfrac{t'_R}{w_b}\right)^2 \tag{4-15}$$

$$H_{eff} = \dfrac{L}{n_{eff}} \tag{4-16}$$

n 和 n_{eff} 存在以下关系：

$$n_{eff} = \left(\dfrac{t'_R}{t_R}\right)^2 n = \left(\dfrac{k}{1+k}\right)^2 n \tag{4-17}$$

通常用 n 或 n_{eff} 来表示色谱柱的效率，它与溶质的容量因子 k 相关，当改变实验溶质时，计算的 n 或 n_{eff} 也会改变，因此当比较不同色谱柱的柱效时，必须使用同一种实验溶质来计算 n 或 n_{eff}，以比较不同色谱柱的柱效。

n 和 n_{eff} 随 k 值改变的关系如图 4-15 所示，即当 k 值很大时 n 和 n_{eff} 趋于一致；而 k 值很小时，n 变得很大，而 n_{eff} 却变小，二者数值差别很大。

为了克服计算 n 和 n_{eff} 随 k 变化的不足，可以改用 H_{eff}^1 和 H_{eff}^∞ 来衡量柱效。

H_{eff}^1 系指容量因子 $k=1$ 时的有效理论塔板高度。

H_{eff}^∞ 系指容量因子 $k=\infty$ 时的有效理论塔板高度。

在一定的操作条件下，H_{eff}^1 和 H_{eff}^∞ 可按如下方法计算：

大量实验证明，色谱峰的半峰宽与保留时间，或更精确地讲，色谱峰的半峰宽与调整保留时间成正比，如图 4-16 所示。

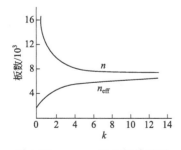

图 4-15　n、n_{eff} 和 k 的关系图

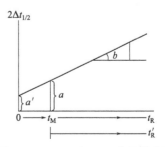

图 4-16　$2\Delta t_{1/2}$ 和 t_R、t'_R 的关系图

$$2\Delta t_{1/2} = a' + bt_R$$

$$2\Delta t_{1/2} = a + bt'_R$$

已知：
$$H_{eff} = \frac{L}{n_{eff}} = \frac{L}{5.54\left(\dfrac{t'_R}{2\Delta t_{1/2}}\right)^2}$$

$$t'_R = kt_M = \frac{kL}{u}$$

$$2\Delta t_{1/2} = a + bt'_R = a + b\frac{kL}{u}$$

因此可由 a，b 值直接计算 H_{eff}，上述式中 L 为柱长，k 为容量因子，u 为溶质在柱中移动的线速度。

$$H_{eff} = \frac{L}{5.54\left(\dfrac{t'_R}{a+bt'_R}\right)^2} = \frac{L}{5.54}\times\left(\frac{a}{t'_R}+b\right)^2 = \frac{L}{5.54}\times\left(\frac{au}{kL}+b\right)^2 \tag{4-18}$$

其中：
$$\left(\frac{au}{kL}+b\right)^2 = b^2\left(1+\frac{au}{kLb}\right)^2$$

因而：
$$H_{eff} = \frac{Lb^2}{5.54}\left(1+\frac{au}{kLb}\right)^2，\text{设}\ \beta = \frac{au}{Lb}$$

则对任何 k 值的溶质，其
$$H_{eff}^k = \frac{Lb^2}{5.54}\left(1+\frac{\beta}{k}\right)^2 \tag{4-19}$$

对 $k=1$ 的溶质：
$$H_{eff}^1 = \frac{Lb^2}{5.54}(1+\beta)^2$$

对 $k=\infty$ 的溶质：
$$H_{eff}^\infty = \frac{Lb^2}{5.54}$$

因而对任何 k 值的溶质，其 $H_{eff}^k = H_{eff}^\infty\left(1+\dfrac{\beta}{k}\right)^2$ \tag{4-20}

β 值也可表达为：
$$\beta = \frac{au}{Lb} = \sqrt{H_{eff}^1/H_{eff}^\infty} - 1 \tag{4-21}$$

(4) 真实塔板数和 ABT 概念[13~16]

1977 年 R. E. Kaiser 提出真实塔板数（real plate number）和 ABT 概念。他认为理论塔板数 n 和有效理论塔板数 n_{eff} 都受到采用的测试溶质组分和仪器测试条件的影响，不能真实反映色谱柱的效能。

他提出色谱峰的半峰宽 $b_{0.5}$（即 $2\Delta t_{1/2}$）与溶质的容量因子 k 成正比：

$$b_{0.5} = b_0 + ak \tag{4-22}$$

式中，a 为直线斜率；b_0 为直线截距；由于 $k = \dfrac{t'_R}{t_M}$，t_M 为色谱柱的特性，在一定实验条件下，a、b_0、t_M 均为常数。因此认为 a、b_0、t_M 是与被分析溶质无关的三个基本色谱参数，这就是 ABT 概念。

在此式中，当 $k=1$ 时，$a=b_{0.5}-b_0$

当 $k=0$ 时，$b_0=b_{0.5}$，其为在色谱柱不滞留组分的半峰宽。

a、b_0、t_M 数值可由实验测定，如图 4-17 所示。对等度洗脱色谱，可采用同系列中的三个（或四个）成员，在实用优化流速下，测定各组分的 t_R 和半峰宽及死时间 t_M，测量时间准确到 $0.1s$，对多次测量，可用数学统计方法处理测量数据。此种测量依赖于分离中使用的色谱柱；柱中装填的固定相；使用的测量仪器和使用的测定方法。要求应实现获得最高的分离效率、分离能力和真实的塔板数。ABT 概念可应用于气相色谱（GC）、高效薄层色谱（HPTLC）和高效液相色谱（HPLC）。

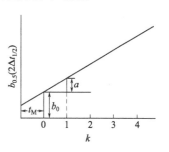

图 4-17　ABT 数值的图示

由 Kaiser 定义的真实塔板数 n_{real} 可按下式计算：

$$n_{real}=5.54\left(\frac{t_M}{a}\right)^2 \tag{4-23}$$

当 $k=1$ 时，$b_{(1)0.5}=b_0+a$，$a=b_{(1)0.5}-b_0$

当 $k=10$ 时，$b_{(10)0.5}=b_0+a\times10$，$a=\dfrac{b_{(10)0.5}-b_0}{10}$

因此，$n_{real}=5.54\left(\dfrac{t_M}{b_{(1)0.5}-b_0}\right)^2=5.54\left(\dfrac{10t_M}{b_{(10)0.5}-b_0}\right)^2$

理论塔板数 n 和真实塔板数 n_{real} 的关系如下：

$$n=5.54\left(\frac{t_R}{2\Delta t_{1/2}}\right)^2=5.54\left[\frac{t_M(1+k)}{b_0+ak}\right]^2=5.54\frac{t_M^2(1+k)^2}{a^2\left(\frac{b_0}{a}+k\right)^2}=n_{real}\left[\frac{1+k}{\frac{b_0}{a}+k}\right]^2$$

$$\tag{4-24}$$

有效理论塔板数 n_{eff} 和真实塔板数 n_{real} 的关系如下：

$$n_{eff}=5.54\left(\frac{t_R'}{2\Delta t_{1/2}}\right)=5.54\left(\frac{t_Mk}{b_0+ak}\right)^2=\frac{t_M^2k^2}{a^2\left(\frac{a}{b_0}+k\right)^2}=n_{real}\left[\frac{k}{\frac{b_0}{a}+k}\right]^2 \tag{4-25}$$

真实塔板数 n_{real} 和 n 及 n_{eff} 的区别在于，它在计算塔板数时考虑了柱外效应（extra column effects）对色谱峰形展宽的影响。

由式（4-24）可推导出理论塔板数 n 随 k 值变化时与真实塔板数 n_{real} 的关系，n 与 k 的关系曲线随 $\dfrac{b_0}{a}$ 数值的变化，呈现三种情况（见图 4-18），a 和 b_0 值均大于零。

① 当 $a>b_0$ 时，$\dfrac{1+k}{\frac{b_0}{a}+k}>1$，由于在一定实验条件下，$\dfrac{b_0}{a}$ 值不变，故此项随 k 值增

大而减小，并逐渐趋向接近于 1。由于 n_{real} 为定值，当 k 值较小时 $n > n_{real}$，随 k 值不断增大，n 值不断减小，并于 $k \to \infty$ 时，$n = n_{real}$。这是目前文献中普遍存在的情况。

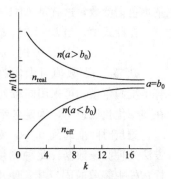

② 当 $a < b_0$ 时，$\dfrac{1+k}{\dfrac{b_0}{a}+k} < 1$，且随 k 值增大，此项

也逐渐增大，当 k 值较小时 $n < n_{real}$ 随 k 值增大 n 值不断增大，并于 $k \to \infty$ 时，$n = n_{real}$。

③ 当 $a = b_0$ 时，$\dfrac{1+k}{\dfrac{b_0}{a}+k} = 1$，即在任何 k 值下，

图 4-18　n 和 n_{eff} 随 k 值增大与 n_{real} 的关系图

$n = n_{real}$。

由式（4-25）可推导出有效理论塔板数 n_{eff} 随 k 值变化与真实塔板数 n_{real} 的关系。

由式（4-25）可知，对于前述 a 和 b_0 的三种关系中的任何一种情况，$\dfrac{k}{\dfrac{b_0}{a}+k}$ 项的

数值总小于 1，n_{eff} 和 n_{real} 的关系为：当 n_{eff} 在 k 值较小时，$n_{eff} < n_{real}$，随 k 值增大而增大，并在 $k \to \infty$ 时，$n_{eff} = n_{real}$。相当于 n 和 n_{real} 关系的第二种情况。

由真实塔板数可以计算以下参数：

真实塔板高度：
$$H_{real} = \frac{L}{5.54} \times \left(\frac{a}{t_M}\right)^2 \tag{4-26}$$

真实分离数：
$$TZ_{real} = \frac{\lg \dfrac{10a + b_0}{b_0}}{\lg \dfrac{t_M + a}{t_M - a}} - 1 > TZ_{10} \left(\text{分离数 } TZ_{10} = \frac{10t_M}{b_{10} + b_0} - 1\right) \tag{4-27}$$

真实分离能力数：
$$TZ_t = \frac{TZ_{real}}{11t_M} \approx \frac{TZ_{10}}{11t_M} \tag{4-28}$$

在 OV-101 微填充柱中，以正构烷烃作样品（C_7），柱压为 7bar（1bar$=10^5$Pa，下同），载气为 N_2，测定的最高真实塔板数 n_{real}，最高分离数 TZ_{10} 和最高真实分离能力数 TZ_t，如图 4-19 所示。

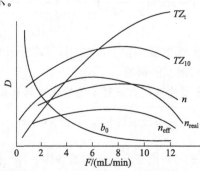

图 4-19　在 OV-101 微填充柱（0.8mm×2.7m，柱前压为 0.8~4.2bar，柱温为 80℃，载气为 N_2，样品为正构烷烃）中 TZ_t、TZ_{10}、n、n_{real}、n_{eff} 和 b_0 随载气流速的变化

5. 塔板理论小结

前述依据塔板理论的模型，从热力学的气液相分配平衡出发，解释了溶质在色谱柱中进行分配的微观过程，提出用二项式分布的数学表达式（塔板数少时为间歇 Craig 分布，或连续的 Poisson 分布）或高斯分布（塔板数>100 时）数学表达式来描述色谱峰的峰形。

采用高斯分布数学表达式，阐述了影响色谱峰高的因素，推导出描述色谱柱效率的理论塔板数 n 和理论塔板高度 H 的计算方法，还推导出计算色谱峰三种区域宽度（$w_{1/2}$、w_i、w_b）的方法。

塔板理论存在以下不足之处：

① 塔板理论未能从 GC 操作条件直接阐明溶质在色谱柱中的分配过程，也未从动力学观点阐述色谱峰形扩张的原因，未能解释在不同载气流速下，塔板高度发生变化的原因。

② 塔板理论假设，在每块塔板上，溶质瞬间建立气-液相平衡，这实际上是不可能的，因色谱柱中装填了固定相，溶质在固定相中的扩散或逸出是需要一定时间的。

③ 塔板理论认为溶质在柱中迁移，只发生径向扩散，不发生纵向（柱轴向）扩散，这实际上也不能成立。

④ 塔板理论认为载气是以脉冲方式进入每块塔板，而不是以连续方式进入每块塔板，这也与实际色谱分离过程不相符。

塔板理论虽有上述不足之处，但它在描述色谱柱柱效率的表达上，具有重要的贡献，至今由塔板理论计算色谱柱效率（理论塔板数 n 和理论塔板高度 H）的方法已被色谱工作者广泛采用。

二、速率理论[17~20,25]

1956 年 Van Deemter 提出了速率理论，他从动力学观点出发，依据 GC 实验的事实，研究了各种 GC 操作条件（如载气性质和流速、固定相颗粒粒径、固定液的液膜厚度、色谱柱填充的均匀程度等）对色谱柱理论塔板高度的影响，进而说明了溶质分子在色谱柱中的扩散（涡流扩散、纵向扩散）和传质（在气相和固定相间）是引起色谱峰形扩张的原因。

速率理论（rate theory）提出了紊流（随机行走）模型（random walk model）、质量平衡模型（mass balance model），阐明了引起色谱峰形扩张的各种因素。

1. 紊流（随机行走）模型

紊流模型研究溶质分子在色谱柱中的运行情况，样品注入后，从起点开始沿色谱柱纵向做不规则的移动，有些分子的移动速度高于平均移动速度，也有些分子移动速度低于平均移动速度，造成溶质在流动相中移动速度的非均一性，它们都沿柱子纵向以紊乱的步子向前移动，可将每个分子的移动看作一个确定的变量，所有分子变量的总和就构成溶质移动谱带的总变量，其移动被统计规律所控制，这种移动过程的随机性质就决定色谱谱带扩张蕴含着谱带浓度呈现高斯浓度分布形式，见图 4-20。

溶质在色谱柱中的移动是许多分子的多步随机行走，如果每个分子在柱中移动了 m 步，每步的步长为 l，此种色谱过程的运动规律服从统计规律，因此谱带移动的标

准偏差 σ 为：

$$\sigma = l\sqrt{m}$$

其变度 σ^2 为：

$$\sigma^2 = l^2 m$$

色谱中每个过程的变度就是引起色谱峰形扩张的因素，若色谱分离中有多种过程影响色谱峰形扩张，则在色谱柱中，色谱峰形扩张的总变度就等于各个过程独立变度的总和。在色谱柱中存在的影响色谱峰形扩张的因素为：

① 涡流扩散（eddy diffusion）　又称多流路效应（multipepath effect）或称非一致流路（non-uniform flow）。

② 分子扩散（molecular diffusion）　又称纵向扩散（longitudinal diffusion）或轴向扩散（axial diffusion）。

③ 传质阻力（resistance to mass transfer）　又称慢平衡（slow equilibration），或称非瞬间平衡（non-instantaneous equilibration）。

色谱峰形扩张的总变度为：

$$\sigma^2 = \sigma_E^2 + \sigma_M^2 + \sigma_R^2 \tag{4-29}$$

式中，σ_E^2、σ_M^2 和 σ_R^2 分别为由涡流扩散、分子扩散和传质阻力过程贡献的变度，见图 4-21。

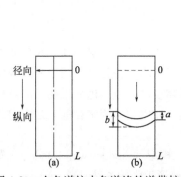

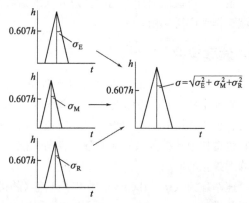

图 4-20　在色谱柱中色谱峰的谱带扩展　　　图 4-21　影响峰形扩展的变度加和性
　　　　a—期待宽度；b—实际宽度

实际上决定色谱柱柱效高低的是单位柱长对应的变度，即理论塔板高度

$$H = \frac{\sigma^2}{L} \tag{4-30}$$

对每根色谱柱，每块理论塔板高度是由各个独立因素贡献的理论塔板高度的总和：

$$H = H_E + H_M + H_R = \frac{\sigma_E^2}{L} + \frac{\sigma_M^2}{L} + \frac{\sigma_R^2}{L} = \sum \frac{\sigma^2}{L} \tag{4-31}$$

在色谱柱中影响色谱峰形扩张的各种因素如下：

（1）涡流扩散

在填充柱中存在固定相颗粒，当开始进样时，样品分子聚集在柱入口端呈塞状进样，以后随载气的携带，样品分子沿纵向（色谱柱的轴向）移动。由于固定相颗粒的阻挡，溶质分子在柱中不断地改变前进的方向，形成紊乱的涡流曲线移动。由于固定相颗粒在柱中填充的不均匀性，使有些样品分子沿颗粒间的空隙快速移动，也有些样品分子会碰到固定相颗粒需绕道向前移动，因此样品分子在柱中移动速度有快、有慢，从而使同时进样的溶质分子到达色谱柱终端的时间各不相同，即色谱峰谱带按时间的先后，呈现高斯分布曲线（见图 4-22）。这种因多流路效应引起的色谱峰的峰形扩展，纯属流动现象，其只取决于固定相颗粒的几何形状（球形或无定形）及固定相在柱中填充的均匀程度。

按照紊流模型，涡流扩散是引起峰形展宽的独立因素，样品分子在柱中移动的步数 m 正比于色谱柱的柱长 L，移动的步长 l 正比于固定相载体颗

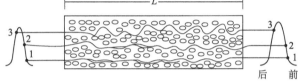

图 4-22　涡流扩散引起峰形扩展示意图

粒的粒径 d_p，因此涡流扩散提供的变度 σ_E^2 为：

$$\sigma_E^2 = 2\lambda L d_p \tag{4-32}$$

涡流扩散提供的理论塔板高度 H_E 为：

$$H_E = \frac{\sigma_E^2}{L} = 2\lambda d_p = A \tag{4-33}$$

式中，λ 为色谱柱固定相填充的不均匀性因子（或称涡流扩散系数）；d_p 为固定相载体颗粒的平均粒径；A 为涡流扩散项系数。

在气相色谱中 d_p 与 λ 关系如下：

d_p：	200～400 目	50～100 目	20～40 目
	（0.07～0.04mm）	（0.3～0.15mm）	（0.8～0.4mm）
λ：	约为 8	约为 3	约为 1

由上述数据可看出，载体颗粒愈大，填充得愈均匀；颗粒愈小，填充得愈不均匀，并增加柱子的压力降。在 GC 中通常用 60～80 目，80～100 目，100～120 目载体，其 λ 值适中，柱效较高。

通常为降低 H_E 提高柱效，应在保持低柱压力降情况下，使用载体目数范围窄、粒度均匀的颗粒，在内径较窄的柱管中填充，填充操作后，以有较高的填充密度，而又不压碎载体颗粒为宜。

（2）分子扩散

样品分子被载气载带以塞状进样（样品分子集中在柱入口很窄的范围内）进入色谱柱后，在沿色谱柱轴向逐渐向前移动的同时，样品塞状谱带自身也会逐渐产生浓差扩散，使在谱带前缘和后端的样品分子到达柱出口的时间产生差别，样品分子谱带在柱中停留的时间愈长，分子扩散得也愈充分，从而也会形成高斯曲线分布的峰形（见图 4-23）。

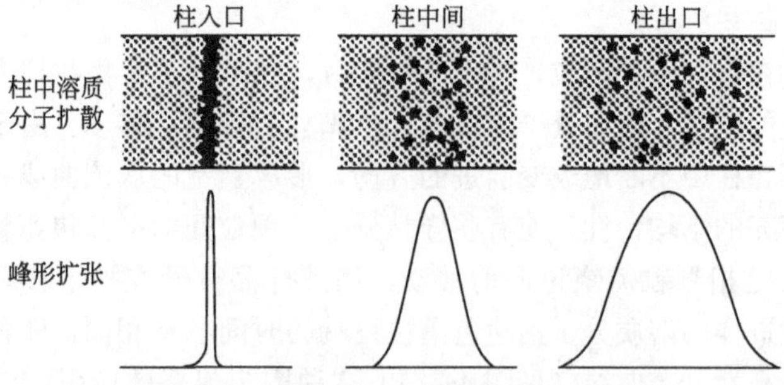

图 4-23　分子扩散引起峰形扩展示意图

样品分子在柱中因分子扩散移动的步数 m 与样品分子在柱中的停留的时间 t_g 成正比，移动的步长 l 与样品分子在载气中的扩散系数 D_g 成正比，由于样品分子在柱中移动要受到固定相颗粒的阻碍，因此在柱中的停留时间 t_g 要进行阻力校正，其为：

$$t_g = \frac{L}{u/r} \tag{4-34}$$

式中，L 为柱长；u 为溶质分子在柱中移动的线速度，cm/s；r 为阻碍因子（obstructive factor）。

由分子扩散提供的变度为：

$$\sigma_M^2 = 2t_g D_g = 2\frac{Lr}{u}D_g \tag{4-35}$$

由分子扩散提供的理论塔板高度 H_M 为：

$$H_M = \frac{\sigma_M^2}{L} = \frac{2rD_g}{u} = \frac{B}{u} \tag{4-36}$$

式中，r 为阻碍因子，对于空心柱 $r=1$，对于填充柱 $r<1$，常用硅藻土载体 $r=0.5 \sim 0.7$；D_g 为溶质分子在气相的扩散系数，它与溶质的性质（分子量大，D_g 小；分子量小，D_g 大）、载气性质（载气分子量大，其 D_g 小，可减小分子扩散）、柱压（柱压 p_i 愈高，D_g 愈小）、柱温（柱温 T_c 愈高，D_g 也愈小）有关，D_g 数值一般为 $0.01 \sim 1.0\,\mathrm{cm^2/s}$；$B$ 为分子扩散项系数。

分子扩散基于载气携带样品在柱中沿柱轴向产生浓差扩散，故也称作纵向扩散。分子扩散与组分在气相中停留的时间成正比，滞留的时间愈长，分子扩散愈充分，因此加快线速度 u 可减少分子扩散。

溶质分子在固定液相中的扩散系数 D_l 比 D_g 小许多，约为 $10^{-4}D_g \sim 10^{-5}D_g$，因此溶质分子在固定液相中的分子扩散可以忽略不计。

（3）传质阻力

样品分子在色谱柱中被载气携带迁移，样品分子在气相和固定液相还要进行质量交换，它分为两类：一类为气相传质阻力；另一类为固定液相传质阻力（见图 4-24）。

① 气相传质阻力　在色谱柱中载气流动是由一系列流路组成的，每一流路都有自己的特征流速，不同的流路，其流速也不相同，这是由于色谱柱中固定相填充的不均

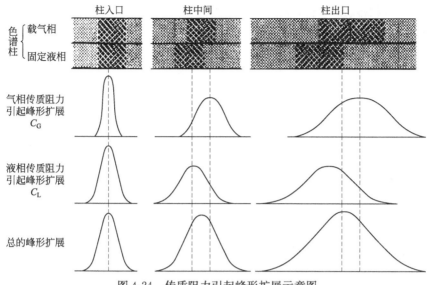

图 4-24 传质阻力引起峰形扩展示意图

匀性决定的。处于不同流路的样品分子，以不同的相对速度，在柱中纵向向前移动引起峰形扩张。与此同时，处于同一柱截面，在不同流路的溶质分子，会发生碰撞，产生径向扩散，当溶质分子从速度快的流路进入速度慢的流路会增大峰形扩散，反之，当溶质分子从速度慢的流路进入速度快的流路会减少峰形扩散。综合考虑，在柱中产生的径向扩张会减缓柱中的纵向扩散。

在紊流模型中，气相传质阻力主要指溶质分子径向扩张的阻力。溶质移动的步数 m 是指溶质从一个流路向另一个流路的扩散次数，它可由溶质在气相的总停留时间 t_g 除以组分每走一步所需的时间 t_d 来计算：

$$m = \frac{t_g}{t_d} \tag{4-37}$$

t_g 可近似看作 t_M：

$$t_g = t_M = \frac{L}{u} \tag{4-38}$$

t_d 为溶质分子从一个流路扩散到另一个流路所需的时间，它正比于柱中载体的粒径 d_p，反比于溶质分子在气相的扩散系数 D_g，比例系数为 0.01。

$$t_d = 0.01 \frac{d_p^2}{D_g} \tag{4-39}$$

溶质在气相移动的总步数：$m = \dfrac{t_g}{t_d} = \dfrac{\dfrac{L}{u}}{0.01 \dfrac{d_p^2}{D_g}} = \dfrac{L D_g}{0.01 d_p^2 u}$

溶质分子在柱中移动的线速度，为其在气相和固定液相移动速度（u_g 和 u_1）之和：

$$u = u_g + u_1 \tag{4-40}$$

溶质在气相移动的步长 l 为：　　　$l = t_d u_g$

已知 $L = t_M u \approx t_g u \approx (t_g + t_1) u_1$，$t_1$ 为溶质在固定液相中的停留时间

$$u_1 = \frac{t_g u}{t_g + t_1} = \frac{u}{1+k} \left(k = \frac{t_1}{t_g} \right) \tag{4-41}$$

$$u_g = u - u_1 = u - \frac{u}{1+k} = \frac{uk}{1+k} \tag{4-42}$$

可求出步长 l：　　　$l = t_d u_g = 0.01 \frac{d_p^2}{D_g} \times \frac{uk}{1+k} \tag{4-43}$

由气相传质阻力提供的变度为：

$$\sigma_{RG}^2 = ml^2 = \frac{LD_g}{0.01 d_p^2 u} \times \left(0.01 \frac{d_p^2}{D_g} \times \frac{uk}{1+k} \right)^2 = 0.01 \frac{L d_p^2}{D_g} \times \frac{uk^2}{(1+k)^2} \tag{4-44}$$

由气相传质阻力提供的理论塔板高度 H_{RG} 为：

$$H_{RG} = \frac{\sigma_{RG}^2}{L} = 0.01 \frac{d_p^2}{D_g} \times \frac{k^2}{(1+k)^2} u = C_G u \tag{4-45}$$

气相传质阻力项系数：　　　$C_G = 0.01 \frac{d_p^2}{D_g} \times \frac{k^2}{(1+k)^2}$

由 C_G 可以看出：

a. C_G 与 d_p^2 成正比，因此应采用小粒径（d_p）固定相，可减小 H_{RG}，提高柱效。

b. C_G 与 D_g 成反比，应采用 D_g 大，分子量低的轻载气 H_2、He，可减小 H_{RG}，提高柱效。

由于气相传质阻力的存在，溶质在气相中的扩散传质过程和溶质在气-液两相的分配平衡，都不是瞬间能够完成的，而是慢的平衡过程，需要一定时间，这就造成色谱峰形的扩展。

② 液相传质阻力　液相传质阻力主要由于溶质分子溶解进入固定液相后，需停留一定时间，才能挥发重新返回气相，因此在固定液中溶解和重新挥发的溶质分子在柱中的移动总是落后于在载气中向柱出口移动的溶质分子，从而也引起峰形扩展。

在紊流模型中，把溶质分子被固定相吸收（或吸附）看作向后走的步子，而溶质分子从固定相逸出（或脱附）看作是向前走的步子。因此，由于液相传质阻力溶质在柱中移动的总步数 m 为溶质在固定液中停留的时间 t_1 除以组分在固定液里每走一步所需的时间 t_f：

$$m = \frac{t_1}{t_f}$$

由容量因子的定义：$k = \frac{t_1}{t_g}$ 和 $t_g = \frac{L}{u}$

可推导出：

$$t_1 = k \frac{L}{u} \tag{4-46}$$

t_f 正比于固定液在载体涂渍液膜的厚度 d_f，反比于溶质在固定液中的扩散系数 D_1，当把液膜作为球面时，比例系数为 $8/\pi^2$（把液膜作为平面时，比例系数为 $2/3$）。因此，

$$t_f = \frac{8}{\pi^2} \times \frac{d_f^2}{D_1} \tag{4-47}$$

溶质在液相移动的总步数：$m = \dfrac{t_1}{t_f} = \dfrac{k\dfrac{L}{u}}{\dfrac{8}{\pi^2} \times \dfrac{d_f^2}{D_1}} = \dfrac{kL\pi^2 D_1}{8ud_f^2} \tag{4-48}$

溶质在液相移动的步长 l 为：$l = \dfrac{t_1}{m}u_1 = \dfrac{k\dfrac{L}{u} \times \dfrac{u}{1+k}}{\dfrac{kL\pi^2 D_1}{8ud_f^2}} = \dfrac{8ud_f^2}{\pi^2 D_1(1+k)} \tag{4-49}$

由液相传质阻力提供的变度为：

$$\sigma_{RL}^2 = ml^2 = \frac{kL\pi^2 Dl}{8ud_f^2} \times \left[\frac{8ud_f^2}{\pi^2 D_1(1+k)}\right]^2 = \frac{kL \times 8ud_f^2}{\pi^2 D_1(1+k)^2} \tag{4-50}$$

由液相传质阻力提供的理论塔板高度 H_{RL} 为：

$$H_{RL} = \frac{\sigma_{RL}}{L} = \frac{8d_f^2 k}{\pi^2 D_1(1+k)^2}u = C_L u \tag{4-51}$$

液相传质阻力项系数：$C_L = \dfrac{8}{\pi^2} \times \dfrac{d_f^2}{D_1} \times \dfrac{k}{(1+k)^2}$

由 C_L 可以看出：

a. C_L 与 d_f^2 成正比，当载体粒径 d_p 一定时，使用低涂渍量固定液时，固定液的液膜较薄，可降低 H_{RL}，以保持高柱效；反之，则会降低柱效。

b. C_L 与 D_1 成反比，使用低分子量的非极性固定液，其 D_1 大，柱效较高；若用高分子量极性固定液，其 D_1 小，会使柱效下降。

由上述可知，传质阻力项系数：$C = C_G + C_L$。

气相色谱柱的理论塔板高度是由涡流扩散；分子扩散；气相传质阻力和液相传质阻力提供理论塔板的总和：$H = H_E + H_M + H_{RG} + H_{RL}$。

（4）理论塔板高度的表达式

理论塔板方程式首先由 J. J. Van Deemter 提出，因此称作范第姆特方程式，它有以下几种表达式：

① 最早提出的表达式　仅考虑涡流扩散、分子扩展和液相传质阻力，其表达式为：

$$H = H_E + H_M + H_{RL} = A + \frac{B}{u} + C_L u \tag{4-52}$$

$$H = 2\lambda d_p + 2rD_g/u + \frac{8}{\pi^2} \times \frac{d_f^2}{D_1} \times \frac{k}{(1+k)^2} \tag{4-53}$$

② 改进后的表达式　增加了气相传质阻力，并将固定液液膜作为平面液膜考虑。

$$H = H_E + H_M + H_{RG} + H_{RL} = A + \frac{B}{u} + C_G u + C_L u \tag{4-54}$$

$$H = 2\lambda d_p + 2\gamma D_g / u + 0.01 \frac{d_p^2}{D_g} \times \frac{k^2}{(1+k)^2} u + \frac{2}{3} \frac{d_f^2}{D_1} \times \frac{k}{(1+k)^2} u \tag{4-55}$$

③ 1962 年 J. C. Giddings 提出的涡流扩散与气相传质阻力的偶合方程式　吉汀斯证明涡流扩散项 A 和气相传质阻力项 C_G 之间有密切联系，因为溶质分子并不是在所有时间都在载气流路中移动，由于存在径向扩散，溶质分子还要围绕载体粒子间的孔道移动，因此涡流扩散和气相传质阻力之间不是互相独立的，而是相互偶合，它们对板高的贡献要低于各自独立时的贡献，因而提出偶合方程式：

偶合项系数　　　　　　　　　$$A' = \frac{1}{\dfrac{1}{A} + \dfrac{1}{C_G u}}$$

偶合方程式为：　　　　　　　$$H = \frac{B}{u} + C_L u + \frac{1}{\dfrac{1}{A} + \dfrac{1}{C_G u}} \tag{4-56}$$

A' 随 u 的变化为：当 $u \to 0$，$A' \to 0$

当 $u \to \infty$，$A' = A = 2\lambda d_p$

当 $\dfrac{1}{A} \to 0$，$A' = C_G u = 0.01 \dfrac{d_p^2}{D_g} \times \dfrac{k^2}{(1+k)^2}$

偶合方程式的正确性现已被广泛接受，从理论上讲它比经典的范第姆特方程式更全面。

$$H = \frac{2\gamma D_g}{u} + \frac{2}{3} \times \frac{d_f^2}{D_1} \times \frac{k}{(1+k)^2} + \frac{1}{\dfrac{1}{2\lambda d_p} + \dfrac{1}{0.01 \dfrac{d_p^2}{D_g} \times \dfrac{k^2}{(1+k)^2} u}} \tag{4-57}$$

④ 范第姆特方程式的图示　范第姆特方程式的简化式为：$H = A + \dfrac{B}{u} + Cu$。

以 u 作横坐标，以 H 作纵坐标，可绘出 H-u 图，如图 4-25 所示。

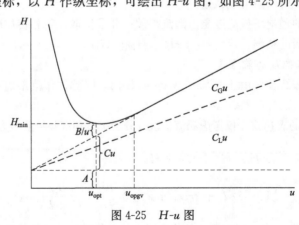

图 4-25　H-u 图

（5）开管柱的理论塔板高度表达式[21~26]

1958 年 M. J. E. Golay 提出了开管柱（毛细管柱）的理论塔板高度表达式，即高莱方程式。对于开管柱，由于其为空心柱，无填充物，因此柱中不存在涡流扩散（$A=0$），并且阻碍因子 $\gamma=1$，不均匀因子 $\lambda=1$。

① 对内壁涂渍固定液的开管柱，其高莱方程式为：

$$H = \frac{B}{u} + C_G u + C_L u$$

$$H = \frac{2D_g}{u} + \frac{1+6k+11k^2}{24(1+k)^2} \times \frac{r_0^2}{D_g} u + \frac{2}{3} \times \frac{d_f^2}{D_1} \times \frac{k}{(1+k)^2} u \tag{4-58}$$

式中，r_0 为开管柱的半径。

② 对内壁黏结固相载体颗粒（或交联共聚物颗粒）的开管柱，其高莱方程式为：

$$H = \frac{2D_g}{u} + \frac{1+6k+11k^2}{24(1+k)^2} \times \frac{r_0^2}{D_g} u + \frac{8}{av_M}\left(\frac{k-1}{k}\right)^2 \times \frac{V_G}{S_A} u \tag{4-59}$$

式中，a 为相对多孔层厚度，$a=\dfrac{d}{r_0}$，d 为多孔层厚度（$20\sim40\mu m$）；v_M 为样品分子的平均移动速度（10^{-4} cm/s）；V_G 为柱内气相空间的死体积；S_A 为柱内吸附剂的总表面积。

③ 开管柱的分子扩散偶合方程式　1964 年 J. C. Giddings 又提出开管柱的气相和液相的分子扩散项偶合方程式：

$$H = \frac{B_G + B_L}{u} + C_L u + \frac{1}{\dfrac{1}{A} + \dfrac{1}{C_G u}} \tag{4-60}$$

$$H = \frac{2D_g}{u} + \frac{2\gamma_1 D_1(1-R)}{uR} + \frac{2}{3} \times \frac{d_f^2}{D_1} \times \frac{k}{(1+k)^2} u + \frac{1}{\dfrac{1}{2d_p} + \dfrac{1}{0.01\dfrac{d_p^2}{D_g} \times \dfrac{k^2}{(1+k)^2} u}}$$

$$\tag{4-61}$$

溶质在固定液相的分子扩散系数为：

$$B_L = \frac{2\gamma_1 D_1(1-R)}{R}$$

式中，γ_1 为固定液相的阻碍因子；R 为色谱柱中溶质谱带移动速度与载气线速度之间的比值。

④ 开管柱考虑柱外效应的高莱-吉汀斯（Golay-Giddings）方程式　1978 年提出的高莱-吉汀斯方程式为：

$$H = \frac{B}{u} + Cu + Du^2 \tag{4-62}$$

$$D = \frac{1}{(1+k)^2} \times \frac{\sigma_{EC}^2}{L}$$

式中，D 为柱外效应系数（extracolumn coefficient），也称"设备常数"；σ_{EC}^2 为柱外效应变量的总和。式中三项对 H 的贡献，如图 4-26 所示，并已由实验证实。

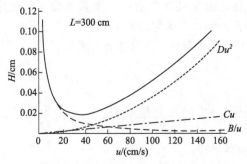

图 4-26　高莱-吉汀斯方程式曲线

⑤ 气相色谱填充柱与毛细管柱范第姆特曲线的比较　由填充柱和毛细管柱的范第姆特曲线比较（图 4-27）可知，毛细管柱的柱效远高于填充柱。

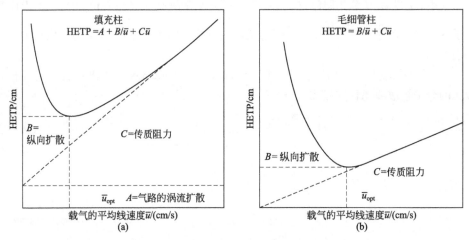

图 4-27　填充柱和毛细管柱的范第姆特曲线
(a) 填充柱；(b) 毛细管柱

当毛细管柱在最佳载气流速下操作时，对应于最高柱效时的最低理论塔板高度为：

$$H_{\min} = 2\sqrt{B(C_L + C_G)} \tag{4-63}$$

对一般毛细管柱，由于涂渍固定液的液膜厚度极薄，d_f 仅为 $0.2\sim0.4\,\mu m$，因此液相传质阻力 $C_L \approx 0$，从而仅考虑气相传质阻力 C_G，式（4-63）可简化成：

$$H_{\min} = 2\sqrt{BC_G} = r_0\sqrt{\frac{1+6k+11k^2}{3(1+k)^2}} \tag{4-64}$$

与毛细管柱最低板高 $H_{\min}$ 对应的最佳线速 u_{opt} 为：

$$u_{\text{opt}} = \sqrt{\frac{B}{C_G + C_L}} \tag{4-65}$$

因毛细管柱的 C_L 可忽略，所以：

$$u_{\text{opt}} = \sqrt{\frac{B}{C_G}} = \frac{4D_g}{r_0} \sqrt{\frac{3(1+k)^2}{1+6k+11k^2}} \tag{4-66}$$

由式（4-66）可知：

当 $k=0$ 时，$u_{\text{opt}} = 6.9 \dfrac{D_g}{r_0}$；当 $k=\infty$ 时，$u_{\text{opt}} = 2.1 \dfrac{D_g}{r_0}$。

可看出对毛细管柱，当溶质的 k 变化很大时，u_{opt} 变化范围并不大。

当载气确定后，D_g 值一定，u_{opt} 与 r_0 成反比。u_{opt} 数值很小，一般为 $6\sim 12\text{cm/s}$。由于毛细管柱较长，分析时间会延长，为提高分析速度多采用最佳实用线速 u_{opgv} 进行分析，此时虽柱效稍降低，但可缩短分析时间。

（6）范第姆特速率方程式的讨论

速率理论用素流模型从微观阐述了溶质分子在色谱柱中的移动过程和影响色谱柱理论塔板高度的各种动力学因素，比较详细地描述了涡流扩散、分子扩散和传质阻力对建立理论塔板高度的贡献，形象地表达了理论塔板高度的生成过程。

① 载气线速度 u 对理论塔板高度 H 的影响

由范第姆特方程式：$H = A + \dfrac{B}{u} + (C_G + C_L)\ u$

可知 A、B、C_G、C_L 为常数，理论塔板高度 H 会随载气线速 u 变化，呈现双曲线形状，如图 4-25 所示。由图可看到它有一个最低点，此点对应最低理论塔板高度 $H_{\min}$ 和最佳线速 u_{opt}，即在此最佳线速下进行色谱分析，可获得最高的柱效。

将上式对 u 进行微分：

$$\frac{\mathrm{d}H}{\mathrm{d}u} = -\frac{B}{u^2} + (C_G + C_L) = 0$$

$$\frac{-B + (C_G + C_L)u^2}{u^2} = 0$$

$$-B + (C_G + C_L)u^2 = 0$$

$$u_{\text{opt}} = \sqrt{\frac{B}{C_G + C_L}} = \sqrt{\frac{B}{C}} \tag{4-67}$$

将 u_{opt} 代入上式，可求出 $H_{\min}$：

$$H_{\min} = A + \frac{B}{\sqrt{\dfrac{B}{C}}} + C\sqrt{\frac{B}{C}} = A + 2\sqrt{BC} \tag{4-68}$$

由图 4-25 可知：

当 $u < u_{\text{opt}}$ 时，分子扩散项 $\dfrac{B}{u}$ 对板高 H 起主要作用，即载气线速愈小，板高 H 增

加愈快，柱效愈低。

当 $u < u_{opt}$ 时，传质阻力项 Cu 对板高 H 起主要作用，即载气线速增大，板高 H 也增大，柱效降低，但其变化较缓慢。

当 $u = u_{opt}$ 时，分子扩散项和传质阻力项对板高 H 的影响最低，此时柱效最高。但此时的分析速度较慢。在实际分析时，可在最佳实用线速 u_{opgv} 下操作，此时板高 H 约比 H_{min} 增大 10%，虽然损失了柱效，但加快了分析速度。

显然在上述 3 种情况下，涡流扩散项 A 总是对板高 H 起作用。

当计算 u_{opt} 和 H_{min} 时，应选择最难分离物质对的溶质进行计算，此时对应的柱效最高。

根据范第姆特方程式和吉汀斯偶合方程式绘制的 H-u 曲线的比较见图 4-28。由图可获以下结论：

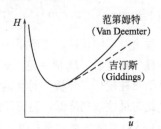

图 4-28　根据范第姆特方程式和吉汀斯偶合方程式绘制的 H-u 曲线的比较

a. 涡流扩散项 A 对板高 H 的贡献与线速 u 无关，它对板高的贡献为一常数。

b. 分子扩散项 $\dfrac{B}{u}$ 对板高 H 的贡献与线速 u 成反比。

在低线速时，分子扩散项 $\dfrac{B}{u}$ 对板高的贡献起主要作用，传质阻力项 $C_G u$ 和 $C_L u$ 对板高的贡献可以忽略，此时板高方程式可简化成：

$$H = A + \frac{B}{u}$$

若绘制 H-u 图，可获相当于范第姆特曲线 u_{opt} 前面的弯曲部分。

若绘制 H-$\dfrac{1}{u}$ 图，可获一条直线，其截距为 A，斜率为 B。

在高线速时，分子扩散项 $\dfrac{B}{u}$ 对板高的贡献可以忽略，而传质阻力项 $C_G u$ 和 $C_L u$ 对板高的贡献就起主要作用。

c. 传质阻力项 $(C_G + C_L) u$ 对板高的贡献与线速 u 成正比。

在高线速下，因 $\dfrac{B}{u}$ 可忽略，板高方程式可简化成：

$$H = A + (C_G + C_L) u$$

若绘制 H-u 图，可获相当于范第姆特曲线 u_{opt} 后面的直线部分，此直线的截距为 A，斜率为 $C_G + C_L$。

尤其当线速大，固定液的液膜 d_f 厚时，C_L 项会起主要作用。若固定液的液膜 d_f 薄时，C_G 项会起主要作用。

由吉汀斯偶合曲线可看出，在高线速下，偶合方程式的板高要比范第姆特方程式的板高更低，且随线速的增大而趋于平滑，此结论与实验很好地符合。

② 容量因子 k 对理论塔板高度 H 的影响　在范第姆特方程式中，仅 C_G 和 C_L 项中含有容量因子 k，它对板高 H 的影响如下：

a. k 值对气相传质阻力项 C_G 的影响

$$C_G = 0.01 \frac{d_p^2}{D_g} \times \frac{k^2}{(1+k)^2}$$

当柱中固定相的液膜很薄，即固定液的涂渍量低时，液相传质阻力 $C_L \rightarrow 0$ 时，气相传质阻力 C_G 对板高的贡献起主要作用。

k 值对 C_G 的影响并不大，因 $\frac{k^2}{(1+k)^2} \approx 1$。

影响 C_G 的主要因素为 d_p，通常采用细颗粒载体（如 100～120 目），可获较小的 H 值，而获得高柱效。

此外 D_g 会随柱温升高而增大，k 值会随柱温升高而减少，从而引起 C_G 值下降，降低 H 值，因此升高柱温一般会提高柱效。

b. k 值对液相传质阻力项 C_L 的影响

$$C_L = \frac{2}{3} \times \frac{d_f^2}{D_1} \times \frac{k}{(1+k)^2}$$

k 值对 C_L 影响较大，当 k 增大时，C_L 会减小，可绘制 $\frac{k}{(1+k)^2}$-k 图，如图 4-29 所示。

当 $k \rightarrow \infty$ 时，$C_L \rightarrow 0$；

当 $k=1$ 时，$C_L = \frac{1}{6} \frac{d_f^2}{D_1}$ 为最大值；

当 $k<1$ 时，C_L 呈现下降趋势；

当 $k=0$ 时，$C_L \rightarrow 0$。

固定相涂渍的液膜厚度 d_f 愈薄，C_L 值愈小，H_{RL} 也

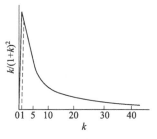

图 4-29　$k/(1+k)^2$-k 图

愈小。当 d_f 厚度一定时，随柱温升高，D_1 会增大，但 k 值会下降；若柱温下降，D_1 会减小，但 k 会增大，因此柱温对 D_1 和 k 的影响是互相矛盾的，难以简单地预测。

(7) 诺克斯(Knox)方程式[27~29]

为了比较用不同粒径固定相填充的色谱柱的性能，1977 年 J. H. Knox 利用由 J. C. Giddings 提出的折合参数的概念，提出了 Knox 方程式，其为：

$$h = Av^{0.33} + B/v + Cv \tag{4-69}$$

式中，h 为折合板高，$h = H/d_p$；v 为折合线速，$v = \frac{ud_p}{D_m}$。

诺克斯方程式与范第姆特方程式相似，其用粒径 d_p 归一化后，便于比较由不同粒径固定相填充的色谱柱的性能，其中 A 项对应于涡流扩散，B 项对应于分子扩散，C 项对应于传质阻力，诺克斯方程式提供了最优化的折合线速 v，并为最低值。对填充很好的 GC 柱，最低折合板高 h_{min} 为 3，最优折合线速 v_{min} 约为 1。

2. 质量平衡模型[30~33]

1956 年 Van Deemter、Zuiderweg 和 Klinkenberg 提出了质量平衡模型，他们认为溶质在色谱柱中的移动，是溶质在气相和固定液中的扩散和对流过程，它们在流动相驱动下，因对流作用［遵循菲克（Fick's）扩散第一定律］和沿色谱柱纵向运行产生的纵向扩散［遵循菲克（Fick's）扩散第二定律］，可用描述溶质在流动相和固定相建立的质量转移平衡的两个偏微分方程式来表达。

当溶质分子以瞬间脉冲［相当于狄拉克（Dirac）函数］注入色谱柱后，如在色谱柱长 0~L 之间，取一个长度为 Δx 的微小区间来研究溶质在流动相和固定相之间的质量转移，此微小区间的体积为 ΔV，溶质在此区间的运行时间为 Δt，溶质在流动相的浓度为 c_m，在固定相的浓度为 c_s，溶质在两相的分配系数 K_P（$K_P = c_s/c_m$），在柱体积 ΔV 内，流动相占有的体积分数为 F_m，固定相占有的体积分数为 F_s。色谱柱内微小区间 Δx 的图示，见图 4-30。

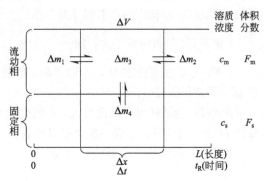

图 4-30　在色谱柱 Δx 区间溶质在固定相和流动相之间的质量转移

（1）溶质在流动相建立的质量转移平衡

在 Δx 区间流动相内溶质存在三种质量转移现象，即由对流作用进入 Δx 区间的 Δm_1（负值）；因纵向扩散移出的质量 Δm_2（正值）；和因气-液相平衡由固定相进入流动相的 Δm_4（负值）。

① 溶质因对流作用进入 Δx 区间，其移入质量 Δm_1 与溶质在 Δx 区间的浓度梯度成正比，即符合菲克第一定律，可表示为：

$$\Delta m_1 = -uF_m \frac{\partial c_m}{\partial x} \tag{4-70}$$

② 溶质因纵向扩散，移出 Δx 区间的质量为 Δm_2，它遵循菲克第二定律，即 Δm_2 与溶质在 Δx 区间浓度梯度 $\left(\frac{\partial c_m}{\partial x}\right)$ 的变化率成正比：

$$\Delta m_2 = DF_m \frac{\partial^2 c_m}{\partial x^2} \tag{4-71}$$

式中，D 为溶质在流动相的有效扩散系数，可表达为 $D = D_m + Au + Bu^2$，其中 D_m 为溶质的扩散系数；u 为流动相的线速；A、B 为常数。

③ 在与 Δx 区间对应柱体积 ΔV 内，单位时间溶质浓度变化量为 Δm_3：

$$\Delta m_3 = F_m \frac{\partial c_m}{\partial t} \tag{4-72}$$

④ 在 Δx 区间内，溶质在液、固两相间达分配平衡时，由固定相移入流动相的质

量为 Δm_4，它与溶质在两相间浓度差成正比：

$$\Delta m_4 = -\alpha(K_P c_m - c_s \mid_{x=d_f})\tag{4-73}$$

式中，α 为溶质跨越两相界面的质量传递系数；$c_s \mid_{x=d_f}$ 为溶质在固定液液膜表面的浓度。

由上述可导出溶质在流动相的质量转移平衡表达式：

表达式为：
$$\Delta m_3 = \Delta m_1 + \Delta m_2 + \Delta m_4$$

$$F_m \frac{\partial c_m}{\partial t} = DF_m \frac{\partial^2 c_m}{\partial x^2} - uF_m \frac{\partial c_m}{\partial x} - \alpha(K_P c_m - c_s \mid_{x=d_f})\tag{4-74}$$

各项除以 F_m：

$$\frac{\partial c_m}{\partial t} = D \frac{\partial^2 c_m}{\partial x^2} - u \frac{\partial c_m}{\partial x} - \frac{\alpha}{F_m}(K_P c_m - c_s \mid_{x=d_f})\tag{4-75}$$

若令 $\dfrac{\alpha}{F_m} = k_f$：

$$\frac{\partial c_m}{\partial t} = D \frac{\partial^2 c_m}{\partial x^2} - u \frac{\partial c_m}{\partial x} - k_f(K_P c_m - c_s \mid_{x=d_f})\tag{4-76}$$

（2）溶质在固定相建立的质量转移平衡

在 Δx 区间的固定相上，当溶质在两相达分配平衡时，单位时间溶质浓度的变化量等于溶质沿径向由固定相移向流动相时的浓度梯度变化率，也等于溶质由流动相转移到固定相的质量。

$$F_s \frac{\partial c_s}{\partial t} = D_s \frac{\partial^2 c_s}{\partial x^2} = \alpha(c_s/K_P - c_m \mid_{x=d_f})\tag{4-77}$$

式中，D_s 为溶质在固定相的扩散系数，$c_m \mid_{x=d_f}$ 为溶质在固定相-流动相界面的浓度。式（4-77）各项除以 F_s：

$$\frac{\partial c_s}{\partial t} = \frac{\alpha}{F_s}(c_s/K_P - c_m \mid_{x=d_f})\tag{4-78}$$

若令 $\dfrac{\alpha}{F_s} = k'_f$，则：

$$\frac{\partial c_s}{\partial t} = k'_f(c_s/K_P - c_m \mid_{x=d_f})\tag{4-79}$$

（3）质量转移平衡数学模型的建立

将前述在 Δx 区间内溶质在流动相和固定相的质量转移平衡相结合，由于：

$$k'_f(c_s/K_P - c_m \mid_{x=d_f}) = -k'_f(K_P c_m - c_s \mid_{x=d_f})\tag{4-80}$$

将式（4-76）与式（4-79）相加，就建立总的质量转移平衡的偏微分方程式：

$$\frac{\partial c_m}{\partial t} + \frac{\partial c_s}{\partial t} = D \frac{\partial^2 c_m}{\partial x^2} - u \frac{\partial c_m}{\partial x} - 2k_f(K_P c_m - c_s \mid_{x=d_f})\tag{4-81}$$

由于溶质在固定相的质量转移也可表示为：

$$\frac{\partial c_s}{\partial t} = -k_f(K_P c_m - c_s \mid_{x=d_f})$$ (4-82)

式 (4-81) 可改写为：

$$\frac{\partial c_m}{\partial t} + u\frac{\partial c_m}{\partial x} - D\frac{\partial^2 c_m}{\partial x} = k_f(K_P c_m - c_s \mid_{x=d_f})$$ (4-83)

此即为含有对流、纵向扩散和两相间传质阻力的二阶线性偏微分方程式。

当确立了色谱柱内质量传递过程的偏微分方程后，还需要确定初始和边界条件，因偏微分方程一般仅反映色谱柱分离过程的基本规律，从数学上讲，只能给出设定解，要具体给出色谱流出曲线的函数形式，即要得到具体的定解，必须给出完备的定解条件，即需给出初始和边界条件。对色谱分离过程，必须给出样品注入色谱时的初始条件和反映色谱柱末端的边界条件。

为求解此偏微分方程式，设定的初始条件为：

$$c_m(x, 0) = c_i; \ c_m(\pm\infty, t) = 0, \ c_s(x, 0) = 0$$

其中 c_i 为统计矩。

边界条件为：

$$\frac{dc_s}{dx}\bigg|_{x=0} = 0$$

$$A_s D_s \frac{dc_s}{dx}\bigg|_{x=d_f} = V_m k_f(K_P c_m - c_s \mid_{x=d_f})$$

式中，A_s 为每单位柱体积对应的固定相面积，$A_s = V_s/d_f$；V_s 为每单位柱体积对应的固定相的体积；V_m 为每单位柱体积对应的流动相的体积。

式 (4-83) 表达了单组分溶质在色谱柱分离过程的运行规律，理想地，将乐于获得 c_m (x, t) 的精确求解，但上述系列的偏微分方程难于获得数值解，为此须作简化，设定进样信号为一个瞬间脉冲的狄拉克函数，并用拉普拉斯（Laplace）变换求解上述偏微分方程，求解过程可参见文献[33]，所获结果反映线性色谱的特征，但比较复杂且不太直观。

在实际应用中，人们并不过分重视色谱流出曲线的整体函数形式，更重视色谱峰形所依赖的物理参数，如溶质的分配系数；溶质在流动相和固定相的扩散系数；载气的线速；柱中固定相的数量；柱长以及柱外效应，这些参数明显地受到实验条件的影响。因此，当描述色谱峰形流出曲线的线性偏微分方程的精确数学求解是未知时，可利用拉普拉斯变换使用统计矩来表达色谱峰的面积、保留时间、峰的宽度和不对称性。

作为时间 t 函数的单一色谱峰形流出曲线与统计矩相关的 Gram-Charlier 方程式为：

$$f(t) = \frac{1}{\sigma\sqrt{2\pi}}\exp\left[\frac{-(t-m_1)^2}{2\sigma^2}\right] \times \left[1 + \sum_{i+3}^{\infty}\frac{c_i}{i!}H_i\left(\frac{(t-m_1)}{\sigma}\right)\right]$$ (4-84)

式中，t 为时间；m_1 为阶矩（色谱峰的重心）；σ^2 为色谱峰的变度；H_i 为 Hermite 多项式；σ 为色谱峰的标准偏差；c_i 为统计矩（statistical moments）。

流出曲线的零阶中心矩为色谱峰的峰面积 A：

$$m_0 = \int_0^\infty c_m(t)\mathrm{d}t = A \tag{4-85}$$

流出曲线的一阶中心矩为色谱峰的保留时间 t_R：

$$m_1 = \frac{\int_0^\infty c_m(t)\mathrm{d}t}{m_0} = t_R \tag{4-86}$$

流出曲线的二阶中心矩为色谱峰的变度 σ^2：

$$m_2 = \frac{\int_0^\infty c_m(t)(t-m_1)^2\mathrm{d}t}{m_0} = \sigma^2 \tag{4-87}$$

σ^2 与理论塔板高度 H 相关：$H = \dfrac{\sigma^2}{L} = \dfrac{Lm_2}{m_1^2}$

由流出曲线的三阶中心矩 m_3，可求出色谱峰的偏态系数 c_s（skew coefficient）：

$$m_3 = \frac{\int_0^\infty c_m(t)(t-m_1)^3\mathrm{d}t}{m_0} \tag{4-88}$$

$$c_s = \frac{m_3}{m_2^{3/2}}$$

三阶中心矩 m_3 反映色谱峰的对称性，$m_3 = 0$，流出曲线为对称峰形；$m_3 > 0$，获拖尾峰形；$m_3 < 0$，获伸舌头峰形。

由一阶中心矩表达的保留时间：

正常条件为
$$\frac{L}{u} \gg \frac{2D}{u^2}$$

$$t_R = \frac{L}{u}(1+k) \tag{4-89}$$

由二阶中心矩表达的理论塔板高度：

对开管柱：正常条件为
$$2\frac{DL}{u^3} \gg 8\frac{D^2}{u^4}$$

$$H = \frac{2D}{u} + \frac{2}{3} \times \frac{k}{(1+k)^2} \times \frac{d_f^2}{D_s}u + \frac{k}{(1+k)^2} \times \frac{V_s}{V_m} \times \frac{1}{k_f}u \tag{4-90}$$

此式中右边第一项为分子扩散项；第二项为固定液相传质阻力，第三项为流动传质阻力其与高莱（Golay）方程表达式和吉汀斯（Giddings）方程表达式相似。

对填充柱：

$$H = 2\lambda d_p + \frac{2rD}{u} + \frac{8}{\pi^2} \times \frac{k}{(1+k)^2} \times \frac{d_f^2}{D_s}u \tag{4-91}$$

此式中右边第一项为涡流扩散,第二项为分子扩散,第三项为固定液相传质阻力,与最早提出的 Van Deemter 方程式相同。

三、非平衡理论[34~36]

非平衡理论是用来描述,因非线性分配等温线或非线性吸附等温线引起的非对称的拖尾色谱峰和伸舌头色谱峰的数学模型,它就是非线性色谱数学模型。它在制备色谱的发展过程中不断获得充实和发展。

在前述线性非理想色谱中,都认为溶质在色谱柱中固定相和流动相的浓度比值的分配系数为一常数,即 $K_P = \dfrac{c_s}{c_m}$。当向色谱柱注入高浓度的样品,或在非线性吸附等温线情况下,溶质在色谱柱固定相和流动相浓度比值的分配(或吸附)系数就不能保持常数。

在色谱柱中,含有较多溶质分子的载气谱带前沿通过仅溶有较少溶质分子的固定相区域,固定相总希望溶解更多的溶质分子,以期达到平衡。但是流动相在不断流动,携带更多的溶质通过固定相,造成溶质在谱带前沿 $c_m > c_s$;$c_s/c_m < K_P$。相反在谱带的后部,流动相的溶质浓度降低,在流动相的吹扫下,溶解在固定相中的溶质分子不断逸出以期达到平衡,但流动相中却没有更多的溶质分子溶解进入固定相中,会造成 $c_s > c_m$,$c_s/c_m > K_P$。从而造成色谱谱带的前沿比谱带后部移动得更快,且前沿溶质的浓度高,后端溶质的浓度低,从而获得谱带不对称扩展的拖尾峰。

在非平衡模型中溶质偏离平衡的程度与溶质分子在两相间质量转移的动力学过程相关。谱带中溶质,如在两相间的质量转换速度快,谱带的扩展小、峰形窄,不对称程度小;反之,溶质在两相间的质量转移速度慢,谱带的扩展大、峰形宽,不对称的程度加大。图 4-31 表示溶质在色谱中峰形扩展的情况。图 4-32 表达在非平衡状态下,溶质在流动相、固定相浓度峰形(A 和 C)与平衡状态溶质浓度峰形(B)的比较。

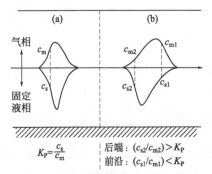

图 4-31　色谱谱带扩展示意图
(a) 线性;(b) 非线性

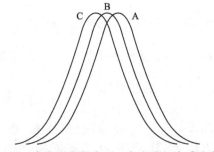

图 4-32　在非平衡状态下,在流动相溶质浓度峰形(A)、在固定相溶质浓度峰形(C)和中心溶质达真实平衡的浓度峰形(B)的比较(峰高不一定相同)

非平衡理论是涉及处理色谱柱分离过程的一种强有力的方法，它不同于微观处理的随机行走模型，而是一种宏观处理方法，它研究在色谱柱给定区间溶质的迁移（或波动），它仅考虑在一定的载气线速度下，溶质在流动相和固定相间的质量传递；它可在性质不同的独立体系（如开管柱或填充柱）进行处理。非平衡理论主要讨论与真实平衡的偏离（departure），此偏离作为色谱运行过程的驱动力，它利用溶质谱带与平衡谱带状态偏离的幅度来测定溶质谱带的扩张。

非平衡理论是 Giddings 于 1959 年提出的，它已应用到由涡流扩散、固定相和流动相的传质阻力来计算等效理论塔板高度（HETP），它可处理吸附动力学、扩散限度、多位吸附和与上述峰形扩展过程的组合。

非平衡方法的核心是一种对长时间或靠近平衡的数学处理，它不可能用于计算精确的峰形，并假设峰形为高斯峰形，可生成对一种峰变量的测定。

非平衡方法的最好表达，可借助对仅有一个活性位的慢吸附系统来分步计算板高，为了简化，忽略了滞留流动相的作用。作为慢的转换，通过流动相在颗粒内溶质慢的扩散，表明谱带的扩展过程，是假定溶质由固定相表面的一个固定活性位的吸附和解吸过程来完成的。

我们首先考虑溶质在固定相和流动相的浓度 c_s 和 c_m（为在单位柱体积内固定相和流动相的浓度），若已达到完全平衡，溶质在固定相和流动相的平衡浓度分别为 c_s^* 和 c_m^*，此时可获得实际浓度和平衡浓度偏离程度的方程式：

$$c_s = c_s^*(1 + \varepsilon_s) \tag{4-92}$$

$$c_m = c_m^*(1 + \varepsilon_m) \tag{4-93}$$

溶质在固定相和流动相与平衡浓度偏离的实际浓度分别为 ε_s 和 ε_m，二者的数量级不同但彼此相关，此二非平衡参数的关联为：

$$\varepsilon_m / \varepsilon_s = 1/k \, (k \text{ 为容量因子}) \tag{4-94}$$

溶质在两相间的质量交换速度 S_m 与非平衡参数 ε_m 相关：

$$S_m = -c_m^* \varepsilon_m (k_a + k_d) \tag{4-95}$$

式中，k_a 为吸附速度常数；k_d 为解吸速度常数。经过偏微分方程式的推导可得出：

$$\varepsilon_m = \frac{1}{k_a + k_d} \times \frac{k}{1+k} \times \frac{\partial \ln c_m^*}{\partial z} u = -\frac{k}{(1+k)^2} \times \frac{1}{k_d} \times \frac{\partial \ln c_m^*}{\partial z} u \tag{4-96}$$

此模型的一个关键近似是此非平衡系统已是不平衡，但紧靠近平衡，与平衡的偏离值均小于 0.01。

对任一质量扩散过程，都可得到一个类似于菲克扩散第一定律的板高方程式：

$$H = \frac{-2\varepsilon_m}{\partial \ln c / \partial z} \tag{4-97}$$

式中，c 为单位柱体积中所含溶质的总浓度；z 为柱长坐标；与平衡浓度的偏离项 ε_m，它包含了色谱柱中相关的信息，如载气的线速度、扩散系数等。

对上述由单一活性位的吸附和解吸实现的溶质扩散，提供的理论塔板高度，可表达为：

$$H = 2\frac{k}{(1+k)^2} \times \frac{u}{k_d} \tag{4-98}$$

此即为在固体吸附剂表面，溶质慢的解吸动力学的表达式。

对溶质在固定相传质阻力提供的板高 H_{RL} 为：

$$H_{RL} = \frac{2}{3}\frac{k}{(1+k)^2} \times \frac{d_f^2}{D_1}u \tag{4-99}$$

对溶质在流动相传质阻力提供的板高 H_{RG} 为：

$$H_{RG} = \frac{1}{4}\frac{k^2}{(1+k)^2} \times \frac{d_p^2}{D_g}u \tag{4-100}$$

非平衡理论模型比随机行走模型更强有力，它允许计算随机行走模型不能解决的更加复杂的体系。尤其在高线速下，或需考虑载体结构的几何效应情况下，非平衡理论模型可以独立地计算各种性质不同复杂体系的传质过程的塔板高度，但它对某些传质问题，数学上也是难于处理的，Giddings 的专著"Dynamics of Chromatography"中第 4 章后部给出了使用非平衡模型导出的对 c_m，c_s 和吸附项的不同表达式[29,30,33,34]。

第三节　高效液相色谱过程动力学

高效液相色谱是当代发展最快的分离技术，它使用的固定相粒子为全多孔球形粒子（TPP）、粒径 $3\sim10\mu m$。超高效液相色谱使用了 $1.7\sim2.0\mu m$ 的全多孔球形粒子。2000 年前后，快速发展了 $2.7\sim5.0\mu m$ 的表面多孔球形粒子（SPP），2015 年又制备了粒径 $1.0\sim1.8\mu m$ 的 SPP，并且应用到超高效液相色谱。20 几年来快速发展的硅胶基体和聚合物基体的整体柱（monolith），实现了对有机小分子和大分子的快速分析。

以下分别介绍高效液相色谱填充柱（TPP、SPP、整体柱）的范第姆特方程式，诺克斯方程式和其他相关的动力学方程式。

一、全多孔球形粒子填充柱的动力学方程式[37~40]

1. 范第姆特方程式

当样品以柱塞状或点状注入液相色谱柱后，在液相流动相驱动下实现各个组分的分离，并引起色谱峰形的扩展，此过程与气液色谱的分离过程相似。

在高效液相色谱分析中，溶质在色谱柱中的谱带扩展是由涡流扩散，分子扩散和传质阻力三方面的因素决定的。由于液体流动相的黏度和密度都大大高于气体流动相，而其扩散系数又远远小于气体流动相，因此由分子扩散引起的峰形扩展较小，可以忽略。此外由于使用了全多孔固定相，不仅存在固定相和流动相的传质阻力，还存在滞留在固定相孔穴中的滞留流动相的传质阻力。因此在高效液相色谱分析中，上述诸因素提供对理论塔板高度的贡献可表示为：

$$H = H_{\text{E}} + \quad H_{\text{L}} \quad + \quad H_{\text{S}} + \quad H_{\text{MM}} \quad + \quad H_{\text{SM}} \qquad (4\text{-}101)$$

$$\begin{array}{ccccc} \text{涡流} & \text{分子} & \text{固定相} & \text{流动} & \text{滞留} \\ \text{扩散} & \text{扩散} & & \text{流动相} & \text{流动相} \end{array}$$

传质阻力

影响色谱峰形扩展的各种因素如下：

（1）涡流扩散（eddy diffusion）H_{E}

当样品注入由全多孔微粒固定相填充的色谱柱后，在液体流动相驱动下，样品分子不可能沿直线运动，而是不断改变方向，形成紊乱似涡流的曲线运动。由于样品分子在不同流路中受到的阻力不同，而使其在柱中的运行速度有快有慢，从而使到达柱出口的时间不同，导致峰形的扩展，它与液体流动相的性质、线速度、样品的性质、固定相的性质无关，仅与固定相的粒度和柱填充的均匀程度有关。涡流扩散引起的色谱峰形扩展如图4-33所示，其对理论塔板高度的贡献为：

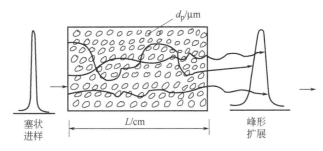

图 4-33　涡流扩散引起的峰形扩展

$$H_{\text{E}} = A = 2\lambda d_{\text{p}} \qquad (4\text{-}102)$$

式中，λ 是不均匀因子，它表达了色谱柱填充的均匀程度，当全多孔球形固定相的粒度 d_{p} 为 $40\sim3\mu\text{m}$ 时，λ 值为 $1\sim2$。

（2）分子扩散（molecular diffusion）H_{L}

样品以塞状（或点状）进样注入色谱柱后，沿色谱柱的轴向，即流动相向前移动的方向，会逐渐产生浓差扩散，也可称作纵向扩散，从而引起色谱峰形的扩展，如图4-34所示，其对理论塔板高度的贡献为：

$$H_{\text{L}} = \frac{B}{u} = \frac{2\gamma D_{\text{M}}}{u} \qquad (4\text{-}103)$$

式中，γ 为柱中填料间的弯曲因子，$\gamma \approx 0.6$；D_{M} 为溶质在液体流动相中的扩散系数，$D_{\text{M}} \approx 10^{-5}\,\text{cm}^2/\text{s}$；$u$ 为流动相的线速度。

样品在色谱柱中滞留的时间愈长，色谱谱带的分子扩散也愈严重。由于 D_{M} 的数值很小，因此 H_{L} 项对总板高的贡献也很小，在大多数情况下，可假设 $H_{\text{L}} \approx 0$，此点也是在高效液相色谱分析中，当注入样品呈现点状进

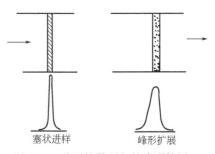

图 4-34　分子扩散引起的峰形扩展

样时，存在无限直径效应的根本原因。

（3）**固定相的传质阻力**（the resistance to mass transfer in the stationary phase）H_S

溶质分子从液体流动相转移进入固定相和从固定相移出重新进入液体流动相的过程，会引起色谱峰形的明显扩展，如图 4-35 所示。在流动相中溶质分子的迁移速度依赖于它在液液色谱的液相固定液中的溶解和扩散，或依赖于它在液固色谱的固相（吸附剂）上的吸附和解吸。液液色谱中溶解进入固定液层深处的溶质分子，其扩散离开固定液时，已落在另一些已随载液向前运行的大部分溶质分子之后。对于液固色谱，当溶质分子被吸附在吸附剂的活性作用点上时，它再从表面解吸会有较大的阻力，当它最后解吸时必然会落在已随载液向前运行的大部分溶质分子之后。在上述过程中载液的流速总是大于溶质样品谱带的平均迁移速度。当载体上涂布的固定液液膜较薄（薄壳型）、载体无吸附效应或吸附剂固相表面具有均匀的物理吸附作用时，都可减少谱带扩展。

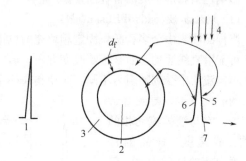

图 4-35　固定相的传质阻力引起的色谱峰形的扩展
1—进样后起始峰形；2—载体；3—固定液（液膜厚度为 d_f）；
4—液体流动相；5—溶解在固定液表面的溶质分子到达峰的前沿；6—溶解在固定液内部的溶质分子到达峰的后尾；
7—样品移出色谱柱时的峰形

固定相的传质阻力对板高的贡献，对液液色谱可表示为：

$$H_S = q\,\frac{k}{(1+k)^2} \times \frac{d_f^2}{D_L}u \tag{4-104}$$

式中，q 为构型因子（对均匀液膜或薄壳材料 $q=2/3$、对大孔固定相 $q=1/2$、对球形非多孔固定相 $q=1/30$）；d_f 为固定液液膜（或薄壳）厚度；D_L 为溶质在液相固定液中的扩散系数。

对液固色谱可表示为：

$$H_S = 2t_a\left(\frac{k}{1+k}\right)^2 u = 2t_d\,\frac{k}{(1+k)^2}u \tag{4-105}$$

式中，t_a 为样品分子在液体流动相的平均停留时间；t_d 为样品分子被吸附在固定相表面的平均停留时间。

（4）**移动流动相的传质阻力**（the resistance to mass transfer in the moving mobile phase）H_{MM}

在固定相颗粒间移动的流动相，对处于不同层流的流动相分子具有不同的流速，溶质分子在紧挨颗粒边缘的流动相层流中的移动速度要比在中心层流中的移动速度慢，因而引起峰形扩展。与此同时，也会有些溶质分子从移动快的层流向移动慢的层流扩散（径向扩散），这会使不同层流中的溶质分子的移动速度趋于一致而减少峰形扩展，如图 4-36 所示。

移动流动相的传质阻力对板高的贡献可表示为:

$$H_{MM} = \Omega \frac{d_p^2}{D_M} u \tag{4-106}$$

式中，Ω 为色谱柱的填充因子，对柱长较短、内径较粗的柱子 Ω 数值较小。

(5) *滞留流动相的传质阻力*(the resistance to mass transfer in the stagnant mobile phase)H_{SM}

柱中装填的无定形或球形全多孔固定相，其颗粒内部的孔洞充满了滞留流动相，溶质分子在滞留流动相的扩散会产生传质阻力。仅扩散到孔洞中滞留流动相表层的溶质分子，仅需移动很短的距离，就能很快地返回到颗粒间流动相的主流路，而扩散到孔洞中滞留流动相较深处的溶质分子，就会消耗更多的时间停留在孔洞中，当其返回到主流路时必然伴随谱带的扩展，如图 4-37 所示。

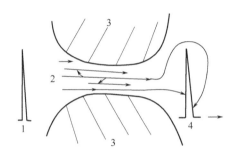
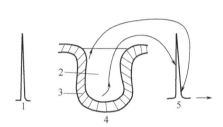

图 4-36 移动流动相的传质阻力
引起的色谱峰形的扩展
1—进样后的起始峰形；2—移动流动相
在固定相颗粒间构成的层流；3—固定
相基体；4—样品移出色谱柱时的峰形

图 4-37 滞留流动相的传质阻力
引起的色谱峰形的扩展
1—进样后的起始峰形；2—滞留流动相；
3—固定液膜；4—固定相基体；
5—样品移出色谱柱时的峰形

滞留流动相的传质阻力对板高的贡献可表示为:

$$H_{SM} = \frac{(1-\Phi+k)^2}{30(1-\Phi)(1+k)^2} \times \frac{d_p^2}{\gamma_0 D_M} u \tag{4-107}$$

式中，Φ 为孔洞中滞留流动相在总流动相中占有的百分数；γ_0 为颗粒内部孔洞的弯曲因子。

(6) *范第姆特方程式的表达及图示*

速率理论是从动力学观点出发，依据基本的实验事实研究各种色谱操作条件（液体流动相的性质及流速、固定相基体的粒径、固定液的液膜厚度、色谱柱填充的均匀程度、固定相的总孔率等）对理论塔板高度的影响，从而解释在色谱柱中色谱峰形扩展的原因，前述影响色谱峰形扩展的各种因素，可用 Van Deemter 方程式表达。

在高效液相色谱中，对液液分配色谱，范第姆特方程式的完整表达为:

$$H = 2\lambda d_p + \frac{2\gamma D_M}{u} + q\frac{k}{(1+k)^2} \times \frac{d_f^2}{D_L} u + \Omega \frac{d_p^2}{D_M} u + \frac{(1-\Phi+k)^2}{30(1-\Phi)(1+k)^2} \times \frac{d_p^2}{\gamma_0 D_M} u$$

$$\tag{4-108}$$

由上式可看出，d_p、d_f、u、λ、γ、q、Ω 值愈小，D_L、D_M 愈大时，H 值愈小，可获高柱效。

它的简化表达式为：

$$H = A + \frac{B}{u} + Cu \qquad (4\text{-}109)$$

将 H 对 u 作图，也可绘出和气相色谱相似的曲线，但与气相色谱的 H-u 曲线具有明显的不同点，见图 4-38。

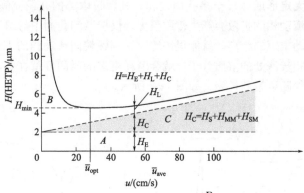

图 4-38 范第姆特方程式 $\left(H = A + \dfrac{B}{u} + Cu\right)$ 的图示

A—涡流扩散项；B—分子扩散；C—固定相和流动相的传质阻力

在高效液相色谱（HPLC）中，由于使用了全多孔微粒固定相，并且溶质在液体流动相的扩散系数很小，使其与气相色谱（GC）的范第姆特曲线具有明显的不同点，H-u 曲线的最低点，远远低于气相色谱，如图 4-39 所示。

此曲线最低点对应的最低理论塔板高度 H_{min} 和最佳线速 u_{opt} 为：

$$H_{min} = A + 2\sqrt{BC} \qquad (4\text{-}110)$$

$$u_{opt} = \sqrt{\frac{B}{C}} \qquad (4\text{-}111)$$

由图 4-39 可以看出：

① 当 $u < u_{opt}$ 时，分子扩散项 $\dfrac{B}{u}$ 对板高起主要作用，涡流扩散项 A 对板高起次要作用。即液体流动相线速越小，理论塔板高度 H 增加越快，柱效越低。

② 当 $u > u_{opt}$ 时，传质阻力项 Cu 对

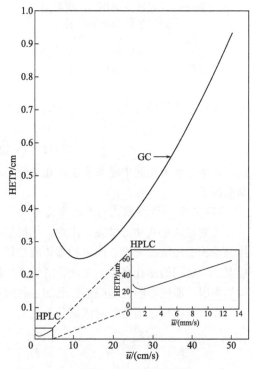

图 4-39 HPLC 和 GC 范第姆特曲线的比较

板高起主要作用，涡流扩散项 A 对板高的贡献也不可忽略。即随液体流动相线速增大，板高 H 也增大，使柱效下降，但其变化十分缓慢。

③ 当 $u = u_{opt}$ 时，分子扩散项对板高的贡献可以忽略，主要是涡流扩散项和较小的传质阻力项提供对板高的贡献。

由低的 H_{min} 值可看出，HPLC 色谱柱要比 GC 的填充柱具有更高的柱效。由低的 u_{opt} 值可看出 H-u 曲线具有平稳的斜率，表明采用高的液体流动相流速时，色谱柱效无明显的损失，这也为 HPLC 的快速分离奠定了基础。

2. 诺克斯方程式 [38, 39]

在高效液相色谱发展过程中，早期多使用 $37 \sim 55 \mu m$ 的薄壳型固定相，后又发展了 $5 \sim 10 \mu m$ 无定形或球形全多孔固定相，现又发展了 $3 \sim 5 \mu m$ 球形非多孔固定相。由于固定相粒度的差异，制备出的色谱柱性能呈现明显的不同，为了在相同条件下，比较不同粒度固定相填充的色谱柱的性能，Giddings 首先提出了描述色谱柱性能的折合参数的概念。Knox 使用折合参数提出了和范第姆特方程式相似的诺克斯方程式，进一步阐明影响色谱峰形扩展的因素，并用于比较、判断不同粒度固定相填充的色谱柱性能的优劣。

折合参数概念的提出，是为了对由不同粒度固定相填充的色谱柱的性能，用统一的参数来比较，从而抵消由于粒度不同带来的影响，并扩大折合参数的通用性。

吉汀斯提出的无量纲折合参数有折合柱长 λ，折合理论塔板高度 h，折合线速 ν 及适用于微型柱的折合柱径 ζ（直径），其定义如下：

折合柱长 $$\lambda = \frac{L}{d_p} \tag{4-112}$$

折合理论塔板高度 $$h = \frac{H}{d_p} \tag{4-113}$$

折合线速 $$\nu = \frac{u d_p}{D_M} \tag{4-114}$$

折合柱径 $$\zeta = \frac{d_c}{d_p} \tag{4-115}$$

在上述折合参数中 λ、h、ζ 是将柱长 L、理论塔板高度 H 和柱内直径 d_c，用填充固定相颗粒的平均粒度 d_p 求归一化。而 ν 则表示流动相在柱内的平均线速度 u 与流动相在颗粒内扩散线速度（D_M/d_p）的比值，即用流动相在颗粒内的扩散线速度对 u 进行归一化。

$$\nu = \frac{u d_p}{D_M} = \frac{u}{\dfrac{D_M}{d_p}} = \frac{L}{t_M} \times \frac{d_p}{D_M} = \frac{\lambda d_p^2}{t_M D_M}$$

上述四个折合参数的概念十分重要，它提供可用统一的参数来比较由不同粒度固定相所填充色谱柱的性能的方法。

诺克斯采用上述折合参数的概念，提出了和范第姆特方程式相似的诺克斯方程式，指出色谱柱的折合理论塔板高度是由涡流扩散、分子扩散和传质阻力三方面因素提供的，可表达为：

$$h = h_f + h_d + h_m \qquad (4\text{-}116)$$

涡流扩散　分子扩散　传质阻力

(1) 涡流扩散项 h_f

$$h_f = A\nu^{1/3}$$

式中，ν 为折合线速；A 为常数，反映柱填充的均匀程度，好的色谱柱的 A 值约为 0.3～1.0，差的色谱柱的 A 值约为 2～5。

(2) 分子扩散项 h_d

$$h_d = \frac{2D_{\text{eff}}(1+k)}{ud_p}$$

式中，D_{eff} 为有效扩散系数。

$$D_{\text{eff}} = \frac{\gamma D_M}{1+k'} + \frac{k\gamma_0 D_L}{1+k}$$

式中，γ 为色谱柱内颗粒间的弯曲因子；γ_0 为柱中全多孔颗粒内的弯曲因子；D_M、D_L 分别为溶质在流动相、固定相中的扩散系数。

因此

$$h_d = \frac{2\gamma D_M + 2\gamma_0 D_L k}{ud_p} = \left(2\gamma + 2\gamma_0 k \frac{D_L}{D_M}\right)\left(\frac{D_M}{ud_p}\right) = \frac{\left(2\gamma + 2\gamma_0 k \dfrac{D_L}{D_M}\right)}{\nu} = \frac{B}{\nu}$$

对每种确定的溶质，其 B 值约为 1.5～2.0，但 B 值会随 k 的变化而改变。

(3) 传质阻力项 h_m

$$h_m = q \frac{k}{(1+k)^2} \times \frac{D_M}{D_L}\nu = \frac{1}{30} \times \frac{k}{(1+k)^2} \times \frac{D_M}{D_L}\nu = C\nu$$

式中，q 是构型因子，约为 $\frac{1}{30}$；对确定的溶质，C 值约为 0.01～0.3。

诺克斯方程式的简化表达式为：

$$h = A\nu^{1/3} + \frac{B}{\nu} + C\nu \qquad (4\text{-}117)$$

式中，A、B、C 为常数，取对数后，绘制 lg$h$-lgν 曲线，如图 4-40 所示。

由图 4-40 可以看到，在低的 ν 值时，$\dfrac{B}{\nu}$ 项起主要作用；在高的 ν 值时，$C\nu$ 项起主要作用；在中间的 ν 值时，$A\nu^{1/3}$ 项起主要作用。

诺克斯方程式的重要特点在于，当用同种材料、不同粒度的固定相装填色谱柱时，通过绘制 h-ν 图，可获相似的曲线，并可在相同的基点上，比较不同粒度色谱柱的性能，对色谱柱性能的优劣做出判断（如图 4-41 所示）。

由图 4-41 可看出，曲线 1～3 其 A、B 值皆相同，随 C 值的增大，h-ν 曲线后部的斜率增大，表明其传质阻力增大。曲线 2、4、5 的 B、C 值相同，随 A 值的增加，h-ν 曲线的最低点上升，表明涡流扩散增大，柱填充的均匀性变差。

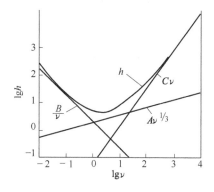

图 4-40　lg$h$-lgν 曲线
（$A=1$；$B=2$；$C=0.1$）

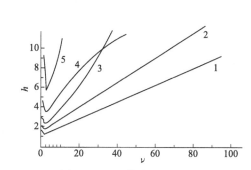

图 4-41　h-ν 曲线（$B=1.5$）
1—$A=1$，$C=0.01$；2—$A=1$，$C=0.03$；3—$A=1$，$C=0.1$；
4—$A=2$，$C=0.03$；5—$A=4$，$C=0.03$

通常可由 h-ν 曲线做出如下判断：

① $\nu=5$ 时，若 $h>3$，可推测此色谱柱的填充均匀性较差。

② $\nu=100$ 时，若 $h>10$，可推断此色谱柱具有差的质量传递特性。

3. 质量平衡方程式[38,39]

在由全多孔球形粒子填充的液相色谱柱中，需要主要考虑的现象是溶质在色谱柱中的轴向对流、对流扩散（涡流扩散）、在粒子表面和粒子内部孔洞的质量传递和在固定相表面的吸附-解吸动力学。溶质在流动相的浓度为 c_m，在固定相表面的浓度为 c_a，在固定相孔洞内滞留流动相的浓度为 c_s，它们表达了作为时间 t、柱轴向位置 z 和柱内径向位置 r 的函数，溶质浓度的连续性质量平衡方程式可表达为：

在流动相：$\dfrac{\partial c_m}{\partial t}+u\dfrac{\partial c_m}{\partial z}=D_m\dfrac{\partial^2 c_m}{\partial z^2}-\dfrac{3(1-\varepsilon)}{\varepsilon}\times\dfrac{k_m}{R}(c_m-Kc_s\mid_{r=R})$ （4-118）

在固定相粒子内：$\varepsilon_i\dfrac{\partial c_s}{\partial t}=D_s\dfrac{1}{r^2}\times\dfrac{\partial x^2}{\partial r}\times\dfrac{\partial c_s}{\partial r}-KS_r(c_s-\alpha'c_a)$ （4-119）

在固定相表面：$\dfrac{\partial c_a}{\partial t}=k(c_s-\alpha'c_a)$ （4-120）

求解上述偏微分方程式的起始条件和边界条件。

起始条件：在 $t=0$ 时，$c_m=c_0L\delta(t)$，$c_s=c_a=0$

边界条件：流动相：在 $z=0$ 时，$uc_m-D_m\dfrac{\partial c_m}{\partial z}=0$

在 $z=L$ 时，$\dfrac{\partial c_m}{\partial z}=0$

固定相：在 $r=0$ 时，$\dfrac{\partial c_s}{\partial r}=0$

$$在\ r=R\ 时，\ D_s\frac{\partial c_s}{\partial r}=k_m\ (c_m-Kc_a)$$

式中，u 为平均空隙流动相的线速度；D_m 为轴向扩散（包括涡流扩散）系数；ε 为柱死空间占柱体积的百分数；k_m 为在粒子表面流动相（外部）的质量传递系数；R 为粒子半径 $(R=\frac{d_p}{2})$；K 为体积排阻分布系数；ε_i 为粒子孔度；D_s 为粒子内有效扩散系数；k 为吸附速度常数；L 为柱长；S_r 为有效吸附的平均比表面积；α' 为吸附分配系数。

上述偏微分方程式可用拉普拉斯变换定义域求解，由统计矩可知：

一阶中心矩为保留时间 t_R，可表达为：

$$t_R=\frac{L}{u}\left[1+\frac{1-\varepsilon}{\varepsilon K}\left(\varepsilon_i+\frac{1}{\alpha}\right)\right] \tag{4-121}$$

t_R 的表达式包括三项：系数 1 表示流动相的滞留作用，ε_i 表示在粒子孔洞内的滞留，α 为吸附作用分数的贡献。

二阶中心矩为折合板高 h，可表达为：

$$h=\frac{2E_m}{\nu}+\left[\left(\frac{\nu}{30E_s}+\frac{\nu}{3KSh}\right)\times\left(\varepsilon_i+\frac{1}{\alpha}\right)^2+\frac{2}{D\alpha^2}\right]\times\frac{1-\varepsilon}{\varepsilon K}\times\left(\frac{L}{ut_R}\right)^2 \tag{4-122}$$

h 表达了轴向扩散、粒子表面质量传递、粒子内有效扩散和吸附动力学对谱带扩展的相对贡献。式中相关参数的含义为：

$\nu=\dfrac{d_p u}{D_m}$，为折合线速

$E_m=\dfrac{D_m}{D}$，为流动相的标度扩散系

数 $\left(E_m=0.67+\dfrac{0.65\nu}{1+7\nu^{1/2}}\right)$

$E_s=\dfrac{D_s}{D}$，为粒子内的标度扩散系数

$D=\dfrac{kS_r d_p}{u}$，为 Damköhler 数

$Sh=\dfrac{k_m d_p}{D}$，为 Sherwood 数（$Sh=A\nu^{1/3}$，$A\approx1$)

$\alpha=\dfrac{\alpha'}{S_v}$，为标度吸附分配系数

图 4-42 为在全多孔球形粒子填充柱中质量转移的定位和扩散机理。

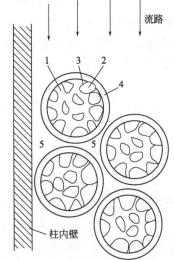

图 4-42　全多孔球形粒子填充柱的质量转移的定位和扩散机理

1—孔内扩散；2—固相扩散；3—在相边界的反应动力学；4—在相外表面的质量转移；5—流动相的混合

二、整体柱的动力学基本方程式[41,42]

在高效液相色谱分析中，整体柱是实现快速分析的有效手段，由聚合物或硅胶制

备的整体柱通常具有 $1\sim3\mu m$ 的流通孔和 $10\sim25nm$ 的中孔，溶质在整体柱中的分离过程存在三种质量转移过程：

① 溶质在流通大孔中流动与整体柱骨架固定相的质量转移。

② 溶质滞留在固定相骨架内的中孔与固定相的质量转移。

③ 溶质在固定相骨架表面产生的吸附-解吸过程的质量转移。

图 4-43 表示整体柱的一个单元结构的示意图。

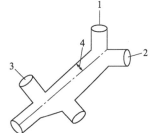

图 4-43　整体柱的单元结构
1—整体柱固定相的骨架；2—流动相的流通大孔；
3—圆柱状固定相的骨架大孔半径 R_{ss}；
4—圆柱状固定相骨架的径向半径 r

表达上述三种质量转移过程的质量平衡偏微分方程式如下：

在流通大孔：
$$D_L \frac{\partial^2 c}{\partial z^2} - u \frac{\partial c}{\partial z} - \frac{A_s}{\varepsilon} N_o = \frac{\partial c}{\partial t} \tag{4-123}$$

在骨架表面：
$$N_o = k_f (c - c_i R_{ss}) = D_e \left(\frac{\partial c_i}{\partial r}\right)_{R_{ss}} \tag{4-124}$$

在骨架内中孔：
$$D_e \left(\frac{\partial^2 c}{\partial r^2} + \frac{1}{r}\frac{\partial c_i}{\partial r}\right) - N_i = \varepsilon_p \frac{\partial c_i}{\partial t} \tag{4-125}$$

在中孔内骨架表面：$N_i = (1 - \varepsilon_p) \dfrac{\partial q}{\partial t} = (1 - \varepsilon_p) k_a \left(c_i - \dfrac{q}{K_a}\right)$ $\tag{4-126}$

上述偏微分方程式中各个参数的含义如下：

c 为在流通大孔中，样品化合物（溶质）的浓度；z 为沿色谱柱纵向的距离；t 为时间；D_L 为溶质在柱中的轴向（纵向）扩散系数；u 为流动相的瞬时线速度；A_s 为固定相骨架的表面积与柱体的比值；ε 为柱内骨架间死空间（外部孔度）；N_o 为样品由流动相到固定相骨架外表面的质量通量（mass flux）；k_f 为在柱内骨架间空间（外部）的质量扩散系数；c_i 为样品在固定相孔洞内的浓度；R_{ss} 为圆柱状固定相骨架大孔的半径；r 为圆柱形固定相中心的径向半径；D_e 为样品在固定相骨架内孔洞空间的扩散系数；N_i 为样品在中孔空间的滞留流动相到固定相表面的质量通量；ε_p 为固定相骨架内部的孔度；q 为吸附在固定相表面的样品量；k_a 为样品的吸附速率常数；K_a 为样品的吸附平衡常数。

上述偏微分方程的求解过程如下：

(1) 式(4-123)~式(4-126)进行拉普拉斯变换

下述式中 p 为拉普拉斯变换变量，$\overline{c}$、$\overline{c_i}$、$\overline{N_0}$、$\overline{N_i}$ 和 $\overline{q}$ 表示 c、c_i、N_0、N_i 和 q 的拉普拉斯变换。

$$D_L \frac{\partial^2 \overline{c}}{\partial z^2} - u \frac{\partial \overline{c}}{\partial z} - \frac{A_s}{\varepsilon} \overline{N_0} = p \overline{c} \tag{4-127}$$

$$\overline{N}_0 = k_{\rm f}(\overline{c} - \overline{c}_{i{\rm R}_{\rm ss}}) = D_{\rm e}\left(\frac{\partial \overline{c}_i}{\partial r_{{\rm R}_{\rm ss}}}\right) \tag{4-128}$$

$$D_{\rm e}\left(\frac{\partial^2 \overline{c}_i}{\partial r^2} + \frac{I\partial \overline{c}_i}{r\partial r}\right) - \overline{N}_i = \varepsilon_{\rm p}p\,\overline{c}_i \tag{4-129}$$

$$\overline{N}_i = (1 - \varepsilon_{\rm p})\rho\,\overline{q} = (1 - \varepsilon_{\rm p})k_{\rm a}\left(\overline{c}_i - \frac{\overline{q}}{K_{\rm a}}\right) \tag{4-130}$$

(2) 色谱峰的统计矩

由拉普拉斯变换求出色谱峰统计矩的解：

$$m_n = (-1)^n \lim_{p \to 0}\left(\frac{d^n \overline{c}}{{\rm d}p^n}\right) \tag{4-131}$$

零阶中心矩：
$$\mu_0 = \lim_{p \to 0}\exp[-M_{(p,}] $$

一阶中心矩：
$$\mu_1 = \frac{m_1}{m_0} = \frac{(-1)\lim\limits_{p \to 0}\left(\dfrac{{\rm d}c}{{\rm d}p}\right)}{\lim\limits_{p \to 0}[\overline{c}]} = \left(\frac{z}{\mu}\right)\lim_{p \to 0}\left[\frac{{\rm d}G_{(p)}}{{\rm d}p}\right] + \frac{T}{2} \tag{4-132}$$

二阶中心矩：
$$\mu_2 = \frac{m_2}{m_0} = \frac{\lim\limits_{p \to 0}\left(\dfrac{{\rm d}^2 \overline{c}}{{\rm d}p^2}\right)}{\lim\limits_{p \to 0}[\overline{c}]} = \frac{T^2}{3} + Tz\lim_{p \to 0}\left[\frac{{\rm d}M_{(p)}}{{\rm d}p}\right] + z^2\left[\lim_{p \to 0}\left(\frac{{\rm d}M_{(p)}}{{\rm d}p}\right)\right]^2$$
$$- z\lim_{p \to 0}\left[\frac{{\rm d}^2 M_{(p)}}{{\rm d}p^2}\right] \tag{4-133}$$

式中，$M_{(p)} = \dfrac{u}{2D_{\rm L}}\left[\sqrt{1 + \dfrac{4D_{\rm L}}{u^2}G_{(p)}} - 1\right]$

$G_{(p)} = p + \dfrac{A_{\rm s}k_{\rm f}}{\varepsilon}\left[1 + \dfrac{I_0\ (E_{(p)})}{F_{(p)}}\right]$［$I_0$ 为零级贝塞尔（Bessel）函数］

$E_{(p)} = R_{\rm ss}\sqrt{B_{(p)}}$ ；$B_{(p)} = \dfrac{A_{(p)}}{D_{\rm e}}$

$F_{(p)} = \dfrac{E_{(p)}}{B_i}I_1\ (E_{(p)})\ + I_0(E_{(p)})$，$B_i = \dfrac{k_{\rm f}R_{\rm ss}}{D_{\rm e}}$（$I_1$ 为一级贝塞尔函数）

(3) 整体柱的板高方程式

$$H = H_{\rm ax}^* + H_{\rm f}^* + H_{\rm d}^* \tag{4-134}$$

轴向扩散：
$$H_{\rm ax}^* = \frac{2Y_1 D_{\rm m}}{u} + 2Y_2 d_{\rm p}^* \tag{4-135}$$

在骨架外部的质量扩散：
$$H_{\rm f}^* = \frac{\varepsilon R_{\rm ss}^{3/2}}{1 - \varepsilon} \times \frac{\delta_0^2}{(1 + \delta_0)^2} \times \left(\frac{\pi}{2D_{\rm m}}\right)^{1/2}u^{1/2} \tag{4-136}$$

在骨架孔内扩散：
$$H_{\rm d}^* = \frac{\varepsilon R_{\rm ss}^2 \delta_0^2}{4(1 - \varepsilon)D_{\rm e}(1 + \delta_0)^2}u \tag{4-137}$$

式中，$\delta_0 = \dfrac{1 - \varepsilon}{\varepsilon}[\varepsilon_{\rm p} + (1 - \varepsilon_{\rm p})K_{\rm a}]$ \hfill (4-138)

Y_1 和 Y_2 为几何形状常数：Y_1 (r_1) $=0.7$；Y_2 (r_2) $=0.5$

整体柱的板高方程式为：

$$H = \frac{2Y_1 D_m}{u} + 2Y_2 d_p^* + \frac{\varepsilon R_{ss}^{3/2}}{1-\varepsilon} \times \frac{\delta_0^2}{(1+\delta_0)^2} \times \left(\frac{\pi}{2D_m}\right)^{1/2} u^{1/2} + \frac{\varepsilon R_{ss}^2 \delta_0^2}{4(1-\varepsilon)D_e (1+\delta_0)^2} u$$

$$(4\text{-}139)$$

三、表面多孔粒子填充柱的动力学基本方程式[43~51]

此模型应当满足以下条件：

① 在此填充固定相进行的色谱分离过程是恒温的。

② 流动相的线速度是恒定的，其压缩性可以忽略。

③ 色谱柱床是用球形和尺寸均一的表面多孔粒子填充的。

④ 柱床径向的浓度梯度是可以忽略的。

⑤ 在颗粒孔隙的滞留流动相和孔表面之间对每个组分存在局部平衡。

⑥ 溶质的扩散系数是恒定的。

⑦ 在颗粒内部的对流是可以忽略的。

1. 通用速率模型（general rate model，GRM）方程式

① 每个组分在流动相的质量平衡可表达为：

$$\varepsilon_e \frac{\partial c}{\partial t} + u \frac{\partial c}{\partial z} = \varepsilon_e D_L \frac{\partial^2 c}{\partial z^2} - (1-\varepsilon_e)k_{ext}\frac{3}{R_e}\left[c - c_p(r=R_e)\right] \qquad (4\text{-}140)$$

② 每个组分在填充材料粒子上的质量平衡，表达为：

$$\varepsilon_p \frac{\partial c_p}{\partial t} + (1-\varepsilon_p)\frac{\partial q}{\partial t} = D_{eff}\frac{1}{r^2} \times \frac{\partial}{\partial r}\left(r^2 \frac{\partial c_p}{\partial r}\right) \qquad (4\text{-}141)$$

式中，c 为溶质在流动相的浓度；c_p 为滞留在柱床孔隙流动相中溶质浓度；u 为固定相表面的流动相线速度；ε_e 和 ε_p 是柱床和粒子的孔度；D_L 为溶质的扩散系数；k_{ext} 为固定相外表面的质量扩散系数；R_e 为粒子外部孔壳的半径；D_{eff} 为溶质的有效扩散系数；t 为时间坐标；z 为轴向柱长坐标；r 为柱径向坐标；q 为吸附相浓度。

2. 求解偏微分方程的起始条件和边界条件

（1）起始条件

对 $t=0$，在 $0<z<L$（柱长）时，$c(0,z)=c^0$

在 $0<z<L$ 时，R_i（孔内径）$<r<R_e$，

$$c_p(0,r,z)=c_p^0(r,z)$$

$$q(0,r,z)=q^0(r,z)$$

（2）式(4-140)的边界条件

$t>0$，$z=0$ 时，$u_t c_t^0 - u$ (0) c $(0) = -\varepsilon_e D_L \dfrac{\partial c}{\partial t}$

$$c_t^0 = \begin{cases} c_t & \text{对 } t \in [0, \ t_p] \\ 0 & \text{对 } t > t_p \end{cases}$$

$t > 0$，$z = L$ 时，$\dfrac{\partial c}{\partial t} = 0$

（3）式（4-141）的边界条件

$t > 0$，$r = R_e$ 时， $D_{\text{eff}} \dfrac{\partial c_p(t, \ r)}{\partial r} = k_{\text{ext}} [c - c_p(t, \ r)]$

对在核-壳粒子中的固体核：$\dfrac{\partial c_p(t, \ r)}{\partial r} \bigg|_{r=R_i} = 0$

对具有一个空核的核-壳粒子：

$$D_{\text{eff}}(r > R_i) \dfrac{\partial c_p}{\partial r} \bigg|_{r=R_i^+} = D_{\text{eff}}(r < R_i) \dfrac{\partial c_p}{\partial r} \bigg|_{r=R_i^-} ; \quad \dfrac{\partial c_p}{\partial r} \bigg|_{r=0} = 0$$

3. 表面多孔粒子填充柱的 HETP 方程式

通用速率模型的偏微分方程式不能获得代数解，但可应用拉普拉斯变换求解，此种代数求解不能转换返回到原来的物理区间，但是可以通过色谱峰的统计矩求解，可精确地测定柱效和 HETP。

统计矩分析的概念依据下述理论塔板数（N）和一级绝对统计矩（μ_1）、二级中心统计矩（μ_2'）之间的关系：

$$\frac{1}{N} = \frac{\text{HETP}}{L} = \frac{\mu_2'}{\mu_1^2} \tag{4-142}$$

式中，L 为柱长；$\mu_1 = m_1/m_0$；$\mu_2' = \mu_2 - \mu_1^2$。

色谱峰的 n 次矩 m_n 可由下述表达式求出：

$$m_n = (-1)^n \lim_{p \to 0} \left\{ \frac{d^n[c(p)]}{dp^n} \right\} \tag{4-143}$$

式中，$c(p)$ 表示浓度 c 的拉普拉斯变换，并且 p 是拉普拉斯变换变量，函数 $c(p)$ 是在拉普拉斯定义域获得的通用速率模型的解。

对由表面多孔粒子填充的色谱柱，通用速率模型的下述数学变换，详见文献 [43～46]，如果假设存在一种线性吸附等温线：

$$q = ac \tag{4-144}$$

对一次绝对矩可获得下述方程式：

$$\mu_1 = \frac{T}{2} + (1 + k_1) \frac{L}{w} \tag{4-145}$$

式中，T 为进样持续时间。

$$k_1 = F^V [\varepsilon_p + (1 - \varepsilon_p)a] \left(1 - \frac{R_i^3}{R_e^3} \right) \tag{4-146}$$

并且， $$F^V = (1 - \varepsilon_e)/\varepsilon_e \tag{4-147}$$

式中，F^V 为相比。

二次中心矩如下式示：

$$\mu'_2 = \frac{T}{12} + \frac{L}{w} \times \frac{2D_L}{w^2}(1+k_1)^2 + \frac{L}{w} \times \frac{2}{F^V}k_1^2 \times \frac{R_e}{3}\left(\frac{1}{k_{ext}} + \frac{R_e}{5D_{eff}}\frac{R_e^4 + 2R_e^3R_i + 3R_e^2R_i^2 - R_eR_i^3 - 5R_i^4}{(R_e^2 + R_eR_i + R_i^2)^2}\right)$$

$$(4\text{-}148)$$

在此方程式中 $w = u/\varepsilon_e$。

最后，将式（4-142）、式（4-145）和式（4-148）相结合，并假设一种狄拉克（Dirac）瞬间进样方式，可获得下述等效理论塔板高度 HETP 方程式：

$$\text{HETP} = \frac{2D_L\varepsilon_e}{u} + 2\frac{k_1^2}{(1+k_1)^2} \times \frac{uR_e}{3\varepsilon_eF^V}\left[\frac{1}{k_{ext}} + \frac{R_e}{5D_{eff}}\left(\frac{R_e^4 + 2R_e^3R_i + 3R_e^2R_i^2 - R_eR_i^3 - 5R_i^4}{(R_e^2 + R_eR_i + R_i^2)^2}\right)\right]$$

$$(4\text{-}149)$$

式中，中括号内的项表达了总的质量转移阻力。

$$\frac{1}{k} = \frac{1}{k_{ext}} + \frac{R}{5D_{eff}} \times \frac{R_e^4 + 2R_e^3R_i + 3R_e^2R_i^2 - R_eR_i^3 - 5R_i^4}{(R_e^2 + R_eR_i + R_i^2)^2}$$

$$(4\text{-}150)$$

式（4-117）第二项表达了表面多孔内部的质量转移阻力。

在线性等温线的情况下，HETP 作为表面多孔粒子的固体核的半径和表面多孔壳半径的函数。表面多孔粒子的粒子半径保持恒定，如 $R_e = 1.35\mu m$（对 $2.7\mu m$ 核-壳粒子），壳的厚度和固体核的半径可以变化，轴向扩散，粒子外部的质量转移阻力和孔内部的质量转移阻力分别用 H_L、H_k 和 H_D 表达如下：

$$H_L = 2D_L\varepsilon_e/u \tag{4-151}$$

$$H_k = 2\frac{k_1^2}{(1+k_1)^2} \times \frac{uR_e}{3\varepsilon_eF^V} \times \frac{1}{k_{ext}} \tag{4-152}$$

$$H_D = 2\frac{k_1^2}{(1+k_1)^2} \times \frac{uR_e}{3\varepsilon_eF^V} \times \frac{R_e}{5D_{eff}} \times \frac{R_e^4 + 2R_e^3R_i + 2R_e^2R_i^3 - R_eR_i^3 - 5R_i^4}{(R_e^2 + R_eR_i + R_i^2)^2}$$

$$(4\text{-}153)$$

对生物大分子（蛋白质、多肽），对 HETP 贡献最大的是 H_D，H_k 和 H_L 的贡献可以忽略。对于小分子（如酚），对 HETP 贡献最大的是 H_L，贡献最小的是 H_k。上述结果解释了大分子比小分子的有效扩散系数 D_{eff} 要低百倍的原因。

随非多孔固体核半径的增加，表面多孔粒子孔内质量转移阻力对 HETP 的贡献 H_D 快速降低，而 H_L 和 H_k 却保持不变。因此仅当孔内质量转移阻力 H_D 对 HETP 的贡献占绝对优势时，核-壳粒子表现出比全多孔粒子更高的柱效，这已实现生物大分子的高效分离并已从理论和实验上获得完全的证实。

第四节　柱外效应[50,52~55]

在色谱分离过程中，溶质分子在色谱柱中由于涡流扩散，分子扩散和传质阻力会引起色谱峰的峰形扩展，除此之外，在色谱仪中，色谱柱需与进样器、检测器连接，进样器和检测器的死体积，以及它们之间的连接管，这些色谱柱外的各种装置也会引起色谱峰形的扩张。

柱外效应（extra-column effect）就是指由于色谱柱以外的因素引起的色谱峰形扩张的效应。柱外因素系指除色谱柱以外的所有死空间，它们会导致色谱峰形加宽、柱效下降。

一、柱外效应的来源

1. 进样器死体积

由进样器死体积 $V_{(D)}$ 引起峰形扩张的方差 $\sigma_{(D)}^2$ 可表示为：

$$\sigma_{(D)}^2 = \frac{V_{(D)}^2}{12} \tag{4-154}$$

由于 $\sigma_{(D)}^2$ 引起的峰形扩展增加 5% 时，斯柯特（R. P. W. Scott）推导出塞状进样时的进样体积 $V_{(D)}$ 的计算公式：

$$V_{(D)} = \frac{1.1 V_R}{\sqrt{n}}$$

若进样组分的 $k' = 1$，其 $V_R = 1.0 \text{mL} = 1000 \mu\text{L}$，$n = 5 \times 10^3$ 时，可计算出此时允许的最大进样体积 V_{max}：

$$V_{max} = \frac{1.1 \times 1000}{\sqrt{5 \times 10^3}} = 15.5 (\mu\text{L})$$

若保持柱效 $n = 10^4$，则 $V_{max} = 7.07 \mu\text{L}$。

最大进样体积 V_{max} 也可用下式计算：

$$V_{max} = QK\pi d_c^2 \varepsilon_T L(1+k) / \sqrt{n}$$

式中，Q 为因柱外效应允许的柱效损失，通常 $Q = 5\%$；K 为进样体系常数，对理想正态分布的色谱峰，$K = 4$；d_c 为色谱柱内径；ε_T 为色谱柱总孔度；对全多孔粒子 $\varepsilon_T = 0.8$，对表面多孔粒子 $\varepsilon_T = 0.6$；L 为色谱柱柱长，cm；k 为容量因子；n 为色谱柱理论塔板数，通常 $n = 10^4$。

对由全多孔粒子填充的 $100 \text{mm} \times 4.6 \text{mm}$ 色谱柱，$k = 1$ 的样品的最大进样体积 V_{max} 为：

$$V_{max} = 5\% \times 4 \times 3.1416 \times (0.46)^2 \times 0.8 \times 10(1+1) / \sqrt{10^4} = 21.27 (\mu\text{L})$$

对由表面多孔粒子填充的 $50 \text{mm} \times 2.1 \text{mm}$ 色谱柱，$k = 1$ 的样品的最大进样体积 V_{max} 为：

$$V_{max} = 5\% \times 4 \times 3.1416 \times (0.21)^2 \times 0.6 \times 5(1+1) / \sqrt{10^4} = 1.66 (\mu\text{L})$$

2. 毛细管连接管死体积

斯柯特推导出由毛细管连接管死体积因素引起的峰形扩展方差 $\sigma_{(T)}$

$$\sigma_{(T)}^2 = \frac{\pi r^4 lF}{384 D_M} \tag{4-155}$$

式中，r 为连接管内半径，cm；l 为连接管长度，cm；F 为流动相流量，mL/s。

当因 $\sigma_{(T)}^2$ 引起的峰形扩散小于 5% 时，

$$\sigma_{(T)}^2 = \frac{0.1 V_R^2}{n}$$

将上述两种表达 $\sigma_{(T)}^2$ 的公式结合，可推导出在上述情况下，允许的连接管的最大长度 l。

$$l = \frac{38.4 V_R^2 D_M}{\pi r^4 Fn}$$

若使用柱内径 $d_c = 4.6$mm，柱长 $L = 150$mm，填充 $d_p = 5\mu$m 全多孔固定相的色谱柱，其最佳工作状态时，折合线速 $\nu = 5$，折合板高 $h = 3$，溶质的 $D_M = 10^{-5}$ cm^2/s。可分别求出对应最佳工作状态的 u_{opt}，流动相的 F，t_M，对应 $k = 1$ 组分的 t_R、V_R 及柱效 n。

$$u_{opt} = \frac{\nu D_M}{d_p} = \frac{5 \times 10^{-5}}{5 \times 10^{-4}} = 0.1(\text{cm/s}) = 1(\text{mm/s})$$

对全多孔柱，$\varepsilon_T = 0.62$，$d_c = 4.6$mm

$$\begin{aligned} F &= \frac{1}{4} \mu \varepsilon_T \pi d_c^2 \\ &= \frac{1}{4} \times 1 \times 0.62 \times 3.14 \times 4.6^2 = 10.3(\text{mm}^3/\text{s}) \\ &= 1.03 \times 10^{-2}(\text{mL/s}) \end{aligned}$$

$$t_M = \frac{L}{u} = \frac{150}{1} = 150(\text{s})$$

$$t_R = t_M(1 + k) = 150 \times (1 + 1) = 300(\text{s})$$

$$V_R = t_R F = 300 \times 1.03 \times 10^{-2} = 3.09(\text{mL})$$

$$n = \frac{L}{H} = \frac{L}{h d_p} = \frac{150 \times 10^3}{3 \times 5} = 10^4$$

若使用 $r = 2.5 \times 10^{-2}$cm 的连接管，由上述有关数值可求出所用连接管的最大长度 l。

$$l = \frac{38.4 \times 3.09^2 \times 10^{-5}}{3.14 \times (2.5 \times 10^{-2})^4 \times (1.03 \times 10^{-2}) \times 10^4} = 29.0(\text{cm})$$

上述计算是以 u_{opt} 值为基础的，实际使用的 u 通常稍大于 u_{opt}，因此实际使用的连接管长度要低于上述计算值。

若使用相同柱内径的色谱柱，且增加柱长，则可使用比上述计算值更长的连接管。若使用相同柱长的色谱柱，但柱内径更小，如 $d_c = 2$mm，则只能使用比上述计算值更短的连接管。由此可知，当色谱柱长越短、柱内径越细，或柱内体积越小时，柱外的连接管应当越短，或采用内径更细的毛细管作连接管，以减小柱外效应。

现在色谱仪中使用的毛细连接管的内径和容积如表 4-5 所示。

表 4-5　典型毛细连接管的内径和容积

内径/in	内径/mm	容积/(μL/cm)	内径/in	内径/mm	容积/(μL/cm)
0.001	0.025	0.0055	0.007	0.17	0.249
0.002	0.05	0.022	0.008	0.20	0.354
0.003	0.075	0.050	0.010	0.25	0.507
0.004	0.10	0.088	0.012	0.30	0.730
0.005	0.12	0.127	0.020	0.50	2.026

对 4.6mm 内径柱，多使用 0.17mm（0.07in）毛细连接管；对 2.1mm 内径柱，多使用 0.12mm（0.05in）毛细连接管；在 UHPLC 中也可使用 0.075mm（0.003in）的毛细连接管。

现多用由 316 不锈钢制作的毛细管，可经受 1200～1300bar 压力。

为消除金属表面与生物化合物可能发生的相互作用，可以采用合金钢 HastelloyC 或镍 200、Inconel600 以及由金属钛制作的毛细管。

用 PEEK 涂渍的 316 不锈钢毛细管，具有良好的生物兼容性，可耐压 1200bar。

一般制作的熔融硅毛细管，具有良好的惰性，可耐压 34bar（500psi）到 690bar（1000psi），它不能用于 UHPLC。用 PEEK 涂渍、内径为 0.05mm（0.02in）的熔融硅毛细管可耐压 1723bar（25000psi），可用于 UHPLC。

3. 检测器死体积

由于检测器的死体积因素引起的峰形扩展的方差 $\sigma^2_{(D)}$ 可表示为：

$$\sigma^2_{(D)} = \frac{V^2_{(D)}}{12} \tag{4-156}$$

式中，$V_{(D)}$ 为检测池的体积。通常只要检测池体积小于色谱峰洗脱体积的 1/10（决定于组分的 k' 值），即 $V_{(D)} < 0.1V_R$，检测池死体积产生的柱外峰形扩展就不十分明显。

Martin 提出允许检测池的最大体积为[12]：

$$V_{(D)} = \frac{V_R}{\sqrt{n}}$$

当 $\sigma^2_{(D)}$ 引起的峰形扩展不超过 5% 时，将 $V_{(D)}$ 与前述 $V_{(I)}$ 比较可得出：

$$V_{(D)} = \frac{V_R}{\sqrt{n}} = \frac{V_{(D)}}{1.1}$$

若进样组分 $k=1$，$V_R = 1.0\text{mL} = 1000\mu\text{L}$，$n = 1 \times 10^4$ 时，可计算出所允许的检测池的最大体积 $V_{(D)}$。

$$V_{(D)} = \frac{1000}{\sqrt{1 \times 10^4}} = 10.0(\mu\text{L})$$

通常一般检测池池体积多为 $5\sim10\mu L$，因此由检测池死体积引起的峰形扩展并不明显。但应注意当使用小于 $5\mu m$ 的固定相，或柱长小于 50mm，或柱内径小于 2mm 时，检测池的死体积必须小于或等于 $2\mu L$，才会引起较小的柱外峰形扩展。

柱外效应（EC）引起色谱峰扩张的总方差为各个独立影响因素［进样器（I）、连接管（T）和检测器（D）的死体积］提供的方差之和：

$$\sigma^2_{(EC)} = \sigma^2_{(D)} + \sigma^2_{(T)} + \sigma^2_{(D)} \tag{4-157}$$

柱外效应存在的直观标志，可由 k 值小的组分（如 $k' < 3$）的峰形拖尾或峰宽增加呈现出来。也可通过绘制 $H-u$ 曲线看出，k 值小的组分的 $H-u$ 曲线形状与 k 值大的组分明显不同。此外，非保留峰的理论塔板高度大于保留峰时也是存在柱外效应的一个标志。通常柱外效应对 k 值较大的组分影响并不明显，但当使用微填充柱或毛细管柱或柱效愈高时，柱外效应的影响也愈显著。

二、影响柱外效应的因素

1. 溶质的容量因子

在色谱分离中，溶质的容量因子 k 愈小，受柱外效应的影响愈大；反之 k 愈大，受柱外效应的影响愈小，如表 4-6 所示。

表 4-6　当色谱柱的柱长相同，填充固定相粒度相同时，柱外效应对分离度的影响

色谱柱($L=50mm, d_p=3\mu m$)	因溶质 k 不同造成分离度的损失	
	$k=1$	$k=5$
50mm×4.6mm	2%	0%
50mm×2.1mm	30%	5%
50mm×1.0mm	80%	45%

2. 色谱柱的容积

色谱柱的容积愈大（柱内径大，柱愈长），受柱外效应的影响愈小；反之，柱容积愈小（柱内径小，柱愈短），受柱外效应的影响愈大，可参见表 4-7。

3. 填充固定相的粒度

色谱柱填充固定相的粒度愈大，受柱外效应的影响愈小；反之，填充固定相的粒度愈小，受柱外效应的影响愈大，如表 4-7 所示。

表 4-7　当色谱柱柱长相同、内径不同，填充不同粒度的固定相，柱外效应对分离度的影响

色谱柱($L=50mm$)	因固定相粒度不同造成分离度的损失		
	$d_p=5\mu m$	$d_p=3\mu m$	$d_p=2\mu m$
50mm×4.6mm	1%	2%	3%
50mm×2.1mm	20%	30%	40%

由上述可知，在超高效液相色谱中，使用亚 $2\mu m$ 固定相填料和 2.1mm 的窄孔色

谱柱时，柱外效应就成为影响高柱效的重大问题，因此如何减小柱外效应也成为实现高效色谱分离的关键。

在色谱仪生产早期，柱外效应对色谱柱分离性能的影响并未受到重视，随新型色谱柱的不断涌现，人们才逐渐认识到柱外效应对高效、快速色谱柱分离性能的重要影响，从而驱使色谱仪制造商不断研制出新型色谱仪，其柱外效应的变量 $\sigma^2_{(EC)}$ 仅为几个 μL^2，$\sigma^2_{(EC)}$ 和色谱柱总变量 σ^2_{total} 存在下述函数关系：

$$\sigma^2_{(EC)} = \sigma^2_{total} - \frac{V_M^2}{N}(1+k)^2 \tag{4-158}$$

式中，V_M 为色谱柱的死体积；N 为色谱柱的理论板数；k 为溶质的容量因子。

流动相在高流速下，会使因柱外效应产生的色谱峰形发生扩展，此时由于层流（laminar）的线速度（poiseuille flow）呈现径向分布会横跨在仪器中与连接毛细管相连的各个部分，从而会使色谱峰形产生破裂和弯曲。

在相同的色谱分析条件下，柱外效应产生的谱带扩展与被分析溶质的扩散系数成正比，小分子（如尿嘧啶或萘）溶质引起柱外效应的变量 $\sigma^2_{(EC)}$ 要小于大分子（如胰岛素）。

在 HPLC 分析中，当使用高效快速色谱柱时，为保持优化的分离能力，推荐色谱系统柱外效应的最大柱外体积（maximum extra-column volume）和检测器流通池的最大容积（maximum volume contributed by flow cell）见表 4-8。

表 4-8　为保持高效快速色谱柱的优化分离能力，推荐色谱系统的柱外体积和流通池体积

色谱柱内径 /mm	色谱柱柱长 /mm	最大柱外体积 (MECV)/μL	最大流通池体积 (MFCV)/μL
4.6	100	33	15
4.6	75	28	5
4.6	50	23	5
4.6	30	18	5
3.0	100	14	5
3.0	75	12	2
3.0	50	10	2
2.1	100	7	2
2.1	75	6	2
2.1	50	5	1
2.1	30	4	1

参 考 文 献

[1] Keulemans A I M（考勒曼）. 气体色层法. 申葆诚，译. 北京：科学出版社，1966：105-139.

[2] Wilson J N. J Am Chem Soc, 1940, 62：1583.

[3] Martin A J P, Syage R L M. Biochem J（London），1941，35：1358.

[4] Mayer S W, Tompkin E R. J Am Chem Soc, 1947, 69: 2866.

[5] Glueckauf E. Trans Faraday Soc, 1955, 51: 34.

[6] Van Deemter J J, Zuiderweg F J, Klinkenberg A. Chem Eng Sci, 1956, 5: 271-280.

[7] Giddings J C, Eyring H. J Phys Chem, 1955, 59: 416.

[8] Glueckauf E. Principles of Operation of Ion Exchange Column, paper read at the Conference on Ion Exchange. London, 5th-7th April, 1954.

[9] De Vault D. J Am Chem Soc, 1943, 65: 532.

[10] Bayle G G, Klinkenberg A. Rec Trav Chem, 1954, 73: 1037.

[11] Kinkenberg A, Sjenitzer F. Chem Eng Sci, 1956, 5: 258.

[12] 孙传经. 气相色谱分析原理与技术. 北京: 化学工业出版社, 1979: 44-96.

[13] Kaiser R E. Chromatographia, 1977, 10 (6): 323-334.

[14] 张瀚. 浙江化工, 1979, 3: 41-44.

[15] 董运宇, 吕祖芳. 分析化学, 1983, 12 (1): 4-9.

[16] 吴宁生. 分析化学, 1983, 12 (1): 14-16.

[17] Giddings J C, Robison R A. Anal Chem, 1962, 34 (8): 885.

[18] Grushka Eli, Snyder L R, Knox J H. J Chromatogr Sci, 1975, 13 (1): 25-37.

[19] Hawkes S J. J Chem Edu, 1983, 60 (5): 393-398.

[20] Dondi F, Guiochon G. Theoretical Advancement in Chromatography and Related Techniques. Dordrecht, Netherlands: Kluwer Academic Publishers, 1992: 61-92.

[21] Golay M J E. Theory of Chromatography in Open and Coated Tubular Column with Round and Rectangular Cross-Sections, Gas Chromatography (D. H. Desty, ed). Butterworths. London, 1958: 36-55.

[22] Giddings J C. Anal Chem, 1962, 34: 885.

[23] Giddings J C. J Gas Chromatogr, 1964, 2: 290.

[24] Reglero G, Herraiz M, Cabezudo M D, et al. J Chromatogr, 1985, 348: 327-338.

[25] Hawkes S J. J Chem Edu, 1983, 60 (5): 393-398.

[26] Jönsson J A. Chromatographic Theory and Basic Principles. New York: Marcel Dekker INC, 1987: 27-102.

[27] Gasper Guy. J High Resolution Chromatogr, 1992, May: 295-301.

[28] Knox J H, Saleem M. J Chromatogr Sci, 1969, 7: 614.

[29] Lewis D A, Vouros Pau, Karger B L. Chromatographia, 1982, 15 (2): 117-124.

[30] 林炳昌. 非线性色谱数学模型理论基础. 北京: 科学出版社, 1994: 47-51; 色谱模型理论导引. 北京: 科学出版社, 2004.

[31] 林炳昌, 王际达, 杨树礼. 计算物理, 1995, 12 (2): 174-177.

[32] Grushka Eli. J Phys Chem, 1972, 76 (18): 2586-2593.

[33] Morton D W, Young C L. J Chromatogr Sci, 1995, 33 (9): 514-524.

[34] Giddings J C. Dynamics of Chromatography. New York: Marcel Dekker INC, 1965.

[35] Littlewood A B. Gas Chromatography (2nd Edition). New York: Academic Press, 1970.

[36] Chen Yinliang: J Chromatogr A, 2007, 1144: 221-244.

[37] Fanali S, Hadded P R, Poole C F, et al. Liquid Chromatography Fundamentals and Instrumentation. Amsterdam, Elsevier, 2013: 19-40.

[38] Knox J H. J Chromatogr Sci, 1977, 15 (9): 352-364.

[39] Knox J H. J Chromatogr A, 2002, 960: 7-18.

［40］Lenhaff A M. J Chromatogr, 1987, 384: 285-299.

［41］Miyabe K, Guiochen G. J Phys Chem B, 2002, 106: 8898-8909.

［42］Gritti F, Guiochen G. J Chromatogr A, 2014, 1362: 49-61.

［43］Gritti F, Guiochen G. LC-GC North Am, 2012, (30): 586-595.

［44］Gritti F, Shiner S J, Guiochen G. J Chromatogr A, 2014, 1334: 30-43.

［45］Hages R, Ahmed A, Zhang H. J Chromatogr A, 2014, 1357: 36-52.

［46］Dong M W, Fekete S, Guillarme D. LC-GC North Am, 2014 (6): 420-433.

［47］Kaczmarski K, Guiochen G. Anal Chem, 2007, 79: 4648-4656.

［48］Cavazzini A, Gritti F, Guiochen G, et al. Anal Chem, 2007, 79: 5972-5979.

［49］Kiss I, Bacskay I, Felinger A, et al. Anal Bioanal Chem, 2010, 397: 1307-1314.

［50］Gritti F, Guiochen G. J Chromatogr A, 2012, 1221: 2-40.

［51］Miyabe K. J Chromatogr A, 2014, 1356: 171-179.

［52］Gomis D B, Nuncz N S, Garcia E A, et al. J Liq Chromatogr & Rel Tech, 2006, 29: 1861-1875.

［53］Dolan J. LC-GC Europe, 2010 (2): 72, 74, 75.

［54］Majors R F. LC-GC North Am, 2014, 32 (11): 840-853.

［55］Taylor T. The Column (LC-GC), 2016, 4 (12).

第五章 色谱分离选择性的优化方法

在色谱分析中，分离度、分析速度和柱容量三者之间的关系，呈现如图 5-1 所示的幻想三角形[1]，即其中任一因素都要受到另外两个因素的制约，因此至今也未曾找到高分离度、高柱容量和快速分析三者同时存在的色谱分析系统。在任何情况下，色谱分析都只能沿三角形中的一个边，去实现最佳参数的选择，即越要在一个方向上实现最佳化，则在另外两个参数上的损失也越大。

在色谱分析中，实现分离选择性的优化是指在选定的色谱柱上（即柱容量恒定条件下）来实现：

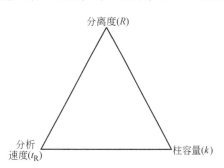

图 5-1 色谱分析中的幻想三角形

① 在保证一定分离度的条件下，实现分析速度的最优化。

② 在保证一定分析时间的条件下，实现难分离物质对分离度的最优化。

第一节 色谱分析中各种色谱参数的相关性

一、色谱参数的分类[2,3]

① 描述色谱柱的物理参数 色谱柱的柱长 L、柱内径 d_c、柱总孔率 ε_T 和柱渗透率 K_F。

② 描述固定相的参数 不同类型固定相的特性 S_p、固定相的粒度 d_p 和固定液的液膜厚度 d_f。

③ 描述流动相的参数 流动相的黏度 η 和流动相的扩散系数 D_M、流动相在色谱柱中的平均线速 u、流动相中强洗脱溶剂的浓度 c_B、流动相中改性剂的浓度 c_m。

④ 描述色谱分离过程的热力学参数 色谱柱压力降 Δp 和柱温 T_c。

⑤描述色谱柱分离性能的参数 色谱柱的理论塔板数 n、相邻组分的分离因子 α 和分离度 R。

⑥ 描述溶质保留性能的参数 溶质的容量因子 k 和溶质的保留时间 t_R。

二、色谱参数的相关性

上述的色谱参数存在着相关性，表示色谱柱填充性能的三个参数 ε_T、Δp、K_F 与表达色谱柱操作参数的 d_p、Δp、L 及表示色谱分离条件构成幻想三角形的三个参数 R、t_R、k，它们都是相互关联的。

在上述参数中还存在相互制约的因果关系，如溶质的容量因子 k 是由固定相的总体特性、流动相的总体特性和柱温 T_c 决定的；另如流动相的总体特性受柱温 T_c 影响，也直接影响溶质的容量因子 k、相邻溶质的分离因子 α、色谱柱的柱效 n 和柱压力降 Δp。

上述各种可供优化考虑的色谱参数的相互关联和相互制约可用图 5-2 表示[4~6]。

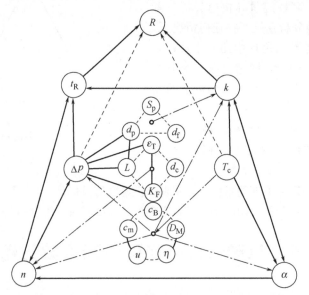

图 5-2　可供优化考虑的色谱参数的相互关系图

柱物理参数四边形：由 L（柱长）、d_c（柱内径）、ε_T（柱总孔率）、K_F（柱渗透率）构成，中心点表示柱总体特性

固定相参数三角形：由 S_p（固定相特性）、d_p（固定相粒度）、d_f（固定液液膜厚度）构成，中心点表示固定相总体特性

流动相参数圆形：由 c_B（强洗脱剂浓度）、c_m（改性剂浓度）、u（平均线速）、η（黏度）、D_M（扩散系数）构成，中心点表示流动相总体特性

色谱分离参数三角形：由 R（分离度）、t_R（保留时间）、k（容量因子）、Δp（柱压力降）、T_c（柱温）、n（理论塔板数）、α（分离因子）构成

图 5-2 中的各个参数既各自独立又相互关联，因而构成一幅复杂的色谱参数优化关系图。

对气相色谱分离选择性的优化，最主要的是气固色谱和气液色谱固定相的选择，尤其对气液色谱，正确选择极性或非极性固定液是进行选择性优化的主要因素。此外，色谱柱填充固定相的粒度、载体涂渍固定液的百分数、柱温的选择、载气流速的选择也是实现气相色谱分离选择性优化的重要因素。

在高效液相色谱分离中，由于使用的固定相种类较少，进行选择性优化的主要方法是优化流动相的组成，或添加适当的改性剂，或选用粒度更小的固定相，以获得样品中各组分的最佳分离度和最短的分析时间。

色谱分离选择性的优化不可能依赖实践经验推测或采用文献检索的方法来解决，必须在色谱基本理论指导下，采用实验设计方法，通过有限次数的实验数据，来获取色谱分离的最佳结果。

第二节　色谱分离选择性优化的实践步骤

一、选择性优化指标的确立

色谱分离选择性优化是通过实验设计来完成的，在进行实验设计时，首先应了解以下几个基本概念：

1. 变量和因素

在色谱分离实验中，凡是可以改变的色谱参数，如温度（T）、压力（p）等，都可称作变量（variables），而能够影响实验结果的变量可称作因素（factors），因素的取值的数目，称作水平数，不同的因素有不同的取值范围，如取值范围在$-1\sim+1$之间进行的实验，可称作二水平实验。

2. 优化指标

在实验设计中，评价实验效果优劣的变量函数，如分离度（R）、保留时间（t_R）等，可称作优化指标（或实验指标），它们可定量地描述实验结果的质量。

在确定了色谱的分离模式及采用的色谱柱系统之后，才能进行分离选择性的优化。此时需要有一个判断分离条件优劣的优化指标，优化指标选择的合理与否，直接关系优化结果的成败。当优化组成复杂样品的分离条件时，首先应确定样品中存在的"最难分离的物质对"，通常当最难分离物质对实现完全分离时，其他组分的分离必然不成问题。

智能优化是一个过程，通常一次分析操作不能确定分离条件的最优化，需进行多次分析，在每次分析后依据优化指标去变换分离操作参数的数值或优化方向，通过不断修正，达到在尽可能少的操作次数下，实现分离条件的最优化。显然智能优化过程应当借助计算机来完成。现在不少文献中已提供实现智能优化的计算机运行程序，可帮助色谱工作者在较短的时间内以尽可能高的效率去完成色谱分析分离条件的最优化。

二、选择性优化途径的确立

在实验设计中，进行选择性优化的途径有以下几种：

1. 并行（simultaneous）优化法

当样品组成已知时，可使用并行优化法，通过预先设计的实验参数，如分离度、分析时间、峰个数等，获得各参数在人们感兴趣的实验条件下的数据，并由计算机识别优化指标，最终获得最佳分离条件。

本法由实验设计的相关因素及水平直接计算，可用于多因素（即多个变量）、多水平的优化。

2. 顺序（sequential）优化法

当样品组成未知时，可采用顺序优化法，即通过有限次数的实验，将实验结果与设定的优化指标进行比较，逐步进行修正，探求最佳分离条件的实现。在此法的优化区间通常只有一个极值，若有两个以上的极值，则只能获得局部优化。

3. 串行（string）优化法

在实际使用中并行优化法和顺序优化法还可以相互结合，实现串行优化[7,8]。

三、选择性优化中使用的实验设计方法

在选择性优化中，主要使用以下几种实验设计方法：

① 因子（析因）设计（factorial design，FD）和响应面设计（response surface design，RSD）；

② 单纯形法（simplex approach）；

③ 窗图法（window diagram）；

④ 混合物设计实验（mixture design experiment，MDE）；

⑤ 重叠分离度图法（overlapping resolution maps，ORM）。

第三节　色谱分离选择性优化标准的选择

一、色谱分离选择性的优化指标

色谱的优化指标是评价色谱分离效果的质量标准。

当对含有多个组分的样品进行分析时，为评价色谱图分离情况的优劣，需要选择一个优化标准。在实际使用时常采用两种标准：一种是对谱图中难分离物质对的峰对分离优化标准，另一种是评价整体色谱图的分离优化标准。

1. 难分离物质对的峰对分离优化标准

（1）色谱峰分离函数 P

凯塞尔（R. Kaiser）定义峰分离函数（又称峰谷比）P 为：

$$P = \frac{f}{g}$$

如图 5-3（a）所示[9]；当 $f < g$ 时，$P < 1$；当 $f = g$ 时，P 有最大值，为 1。此时

两相邻峰完全分离。

克里斯托弗（A. B. Christophe）提出另一种峰分离函数（又称峰谷对峰高比）P_v 为[10]：

$$P_v = 1 - \frac{v}{h}$$

$$P_{v,1} = 1 - \frac{v}{h_1}, \quad P_{v,2} = 1 - \frac{v}{h_2}$$

如图 5-3（b）所示。

当 $v \ll h_2$，$v \ll h_1$ 时，$P_v \approx 1$，此时两相邻峰完全分离。

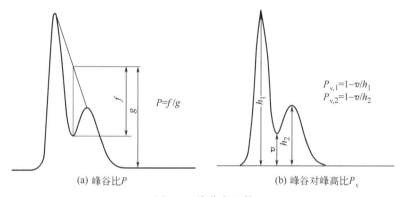

(a) 峰谷比 P (b) 峰谷对峰高比 P_v

图 5-3　峰分离函数

分离函数 P 与 $P_{v,1}$ 和 $P_{v,2}$ 有下述的相关性：

$$P = \frac{f}{g} = 1 - \frac{2v}{h_1 + h_2}$$

（2）色谱峰的分离度 R

相邻色谱峰分离度 R 的定义为：

$$R = \frac{2(t'_{R_2} - t'_{R_1})}{W_{b_1} + W_{b_2}} = \frac{k_2 - k_1}{k_1 + k_2 + 2} \times \frac{\sqrt{n}}{2}$$

（3）色谱峰的分离因数 S

Ober 首先提出分离因数 S 的概念，定义为[11]：

$$S = \frac{k_2 - k_1}{k_1 + k_2 + 2}$$

分离因数 S 也表达了两个相邻峰的分离情况。

2. 整体色谱图的优化标准

当样品中含有多个组分时，不仅要考虑难分离物质对的分离情况，还应兼顾整体色谱图的分离情况，Drouen 等提出描述色谱图总体分离度（或分离因子）乘积归一化的优化标准 r 和考虑到死时间 t_M 校正的优化标准 r^*[12]：

$$r = \prod_{i=1}^{n-1} \frac{R_{i,\,i+1}}{\overline{R}} = \prod_{i=1}^{n-1} \frac{S_{i,\,i+1}}{\overline{S}}$$

其中
$$\overline{R} = \frac{1}{n-1}\sum_{i=1}^{n-1}(R_{i,\,i+1}); \quad \overline{S} = \frac{1}{n-1}\sum_{i=1}^{n-1}(S_{i,\,i+1})$$

$$r^* = \prod_{i=0}^{n-1} \frac{R_{i,\,i+1}}{\overline{\overline{R}}} = \prod_{i=0}^{n-1} \frac{S_{i,\,i+1}}{\overline{\overline{S}}}$$

其中
$$\overline{\overline{R}} = \frac{1}{n}\prod_{i=0}^{n-1}(R_{i,\,i+1}); \quad \overline{\overline{S}} = \frac{1}{n}\prod_{i=0}^{n-1}(S_{i,\,i+1})$$

为了说明优化标准的应用，图 5-4 表示，当柱效 $n = 10^4$ 时，容量因子 k 分别为 1、1.1、5 的三个组分，在（a）、（b）、（c）三种不同分离条件下的色谱图。三个组分分离的优劣，可用峰对优化标准 S、R、P 数值及整体谱图优化标准 r、r^* 数值来表示，如表 5-1 所示。

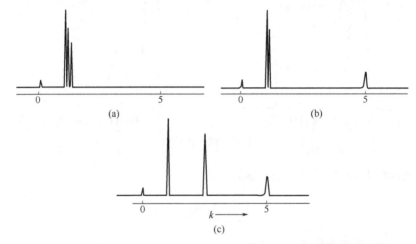

图 5-4　当柱效 $n = 10^4$ 时，容量因子 k 分别为 1、1.1、5 的三个组分，
在（a）、（b）、（c）三种不同分离条件下的色谱图

表 5-1　图 5-4 中组分的容量因子及优化标准数据

谱图编号	色谱峰编号	k	S	R	P	计算值
(a)	1	1				
			0.0244	1.22	0.898	
	2	1.1				
			0.0345	1.72	0.995	
	3	1.25				$r = 0.97$
	Σ		0.059	2.9	1.893	$r^* = 0.13$
	Π		8.4×10^{-4}	2.1	0.893	$R_{\min}$[①] $= 1.2$

续表

谱图编号	色谱峰编号	k	S	R	P	计算值
	1	1				
			0.0244	1.22	0.898	
	2	1.1				
(b)			0.481	24.1	1	
	3	5				$r = 0.18$
		Σ	0.51	25.3	1.898	$r^* = 0.18$
		Π	1.2×10^{-2}	29.4	0.898	$R_{min} = 1.2$
	1	1				
			0.273	13.6	1	
	2	2.5				
(c)			0.263	13.2	1	
	3	5				$r = 1.00$
		Σ	0.54	26.8	2	$r^* = 0.98$
		Π	7.2×10^{-2}	180	1	$R_{min} = 13.2$

① R_{min}—谱图中的最低分离度。

二、色谱响应函数和色谱优化函数

1. 最常用的色谱响应函数和色谱优化函数

当确定了色谱分离的优化标准之后，还需利用优化标准去构成能随色谱分析操作条件变化的目标函数，并确定评价目标函数的质量标准，最后用不同操作条件下获得的目标函数值来作为评价色谱分离条件优劣的依据。

从 20 世纪 70 年代开始，不少色谱工作者先后提出多种并行优化色谱分离条件的目标函数——色谱响应函数（chromatographic response function，CRF）、色谱优化函数（chromatographic optimization function，COF），现简介如下：

（1）Morgan 和 Deming 提出的色谱响应函数

它定义为[13]：

$$CRF = \sum_{i=1}^{n-1} \ln P$$

CRF 为样品中 n 个组分所对应 $n-1$ 个相邻色谱对的峰分离函数 P 的自然对数的加和，并以 CRF 数值去判断色谱峰的分离情况。

由前述已知，对分离函数 P：

当 $f < g$ 时，$P < 1$，则 $\ln P < 0$

当 $f = g$ 时，$P = 1$，则 $\ln P = 0$

因此对含多组分样品的分离，只有当所有的组分峰都实现完全分离时，CRF 才能达到最佳值，即 CRF=0。只要谱图中有一对色谱峰不能完全分离，CRF 值就小于零。

因此 CRF＝0，可作为评价目标函数的质量标准。使用此法时，CRF 数值仅与谱图中色谱峰的实际位置有关。此法不仅适用于 HPLC，也适用于 GC。

（2）Watson 和 Carr 提出的色谱响应函数

它定义为[14]：

$$\text{CRF} = \sum_{i=1}^{n-1} \ln \frac{P_i}{P_0} + a(t_m - t_n)$$

式中，n 为相邻峰对的数目；P_0 为期望的峰分离函数；P_i 为第 i 对峰实测的峰分离函数；a 为适用的权重因子，可为任意的常数；t_m 为设定的最大允许分析时间；t_n 为最后一个峰的保留时间。

此函数的约束条件是，若 $P_i > P_0$ 就设定 $P_i = P_0$；若 $t_m > t_n$ 就设定 $t_m = t_n$。这些约束条件会忽略分离函数大于 P_0 峰对时，对整体色谱图的影响。

此色谱响应函数综合考虑了分离函数和分析时间对优化的影响，但对最大允许分析时间 t_m 的设定及分析时间对优化影响的权重因子 a 的设定都具有相当大的主观因素，因而此 CRF 值会明显随人的主观要求而改变。

（3）Glajch 和 Kirkland 提出的色谱优化函数

它定义为[15]：

$$\text{COF} = \sum_{i=1}^{n-1} A_i \ln \frac{R_i}{R_{id}} + a(t_m - t_n)$$

式中，R_i 为第 i 峰对的分离度；R_{id} 为对第 i 峰对希望达到的分离度；A_i、a 分别为分离度项和分析时间项的权重因子；t_m、t_n 含义同前。

当实现优化分离条件时，COF 值趋向于零，若谱图分离结果很差，COF 呈现大的负值。

在 COF 中用分离度 R 取代了测量较繁的分离函数 P，增加的权重因子 A_i 可以调整不同峰对分离度在优化过程中所占的比重。

（4）Berridge 提出的色谱响应函数

由于考虑了色谱峰数对分离条件优化的影响，Berridge 提出的色谱响应函数定义为[16]：

$$\text{CRF} = \sum_{i=1}^{n-1} R_i + n^x + a(t_m - t_n) - b(T_0 - T_1)$$

式中，n 为可检测组分峰总数；$n-1$ 为峰对数；T_0 为第一个色谱峰的最小允许保留时间；T_1 为第一个色谱峰的实际保留时间；t_m、t_n、R_i 含义同前；a、b、x 为各个因素的权重因子，其值依据需要而定。

在对已知样品进行并行优化时，常使用色谱响应（或优化）函数 CRF(COF) 作为响应值的标准，由于此法把峰数、分离度、分析时间等因素并行起来考虑，所选用的不同 CRF 函数大多不能有效地反映分离效果，很难找到真正的最佳色谱分离条件。

以上介绍的几种 CRF 或 COF 在实际使用中存在的不足之处在于，优化目标函数提供的数值不能真实地反映色谱分离的总体质量，有时相同的 CRF 值对应的却是分离情况相差甚远的两张谱图，如图 5-5 所示，（a）的分离度高于（b）。

造成上述结果的原因在于:

① 在 CRF（或 COF）中用分离度（或分离函数）的加和来表示色谱分离的总体优化是不太合理的。因为一对分离很差的色谱峰，在色谱图中造成的实际影响，不能依靠其他峰对的良好分离度的数值来进行弥补。因此在色谱分离条件的优化中必须考虑优先解决难分离物质对的分离问题。

② 在 CRF（或 COF）函数中，把应当串行考虑的不同因素（分离度、分析时间和峰数）用并行的方法进行优化，由于这些因素的不等价性，即使加上权重因子，也不能真实反映各种不同因素对色谱图总体分离影响的差异性。

③ 对未知组成的样品，在 CRF 中增加可检测峰数项，可获得更多的信息，利于优化的进行，但由于对各组分性质不了解，难于确定最长分析时间，从而使 t_m 的设定具有主观任意性，因此设定的 t_m 数值将直接影响优化操作条件的预测。

④ CRF 值无法解决由于色谱峰交错而导致响应函数表面上的局部优化问题。

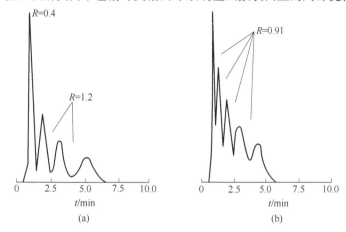

图 5-5　CRF 值相同，R 值不同时的分离谱图

2. 对色谱响应函数的评价

(1) Klein 的评述[17]

2000 年 Klein 等评述了在 HPLC 分析中使用的 14 种色谱响应函数，见表 5-2。这些 CRF 函数的构成和选用依赖于色谱分离的总体目的。

表 5-2　Klein 评述的 HPLC 应用的色谱响应函数

编号	色谱响应函数（CRF）	参考文献（为文献[17]中的）
1	$k'_i = \dfrac{t_i - t_o}{t_o}$	[5,6]
2	$N_i = 16\left(\dfrac{t_i}{W_i}\right)^2$	[5～7]
3	$R_{i,j} = 2\left(\dfrac{t_j - t_i}{W_i + W_j}\right)$	[8～14]
4	$R_p = \prod\limits_{i=1}^{np} R_{i,i+1}$	[15]

续表

编号	色谱响应函数（CRF）	参考文献（为文献[17]中的）
5	$R_s = \sum_{i=1}^{np} R_{i,i+1}$	[15]
6	$CRF = \sum_{i=1}^{np} \ln \frac{f_i}{g_i}$	[16]
7	$D_1 = 1 + \dfrac{CRF}{1.2}$ $D_2 = \begin{cases} 1 & t \leq t_{max} \\ 1+(t_{max}-t_N) & t > t_{max} \end{cases}$ $D = \sqrt{D_1 D_2}$	[16]
8	$CRF = \prod_{i=1}^{np} \dfrac{f_i}{g_i + 2n}$	[17]
9	$F_{obj} = \sum_{i=1}^{np} \ln(1+d_i)$ $d_i = \dfrac{h_{p,i} - h_{v,i}}{h_{v,i}}$	[18]
10	$F = \sum_{k=1}^{np} I_k + \dfrac{c_{max}-c}{c_{max}}$	[19]
11	$CRS = \left[\sum_{i=1}^{np} \left(\dfrac{R_{i,i+1}-R_{opt}}{R_{i,i+1}-R_{min}} \right)^2 \times \dfrac{1}{R_{i,i+1}} + \sum_{i=1}^{np} \dfrac{R_{i,i+1}^2}{npR_{avg}^2} \right] \dfrac{t_f}{N}$	[20]
12	$CEF = \left[\sum_{i=1}^{np} \left(1 - e^{\delta_1(R_{opt}-R_{i,i+1})} \right)^2 + 1 \right] \left(1 + \dfrac{t_N}{t_{max}} \right)$	[21]
13	$CRF = \sum_{i=1}^{np} R_{i,i+1} + \delta_1 N + \delta_2(t_{max}-t_N) - \delta_3(t_{min}-t_1)$	[22]
14	$COF = \sum_{i=1}^{np} \ln \dfrac{f_i}{g_i} - \delta_1(M-N) + \delta_2(t_{max}-t_N) + \sum_{i=1}^{N} K_i$	[23]

在 HPLC 方法发展中使用容量因子 k_i 和理论塔板数 N_i 作为优化标准，它们依据色谱的基础理论，描述了每个溶质在色谱系统被分离的情况。

容量因子仅考虑不同溶质的保留时间，未涉及色谱峰的宽窄，优化中不希望出现宽峰或超载峰，因而，仅使用容量因子，不能提供对色谱系统参数进行优化的全部信息。

对给定溶质，理论塔板数是测量柱效的依据，优化时分离难分离物质对时，色谱柱应具有最低的理论塔板数。N_i 是分离出单一峰对色谱系统分离能力的测量，它并未给出在其周围其他峰的信息，当用 N_i 作为优化标准时，经常会导致多组分体系存在未能分离开的重合峰，因而不鼓励用 N_i 作为优化标准。

最广泛使用的优化标准函数是峰对之间的分离度 R，然而分离度并未包括在分析中最希望考虑的两个因素，即被洗脱峰的数目和分离需要的总时间。

在分离的优化标准中包括被洗脱峰的数目是十分重要的，如同考虑共同洗脱峰一样（未被分离的溶质），并希望总的分析时间最少，以降低优化的成本。

除分离度外，分离度函数或许是最通用的经验标准函数。它作为优化标准可有几种不同的方式。

如对被洗脱的峰对，预先设定一个可被接受的分离度阈值，然后在优化方案操作条件中，弃去在色谱图中任何峰对低于阈值的分离度，就可获得最佳的分离结果。

也可对一个给定的目标峰与其最邻近组分峰之间的分离度的最大化，以实现对目标峰的最佳分离。还可对最难分离峰对实现分离度的最大化作为优化目标。

应当注意，分离度函数自身仅考虑相邻近峰中一个给定峰对的分离，如果希望所有相邻的峰对都实现基线分离，此时就需建立一个总的分离度函数。此时可将每一个峰对的分离度进行组合，即将各个分离度的加和或乘积作为总分离度的优化目标。

当用分离度乘积（$\prod R_{i,\ i+1}$）作优化指标时，其不足之处是会丧失单个峰的信息，并使其洗脱峰的分离度过高，也会使谱图边缘的被分离峰对的分离度小于 1.0。

当用分离度加和（$\sum R_{i,\ i+1}$）作优化指标时，其不足之处是在大多数分析应用中，部分重叠峰的分离度和完全重叠峰的分离度的加和是不一致的，并会发生矛盾。

表 5-2 中的式（7），列出的 D 为希望度函数（desirability function），当 D 达到最大化时，其色谱响应函数（CRF）为最大值，而总分析时间却为最小值。

在优化函数中，可引入下述变量，如基线噪声 n、总峰洗脱时间、洗脱的峰数、峰对分离程度、峰形以及色谱指数函数等，以使应用的 CRS 获得最佳的分离结果。

在上述讨论的响应标准中最经常使用的标准函数是色谱响应函数。选择标准函数应认真，仔细，并依据所处理分离问题的目的。

在通常的气相和液相色谱分离中容量因子 k 和理论板数 n 都可作为优化分离的标准。如果分离目的是纯化一个关键产品，就可选择实现分离的最低分离度作为优化标准。如果希望分离组成复杂的样品，其组成是未知的，此时除考虑分离度外，实现各组分达到基线分离需要的分析时间也是一个关键因素，此时可将不同的标准函数进行偶合组成一个新的总优化函数。

（2）Desmet 的评述[18]

2014 年 Desmet 等对文献中已出现的 50 余种色谱响应函数（见表 5-3）进行了系统的比较研究，他们使用高效液相色谱法（梯度洗脱），以聚硅氧烷样品，检验了各种色谱响应函数的优劣，通过各种色谱响应函数描述符去指导搜索色谱的优化分离，并由实验结果获得以下有益的结论：

① 当选择难分离物质对的优化标准，来表征色谱峰的不对称性时，采用 Kaiser 或 Christophe 提出的峰分离函数 P 或 P_v，比使用 Snyder 提出的分离度 R 要更好。

② 当评估 CRFs 的优劣时，使用最低需求理论塔板数的 CRFs 比使用最低需求保留时间的 CRFs 要更好，因为依据最低需求理论塔数优化的 CRFs，仅需使用一种对色谱峰分离度的测量，而依据所需最低保留时间优化的 CRFs，除需对色谱峰的分离度进行测量外，还需对分析时间的优化进行测量，因此实现 CRFs 的优化会更难一些，此外在实践中，使用保留时间进行优化的 CRFs，其优化的效果是比较差的。

③ 已经发现最好的 CRFs 的性能都强烈地依赖色谱柱的分离效率，即依赖于色谱柱的理论塔板数 n。

最好的 CRFs 位于 B 类，其构成类型为：CRF$=n_{obs}+$NIP

式中，n_{obs} 为观测的色谱峰的数目；NIP（non-integer part）为归一化的非整数部分，其在 0~1 之间变化。

表 5-3 Desmet 评述的色谱响应函数（CRF）

类别 I-A 响应函数	文献	类别 II-A 响应函数	文献
$\mathrm{CRF}_1=\sum\limits_{n_{\mathrm{obs}^{-1}}}R^*_{s,i}$	[11]	$\mathrm{CRF}_{11}=n_{\mathrm{obs}}^x+\sum\limits_{n_{\mathrm{obs}^{-1}}}R^*_{s,i}-a\,|\,t_{\max}-t_{R,\mathrm{last}}\,|+b(t_{\min}-t_{R,\mathrm{first}})$	[11]
$\mathrm{CRF}_2=n_{\mathrm{obs}}^x+\sum\limits_{n_{\mathrm{obs}^{-1}}}R^*_{s,i}$	[11]	$\mathrm{CRF}_{12}=\sum\limits_{n_{\mathrm{obs}^{-1}}}R^*_{s,i}\,\mathrm{Pen}$	[16]
$\mathrm{CRF}_3=\sum\limits_{n_{\mathrm{obs}^{-1}}}\lg\dfrac{f_i}{g_i}\text{ 或 }\sum\limits_{n_{\mathrm{obs}^{-1}}}\ln\dfrac{f_i}{g_i}$	[10,13]	$\mathrm{CRF}_{13}=\sum\limits_{n_{\mathrm{obs}^{-1}}}\ln\dfrac{f_i}{g_i}-\alpha t_{\mathrm{last}}$	[13]
$\mathrm{CRF}_4=\prod\limits_{n_{\mathrm{obs}^{-1}}}\dfrac{(R_{s,i}/R_{s,\mathrm{req}})^n}{1+(R_{s,i}/R_{s,\mathrm{req}})^n}$	[14]	$\mathrm{CRF}_{14}=\sum\limits_{n_{\mathrm{obs}^{-1}}}\ln\dfrac{f_i}{g_i}+\alpha(t_{\max}-t_{\mathrm{last}}),\ \alpha=0.01$	[13]
$\mathrm{CRF}_5=\prod\limits_{n_{\mathrm{obs}^{-1}}}\dfrac{f_i}{g_i}$	[15]	$\mathrm{CRF}_{15}=\lg\dfrac{f_{i,\min}}{g_{i,\min}}+(t_{\max}-t_{\mathrm{last}})$	[13]
$\mathrm{CRF}_6=n_{\mathrm{obs}}+R_{s,\mathrm{crit}}/R_{s,\mathrm{req}}$		$\mathrm{CRF}_{16}=\left\{\sum\limits_{n_{\mathrm{obs}^{-1}}}\left[1-e^{a(R_{s,\mathrm{opt}}-R_{s,i})}{}^2+1\right]\right\}\times\left(1+\dfrac{t_{R,\mathrm{last}}}{t_{\max}}\right)$	[17]
		$\mathrm{CRF}_{17}=\left[a\left(1-\dfrac{\sum\limits_{n_{\mathrm{obs}^{-1}}}f_i/g_i}{n_{\mathrm{obs}}}\right)+1\right]\times\left[1+\left(\dfrac{t_{R,\mathrm{last}}}{t_{R,\mathrm{opt}}}\right)\right]^b$	[18]
		$\mathrm{CRF}_{18}=\sum\limits_{n_{\mathrm{obs}}}a\ln\dfrac{R_{s,i}}{R_{s,\mathrm{req}}}+b(t_{\max}-t_{R,\mathrm{last}})$	[19]
		$\mathrm{CRF}_{19}=\dfrac{t_{R,n}}{t_{R,\mathrm{opt}}}+\sum\limits_{n_{\mathrm{obs}}}e^{-R_{s,i}/R_{s,\mathrm{req}}}$	[20]
		$\mathrm{CRF}_{20}=\left\{\sum\limits_{n_{\mathrm{obs}^{-1}}}\left[\dfrac{(R_{s,i}-R_{s,\mathrm{req}})^2}{R_{s,i}(R_{s,i}-R_{s,\mathrm{crit}})^2}+\dfrac{R_{s,i}{}^2}{(n_{\mathrm{obs}}-1)R_{s,\mathrm{av}}{}^2}\right]\right\}\times\dfrac{t_{R,\mathrm{last}}}{n_{\mathrm{obs}}}$	[21]
		$\mathrm{CRF}_{21}=\dfrac{1}{t_{R,\mathrm{last}}}\prod\limits_{n_{\mathrm{obs}^{-1}}}\dfrac{f_i}{g_i}$	[15]
		$\mathrm{CRF}_{22}=n_{\mathrm{obs}}+\dfrac{R_{s,\min}{}^2}{t_{R,\mathrm{last}}}$	[15]

续表

类别 I-B 响应函数	文献	类别 II-B 响应函数	文献
$\mathrm{CRF}_{23} = N_{\mathrm{req}}$ 如果 $n_{\mathrm{obs}} = \max(n_{\mathrm{obs}})$ 或 $\mathrm{CRF}_{23} = n_{\mathrm{obs}} + 1/N_{\mathrm{req}}$ $\mathrm{CRF}_{24} = n_{\mathrm{obs}} + \dfrac{\sum R_{\mathrm{s},i}^*}{1.6(n_{\mathrm{obs}}-1)}$ $\mathrm{CRF}_{25} = n_{\mathrm{obs}} + 1 - \dfrac{\sum_{n_{\mathrm{obs}}-1} \lg(f_i/g_i)}{\sum_{n_{\mathrm{obs}}-1} \lg 0.01}$ $\mathrm{CRF}_{26} = n_{\mathrm{obs}} + 1 - \prod_{n_{\mathrm{obs}}-1} \dfrac{f_i}{g_i}$ $\mathrm{CRF}_{27} = n_{\mathrm{obs}} + 2n_{\mathrm{obs}} - 1 \times \prod_{n_{\mathrm{crit}}} \dfrac{(R_{\mathrm{s},i}/R_{\mathrm{s,req}})^n}{1+(R_{\mathrm{s},i}/R_{\mathrm{s,req}})^n}$ $\mathrm{CRF}_{28} \sim \mathrm{CRF}_{30} = n_{\mathrm{obs}} + a \cdot n_{\mathrm{obs}} - 1 \sqrt[n_{\mathrm{obs}}-1]{\prod_{n_{\mathrm{obs}}-1} y_i} + b \cdot \dfrac{\sum_{n_{\mathrm{obs}}-1} y_i}{n_{\mathrm{obs}}-1}$ 其 中,$(28)a = b = 0.5;(29)b = 0,a = 1;(30)a = 0,b = 1$ 和 $y_i = d_{0,i}$ 或 $y_i = f_i/g_i;y_i = d_{0,\min}$ $\mathrm{CRF}_{31} = n_{\mathrm{obs}} + d_{0,\min}$ $\mathrm{CRF}_{32} = n_{\mathrm{obs}} + R_{\mathrm{s,min}}^*$ $\mathrm{CRF}_{50} = n_{\mathrm{obs}} + 1 + \Delta_{\min,1}$,如果$[d_{0,\min} \geq 0.99$ 和 $n_{\mathrm{obs}} = \max(n_{\mathrm{obs}})]$ 则 $\mathrm{CRF}_{50} = \mathrm{CRF}_{31}$ $\mathrm{CRF}_{51} = n_{\mathrm{obs}} + 1 + \Delta_{\min,2}$,如果$[d_{0,\min} \geq 0.99$ 和 $n_{\mathrm{obs}} = \max(n_{\mathrm{obs}})]$ 则 $\mathrm{CRF}_{51} = \mathrm{CRF}_{31}$	[9]	$\mathrm{CRF}_{34} = t_{\mathrm{req}}$ 如果 $n_{\mathrm{obs}} = \max(n_{\mathrm{obs}})$ 或 $\mathrm{CRF}_{34} = n_{\mathrm{obs}} + 1/t_{\mathrm{req}}$ $\mathrm{CRF}_{35} = n_{\mathrm{obs}} + \dfrac{\sum_{n_{\mathrm{obs}}-1} \frac{f_i}{g_i}}{1.6(n_{\mathrm{obs}}-1)} \cdot \mathrm{Pen}$ $\mathrm{CRF}_{36} = n_{\mathrm{obs}} + 1 - \dfrac{\sum_{n_{\mathrm{obs}}-1} R_{\mathrm{s},i}^*}{1.6(n_{\mathrm{obs}}-1)}$ $\mathrm{CRF}_{37} = n_{\mathrm{obs}} + \dfrac{1}{t_{\mathrm{R,last}}}\left(1 + \dfrac{1}{2}\sum_{n_{\mathrm{obs}}-1} \dfrac{f_i}{g_i} + 1\right) \dfrac{t_{\mathrm{R,last}}-t_0}{t_{\mathrm{R,last}}}$ $\mathrm{CRF}_{38} = n_{\mathrm{obs}} + 1 - \dfrac{\left[\sum_{n_{\mathrm{obs}}-1}(1-\mathrm{e}^{a(R_{\mathrm{s,opt}}-R_{\mathrm{s},i})}+1)\right] \times [1+(t_{\mathrm{R,last}}/t_{\max})]-1}{[(n_{\mathrm{obs}}-1)(1-\mathrm{e}^1)+1]\,[1+(t_{\mathrm{R,last}}/t_{\max})^b]-1}$ $\mathrm{CRF}_{39} = n_{\mathrm{obs}} + 1 - a\left\{1 - \dfrac{\left[\sum_{n_{\mathrm{obs}}-1}(f_i/g_i/n_{\mathrm{obs}}-1)+1\right]^2+1] \times 2 - 1}{3}\right\}$ $\mathrm{CRF}_{40} = n_{\mathrm{obs}} + \dfrac{1}{t_{\mathrm{R,last}}} \prod_{n_{\mathrm{obs}}-1} \dfrac{f_i}{g_i}$ $\mathrm{CRF}_{41} = n_{\mathrm{obs}} + \dfrac{1}{t_{\mathrm{R,last}}} \dfrac{1}{2} \lg\left(\dfrac{f_i}{g_i}\right) + \dfrac{t_{\mathrm{R,max}}-t_{\mathrm{R,last}}}{t_{\mathrm{R,max}}}$ 和 $\left(\dfrac{f_i}{g_i}\right)_{\min} = 0.01$ $\mathrm{CRF}_{42} = n_{\mathrm{obs}} + 1 - \dfrac{\sum \mathrm{e}^{-R_{\mathrm{s},i}/R_{\mathrm{s,req}}} + t_{\mathrm{R,max}}-t_{\mathrm{R,last}}}{n_{\mathrm{obs}}-(n_{\mathrm{obs}}-1)\mathrm{e}^{-1}}$ $\mathrm{CRF}_{43} = n_{\mathrm{obs}} + 1 - \dfrac{R_{\mathrm{s,min}}^*}{t_{\mathrm{R,last}}}$ $\mathrm{CRF}_{52} = n_{\mathrm{obs}} + 1 + \Delta_{\min,1}/t_{\mathrm{R,last}}$,如果$[d_{0,\min} \geq 0.99$ 和 $n_{\mathrm{obs}} = \max(n_{\mathrm{obs}})]$ 则 $\mathrm{CRF}_{52} = \mathrm{CRF}_{31}$ $\mathrm{CRF}_{53} = n_{\mathrm{obs}} + 1 + \Delta_{\min,2}/t_{\mathrm{R,last}}$,如果$[d_{0,\min} \geq 0.99$ 和 $n_{\mathrm{obs}} = \max(n_{\mathrm{obs}})]$ 则 $\mathrm{CRF}_{53} = \mathrm{CRF}_{31}$	[22]

注:类别 I 表示理论塔板数的最小化;类别 II 表示分析时间最小化;A 代表不随观测化合物数目(n_{obs})单一性地增加;B 代表随观测化合物数目(n_{obs})单一性地增加。

f_i/g_i 为 Kaiser 峰谷分离函数(峰谷比 $P = \frac{f}{g}$);R_{s} 为分离度(峰谷比 $P = 1 - \frac{2v}{h_1+h_2}$,$R_{\mathrm{s,crit}}$ 为临界峰对分离度;$R_{\mathrm{s,req}}$ 为最低要求的分离度
($R_{\mathrm{s,req}} = 1.6$);$R_{\mathrm{s,av}}$ 为平均分离度;α 为分离因子;α 为补偿系数(若 $t_{\mathrm{R,last}} < 25\mathrm{min}$,则 $\mathrm{Pen} = 1$,否则 $\mathrm{Pen}=0$);$t_{\mathrm{R,first}}$ 和 $t_{\mathrm{R,last}}$ 为谱图中第一个和最后一个色谱
峰的保留时间;$t_{\mathrm{R,opt}}$ 为优化滞留时间(本研究中规定 $t_{\mathrm{R,opt}} = 15\mathrm{min}$)和 $t_{\min}$ 和 $t_{\max}$ 为本研究中最低和最高保留时间(规定 $t_{\min} = 0$,$t_{\max} = 25\mathrm{min}$;$N_{\mathrm{req}}$ 和 t_{req} 为分离必需的理
论塔板数和必需的峰保留时间;n_{obs} 为观测色谱峰的数目;$R_{\mathrm{s,min}}$ 为最低分离度;$a,b\cdots$为常数。

第四节　色谱分离选择性的优化方法

实现色谱分离选择性的优化，通常采用实验设计（design of experiments）方法。

实验设计是以概率论和数理统计为基础，科学地制定实验方案，并将有限次数实验获得的数据，进行有效的统计分析，以取得优化的实验结果。

实验设计应当解决以下几个问题：

① 确立实验的目的和应当解决的问题。

② 找出影响实验结果的各种因素，特别是主要因素，分析各种因素的相互关联。

③ 确定进行优化设计的方法，建立优化的数学模型。

④ 在有限次数的实验中，以最低成本和时间消耗来获取最佳的实验结果。

在实验设计中，需将数理统计知识，色谱实验的专业知识和丰富的实践经验相结合才能取得良好的实验结果。

在色谱分离选择性优化中，最常使用的实验设计方法介绍如下。

一、因子设计

在色谱分离条件的优化中，把能够影响实验结果的变量称为因子，把每个因子在实验中变化的范围称为水平（如-1，0，+1），把由变量构成的优化函数，称为优化指标（如分离度 R，选择性系数 r），为了评价每个实验变量变化时对色谱分离结果的潜在影响，可使用因子设计（factorial design，FD）方法去实现优化。因子设计又可称作析因设计[17,19~21]。

当应用因子设计去优化色谱分离条件时，首先要对影响实验结果的因子进行筛选，可按照进行稳健实验（如应用 Plackett-Burman 设计）的要求，对因子进行分析，并确定在有限数目的实验中，影响实验结果的最重要的因子，再应用最重要的 2~3 个因子去评价它们对实验结果的潜在影响。

应用到色谱分离条件优化的因子设计，就是把影响色谱分离的各个因子和它的变化范围（水平），按照一定的规则将其排列，构成因子设计的格栅图。在构成图中各个格子的节点都对应一个确定的色谱试验条件，可由各个节点获得的实验结果与优化指标进行比较、判断，以确定可以实现色谱分离优化的最佳节点及相应的实验条件。

在因子设计中，通常选择 2~3 个最重要的因子，这是由进行实验时所花费的时间和成本所决定的。显然，选用的因子愈多，需要进行实验的次数也愈多，所花费的时间和成本也愈大。因此在因子设计中，应采用尽量少的实验次数，来获取最优化的实验结果。

常用的因子设计方法为全因子设计、附加中心点的全因子设计、中心组合设计、Dochlert 因子设计和 Box-Behnken 因子设计。

（1）全因子设计（full fractorial design，FFD）

全因子设计用于测定最重要 2~3 个因子在 2~3 个水平上，对色谱分离条件优化的影响。

在全因子设计格栅图中，各个格子的节点，位于变量的最后边界，在不同因子和水平情况下，格栅图中的格子节点的数目 N，可用下式表示：

$$N = L^d$$

式中，d 为因子数目；L 为水平数目。

图 5-6 为全因子设计的格栅图（grid plot）。

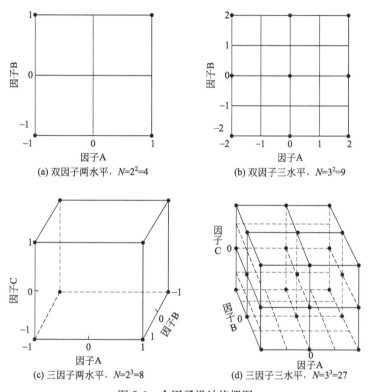

(a) 双因子两水平，$N=2^2=4$　　(b) 双因子三水平，$N=3^2=9$

(c) 三因子两水平，$N=2^3=8$　　(d) 三因子三水平，$N=3^3=27$

图 5-6　全因子设计格栅图
（节点数 $N=L^d$，d 为因子数，L 为水平数）

双因子、两水平的全因子设计的格栅图，见图 5-6 (a)，它具有的格栅节点数为：

$$N = 2^2 = 4$$

双因子、三水平的全因子设计的格栅图，见图 5-6 (b)，它具有的格栅节点数为：

$$N = 3^2 = 9$$

三因子、两水平的全因子设计的格栅图，见图 5-6 (c)，它具有的格栅节点数为：

$$N = 2^3 = 8$$

三因子、三水平的全因子设计的格栅图，见图 5-6 (d)，它具有的格栅节点数为：

$$N = 3^3 = 27$$

（2）具有附加中心点的全因子设计（full fractorial design with added center points）

为了加速找到最佳实验分离条件，可在全因子设计的格栅图中，增加一个中心点，如图 5-7 所示。在双因子、两水平的格栅图中，它具有的格栅节点数可按下式计算：

$$N = 3^d = 3^2 = 9$$

此种类型的因子设计，可以避免过剩数目的实验。

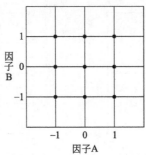

图 5-7　附加中心点的全因子设计格栅图
（双因子、两水平节点数 $N = 3^2 = 9$）

（3）中心组合设计（central composite design，CCD）

它是一种快速寻找最佳实验分离条件的常用因子设计方法，每个实验的水平是从属于同样数目的因子，在格栅图中各个格子节点位于图的周围和中心，节点数可按下式计算：

$$N = 2^d + 2d + 1$$

双因子、两水平的中心组合设计格栅图，如图 5-8（a）所示，含有的节点数为：

$$N = 2^2 + 2 \times 2 + 1 = 9$$

三因子、三水平的中心组合设计格栅图，如图 5-8（b）所示，含有的节点数为：

$$N = 2^3 + 2 \times 3 + 1 = 15$$

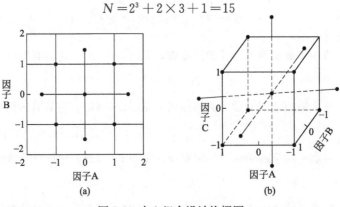

图 5-8　中心组合设计格栅图
（a）双因子、两水平（$N = 2^2 + 2 \times 2 + 1 = 9$）；（b）三因子、三水平（$N = 2^3 + 2 \times 3 + 1 = 15$）

（4）Doehlert 因子设计

它为一种高级形式的因子设计，对 $2\sim3$ 个因子，可具有多重的水平，格栅图中的节点数，可按下式计算：

$$N=d^2+d+1$$

双因子、两水平的 Doehlert 因子设计格栅图，如图 5-9（a）所示，其含有的节点数为：

$$N'=2^2+2+1=7$$

三因子、三水平的 Doehlert 因子设计格栅图，如图 5-9（b）所示，其含有的节点数为：

$$N=3^2+3+1=13$$

如将 Doehlert 因子设计和中心组合设计的格栅图比较，可以发现对具有相同数目因子和水平的因子设计，Doehlert 因子设计格栅图中的节点数都少于中心组合设计，从而表明使用 Doehlert 因子设计，可更快地找到最佳实验分离条件，并可减少实验消耗的时间和成本。

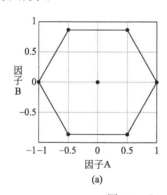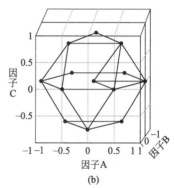

图 5-9 Doehlert 因子设计的格栅图
（a）双因子、两水平（$N=2^2+2+1=7$）；（b）三因子、三水平（$N=3^2+3+1=13$）

（5）Box-Behnken 因子设计

它是一种更高级形式的因子设计，通常对 $2\sim3$ 个因子，应具有相同数目的水平数，在它们构成的格栅图中，格子的节点数可按下式计算：

$$N=2d(d-1)+1（相当于 N=d^2+d+1）$$

双因子、两水平的 Box-Behnken 因子设计格栅图，如图 5-10（a）所示，其具有的节点数为：

$$N=2\times2\times(2-1)+1=5$$

三因子、三水平的 Box-Behnken 因子设计格栅图，如图 5-10（b）所示，其具有的节点数为：

$$N=2\times3\times(3-1)+1=13$$

　　将 Box-Behnken 因子设计与中心组合设计和 Doehlert 因子设计比较，在格栅图中，它具有最少（或相当）的格子节点，可最快地找到最佳的实验分离条件，是一种最经济的选择。

　　应当注意，每种因子设计方法都具有优点和缺点，一种完全适用的因子设计的最终选择要依据优化指标模型的选用，在优化指标模型中的因子间也会发生相互作用，因此选用的因子设计应确信已提供了足够的信息。如对双因子两水平的因子设计，如用全因子设计，格栅图中仅提供四个节点，而应用 Doehlert 因子设计格栅图中可提供七个节点，因此 Doehlert 因子设计可提供足够的信息，而全因子设计就不能提供足够的信息。通常采用 Doehlert 因子设计是一种兼顾更多信息和最经济的选择。

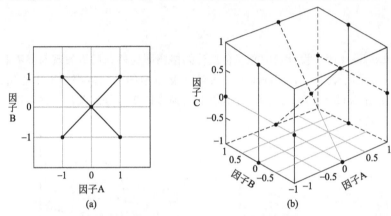

图 5-10　Box-Behnken 因子设计的格栅图
(a) 双因子、两水平 [$N=2\times2\times(2-1)+1=5$]；(b) 三因子、三水平 [$N=2\times3\times(3-1)+1=13$]

　　在因子设计中，因子水平被选择在一个间隔，其宽度被限制在优化的应用范围，优化时首先检查位于极端水平位置的因子，以确认这些极端值的因子是被优化选择或抛弃。

　　在色谱分析中，通常不把分离度 R 或选择性系数 r 作为推荐的因子。因为在色谱分离中，色谱峰的洗脱顺序会发生变化，从而会使一个因子具有两个对应的响应函数，还会在给定的色谱分离条件下无法判断哪一个峰对会被选择优化。因而，在色谱等度分析中，选择作为因子的是溶质的容量因子 k、保留时间 t_R 和色谱峰的基线宽度 W_b 或柱温 T_c；在梯度分析中作为因子的是升温速率、载气流速、柱温、强洗脱溶剂（或有机改性剂）的百分数、流动相的 pH 值等。

　　在因子设计中，实验范围大多是对称和有规则的，然而，若实验范围是不对称的情况［见图 5-11 (a)］可首先采用一种对称设计，如 Doehlert 因子设计的格栅图去拟合不对称的实验范围，对双因子两水平的因子设计，当选择第一个水平后，获得画出六边形的 a、b、c、d、e、f、g 七个节点，其优化范围只占不对称实验范围的 1/3，未包括不对称实验范围的绝大部分。待改变选择第二个水平后，获得六边形的 1、2、3、4、5、6、7 七个节点，其优化范围包括了不对称实验范围的大部分，但 3、4、7 三个节点却在不对称实验范围之外。

　　此时为克服对称因子设计的不足，可应用不对称设计。如在图 5-11 (b) 中，给出色谱分析中，溶质具有合适保留时间时，对应流动相的 pH 值和有机改性剂含量的不对称的实验范围。此时可使用 Doehlert 设计和 Kennad 与 Stone 算法。此概念是在一个潜在的可实现的实验的格栅范围被拉长并被确定界限。

当因子设计中使用的因子是混合变量时，如流动相为混合溶剂，它由 m 种溶剂组成，其中仅有 $m-1$ 个组分可被检验作为独立因子，如含有 80％甲醇的水溶液，仅有甲醇可作为独立的因子。在此种情况下，可应用混合物设计实验，但是借助混合变量形成实验范围的上述限制是特定的。例如对三个混合变量的实验范围为三角形（见图5-12），对四个混合变量的实验范围是四面体。混合物设计是将实验的节点位于特定实验范围的顶点、边或其中，它们允许模拟或构成响应面。在色谱中一种混合物设计的特殊应用是使用溶剂三角形去优化在一种流动相中有机改性剂的组成。

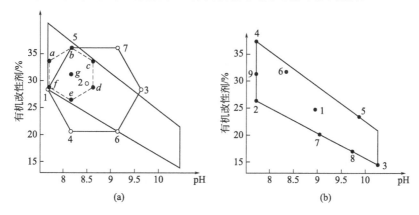

图 5-11 不对称实验范围

（a）试图去拟合对称的 Doehlert 设计；（b）借助一种不对称设计，

可能实验的格栅节点（●）并做出选择

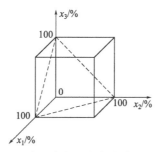

图 5-12 三个混合变量的实验范围（三角形）

二、响应面设计[22,23]

响应面设计（response surface designs，RSD）是建立优化指标和相关因子关系的模型，并给出相应的函数关系式。可以计算在全部实验范围优化指标随因子变化的函数值，更具有通用性，它可用二维的平面轮廓图或三维的响应面图形象地表达实验结果，并可容易地找到最优化的实验区间。

当用确定的因子设计方法完成实验后，要利用已确定的优化指标响应模型，找出优化指标和因子设计格栅中各节点所选用因子之间的函数关系，并给出相应的函数关系式。通常为线性模型，如果模型建立得正确，可以计算出在相关因子的任意组合条件下的函数的响应值。

在响应面设计中，通常选用两个或三个因子，并在两个水平上（或较少在三个水平上）进行测定，此时响应面的曲率是具有不同水平因子的函数。

双因子（x_1、x_2）的响应面函数关系式为：

$$Y = b_0 + b_1 x_1 + b_2 x_2 + b_{11} x_1^2 + b_{22} x_2^2 + b_{12} x_1 x_2 \tag{5-1}$$

三因子（x_1、x_2 和 x_3）的响应面函数关系式为：

$$Y = b_0 + b_1 x_1 + b_2 x_2 + b_3 x_3 + b_{12} x_1 x_2 + b_{13} x_1 x_3 + b_{23} x_2 x_3$$
$$+ b_{11} x_1^2 + b_{22} x_2^2 + b_{33} x_3^2 + b_{123} x_1 x_2 x_3 \tag{5-2}$$

式中，Y 为优化指标（如保留时间 t_R、容量因子 k 或峰的基线宽度）；x_1、x_2、x_3 为选用的因子（如流动相中改性剂的百分数，$B\%$、流动相的 pH 值或柱温 T_c 等）；b_0 为截距；b_i（b_{ij} 或 b_{ijk}），为单个因子或因子乘积项的系数，它们可由实验数据的最小二乘回归法来测定。在函数关系式中，三次方或更高次方项通常可被删除，因它们对响应值 Y 提供的贡献可以忽略不计。

如在双因子两水平的中心组合设计的 9 个实验中，计算的响应值中，忽略二次方项和考虑二次方项的两种情况下，获得的响应值是相同的，表明二次方项对响应值的贡献是可以忽略的（见表 5-4 和表 5-5）。

表 5-4 对双因子、两水平中心组合设计，由式（5-1）获得的响应值（Y）（忽略二次方项）

实验次数	截距	因子		响应值(Y)
		x_1	x_2	
1	1	−1	−1	1.3
2	1	−1	1	5.4
3	1	1	−1	1.3
4	1	1	1	7.4
5	1	（−α）−1.41	0	9.1
6	1	（+α）1.41	0	1.9
7	1	0	（−α）−1.41	2.9
8	1	0	（+α）1.41	1.6
9	1	0	0	1.5
测得系数	b_0	b_1	b_2	

表 5-5 对双因子、两水平中心组合设计，由式（5-1）获得的响应值（Y）（考虑二次方项）

实验次数	截距	因子及其乘积					响应值(Y)
		x_1	x_2	$x_1 x_2$	x_1^2	x_2^2	
1	1	-1	-1	1	1	1	1.3
2	1	-1	1	-1	1	1	5.4
3	1	1	-1	-1	1	1	1.3
4	1	1	1	1	1	1	7.4
5	1	-1.41	0	0	2	0	9.1
6	1	1.41	0	0	2	0	1.9
7	1	0	-1.41	0	0	2	2.9
8	1	0	1.41	0	0	2	1.6
9	1	0	0	0	0	0	1.5
测得系数	b_0	b_1	b_2	b_{12}	b_{11}	b_{12}	

应当注意，当利用 Doehlert 因子设计或中心组合设计时，由于在响应面函数式中的高次方项的相互作用被省略，实际上在格栅图中具有更多模型系数的实验节点的存在已被忽略。如果测得的系数（b_i，b_{ij} 或 b_{ijk}）具有足够的统计准确度，就可发现高次方相互作用仍包括在优化指标模型中。此时若使用中心组合设计，它不会生成足够的统计数据去可靠地模拟优化指标模型，需增加实验的节点才能可靠地模拟优化指标模型。而在此情况下，使用 Doehlert 因子设计，却可准确地模拟优化指标模型，通过多次实践已确定 Doehlert 设计是最有效的因子设计方法。

在响应面设计中，为准确预测双因子响应面的形状，可使用在二维（2D）平面的轮廓图（contour plot）和在三维（3D）空间的响应面图（response-surface plot）来形象地描述，二者等效表达了作为一个双因子函数的响应行为。

在 2D 轮廓图（见图 5-13）中，画出了响应面函数在 2D 平面的轮廓，图中存在一系列的等响应线，它们都对应 3D 响应面图的一个特定高度，又可称为等高线，位于等响应线上的各个点，称为稳定点（stationary point），在等响应线上可找到响应的最高点（maximum point）和最低点（minimum point），并可将在实验区间内等响应线的密度和接近程度，作为检验响应面函数可靠性的依据。

在 3D 响应面图（见图 5-14）中，在 3D 空间画出的响应曲面的形状形象地表达了响应面函数在三维空间的取向，可清楚地看到响应曲面上升和下降的趋势，并可将响应面陡度作为检验响应面函数可靠性的依据。

图 5-13 和图 5-14 表达了色谱分析中，响应值——色谱柱的理论塔板数 n 随流动相流速 F 和柱温 T 双因子在两水平情况下的 2D 轮廓图和 3D 响应面图，在 3D 图中可以找到在实验区间内，获得最高响应的范围，并可在 2D 图中看到理论板数 n 随温度的变化要比随流速的变化更为敏感。

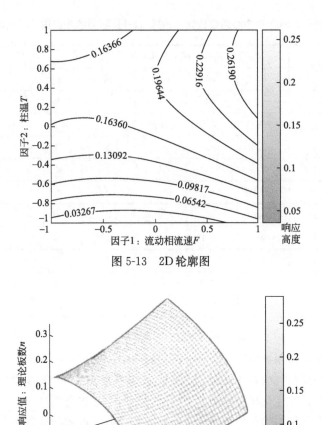

图 5-13　2D 轮廓图

图 5-14　3D 响应面图

　　由三个因子构成的响应面函数，其 2D 轮廓图和 3D 响应面图的表达就比较复杂了。此时对于三个因子，首先固定第三个因子在给定的水平，再将第一和第二个因子，在给定水平画出第一组 2D 和 3D 图；其次固定第二个因子，画出第一和第三个因子组合的第二组 2D 和 3D 图；最后再固定第一个因子，画出第二和第三个因子组合的第三组 2D 和 3D 图。此时，需要画出的三组 2D 和 3D 图，才能形象表达由三个因子构成的响应面函数，此过程需消耗较长的时间和精力，幸好应用四个或更多因子的响应面函数的情况很少，否则绘图和解释 2D 和 3D 图的工作量会十分庞大而冗长。

　　在确定优化条件时，经常发现其会位于实验范围的边界处，作为因子函数的优化指标，响应值会连续地增加或降低，此时不应随意外推实验范围，这样会产生不正确的实验结果。

三、单纯形法[2,24~30]

单纯形法（simplex）是直接搜索技术中的顺序优化法，也是色谱分离条件优化最常用的方法。

单纯形是指在一定空间内，由直线连接的最简单的封闭图形。如在二维空间，单纯形为三角形，因为任何其他图形均可分解成若干个三角形，因此三角形就是二维空间的最基本、最简单的图形。在三维空间，单纯形为四面体。高于三维空间，其单纯形无法形象地直观描述。因此可以说：n 维空间的单纯形就是由 $n+1$ 个顶点构成的几何图形。进行多维单纯形优化时，几何图形的每个顶点都对应一个实验点，其坐标值是该点对应的、对优化体系影响显著的可变因素的实验值，实验点的响应值即为采用的色谱响应函数 CRF 的数值。

当进行单纯形优化时，通常依据采用的 CRF 函数及收敛条件，来比较单纯形中各个顶点响应值的优劣，通过不断舍弃响应差的顶点，对单纯形（如三角形）进行反射、扩张、压缩、整体收缩、中心移动等逻辑推理，来不断更新单纯形，尽快使 CRF 达到收敛值（如 CRF=0），从而实现优化目标。

图 5-15 以由双变量因素决定的二维空间形成的单纯形——三角形为例，来说明单纯形的顺序搜索步骤。

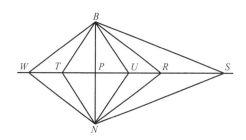

图 5-15　在单纯形方法中，可能进行的移动
（起始单纯形：△BNW，其 CRF 响应值 $B>N>W$；
W 通过 P 反射至 R，并可顺序移动至 S；
由 R 可收缩至 U 或收缩至 T）

开始由 B、N、W 三点构成起始的单纯形△BNW，此三点对应的 CRF 响应值，B 点最好，N 点次之，W 点最差。P 为当舍弃 W 点时，保持 BN 边的中间点。当舍弃 W 点后，W 通过 P 反射生成至相反方向对称的 R 点，构成新的△BNR，此点的标志位置为：

$$R=P+(P-W)$$

通过计算可知，R 点 CRF 响应值可能有三种情况：

① R 点响应比 B 点响应好　则可建议单纯形沿 PR 直线扩展至 S 点，构成新的△BNS，S 点的标志位置为：

$$S=P+a(P-W)$$

式中，a 为扩展系数，通常设定为 2，它决定扩展的程度。若 S 点响应确实比 B 点好，则新的单纯形△BNS 可以保留。若 S 点响应比 B 点差，则表明扩展的△BNS 是失败的，此时应返回，保留△BNR。

② R 点响应比 N 点响应差　则清楚表明单纯形移动方向是错误的，此时应向反向压缩。若 R 点响应比 W 点还差，则应收缩至接近 W 的 T 点，组成新的△BNT，T 点的标志位置为：

$$T = P - b(P - W)$$

式中，b 为收缩系数，通常设定为 0.5，它决定收缩的程度。

③ R 点响应比 B 点差，但优于 W 点　则应收缩至接近 R 的 U 点，组成新的 $\triangle BNU$，U 点的标志位置为：

$$U = P + b(P - W)$$

若在新的单纯形 $\triangle BNT$ 或 $\triangle BNU$ 中的 T 点或 U 点皆给出最差的响应，则表明沿 $W \rightarrow R$ 方向的移动是失败的。其结果是，使起始的单纯形 $\triangle BNW$ 变成了仅剩 BN 的一条直线，而使单纯形优化搁浅，即成为单纯形退化问题。但退化并不是单纯形运行程序不可避免的结局，此时可采用校正措施而不使单纯形优化成为"难题"。校正措施可以是改变单纯形优化的方向；或是把实验变量完全转移到另外的实验区间重新进行单纯形优化。

在单纯形优化中，实验点的移动可采用固定步长方法或可变步长方法进行，如图 5-16 所示。

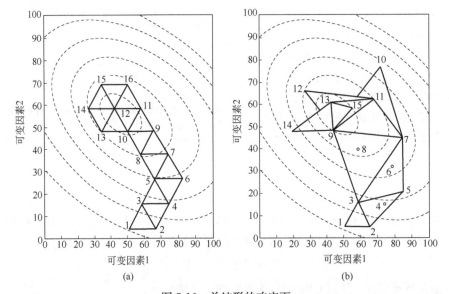

图 5-16　单纯形的响应面

(a) 固定步长的单纯形（起始单纯形为由 1，2，3 构成的三角形，最优化的区间靠近实验点 12）；
(b) 可变步长的单纯形（起始单纯形为由 1，2，3 构成的三角形，最优化的区间为
由 9，13，15 构成的三角形）

由上述可知单纯形优化的不是一个点，而是一个区域。实验点的反射、扩张或压缩可以固定步长移动，也可以可变步长移动，或使用加权形心法（weighted centroid method，WCM)[24] 或超级改性单纯形（super-modified simplex，SMS)[23]，加速单纯形优化的速度和可靠性。单纯形是一种数学方法，它不能为实验者提供各变量因素的水平和步长，单纯形变换实验点时，所选步长正确与否或搜索速度的快慢，均取决于实验者的业务水平和实践经验。

四、窗图法[2,4,23,31~33]

窗图法（window diagram）是一种并行优化法，是由 Laub 于 1975 年提出的，用于在气液色谱中二元混合固定液最佳组成的选择。其基本原理如下：

对一个由 A 和 S 组成的二元混合固定液，在气液色谱过程，溶质在混合固定液（A+S）和气相之间的分配系数 K 可表达为：

$$K = \varphi_A K_A^\circ + \varphi_S K_S^\circ$$

式中，φ_A、φ_S 为混合固定液中 A、S 两种固定液的体积分数；K_A°、K_S° 为溶质在 A、S 各自纯固定液中的分配系数。其中 $\varphi_A + \varphi_S = 1$。

对难分离物质对 1 和 2 两组分可导出：

$$\begin{aligned}
K_1 &= \varphi_A K_{A(1)}^\circ + \varphi_S K_{S(1)}^\circ \\
&= \varphi_A K_{A(1)}^\circ + (1-\varphi_A)K_{S(1)}^\circ \\
&= \varphi_A (K_{A(1)}^\circ - K_{S(1)}^\circ) + K_{S(1)}^\circ \\
&= \varphi_A \Delta K_{(1)}^\circ + K_{S(1)}^\circ \\
K_2 &= \varphi_A K_{A(2)}^\circ + \varphi_S K_{S(2)}^\circ \\
&= \varphi_A K_{A(2)}^\circ + (1-\varphi_A)K_{S(2)}^\circ \\
&= \varphi_A (K_{A(2)}^\circ - K_{S(2)}^\circ) + K_{S(2)}^\circ \\
&= \varphi_A \Delta K_{(2)}^\circ + K_{S(2)}^\circ
\end{aligned}$$

由上述二式可导出分离因子 α 和 φ_A：

$$\alpha = \frac{K_1}{K_2} = \frac{\varphi_A \Delta(K_{(1)}^\circ + K_{S(1)}^\circ)}{\varphi_A \Delta(K_{(2)}^\circ + K_{S(2)}^\circ)}$$

$$\varphi_A = \frac{K_{S(1)}^\circ - \alpha K_{S(2)}^\circ}{\alpha \Delta K_{(2)}^\circ - \Delta K_{(1)}^\circ}$$

现假设有 4 个组分 w、x、y、z，欲在上述二元混合固定液（A，S）上进行分离，可分别绘制 $K_{A(i)}^\circ$，$K_{S(i)}^\circ$-φ_A 图（图 5-17）和 α-φ_A 图（图 5-18）。

1. $K_{A(i)}^\circ$，$K_{S(i)}^\circ$ - φ_A 图

由图 5-17 可知：当 $\varphi_A = 0$ 时，即在纯 S 固定液上，x、z 可分离开，但 w、y 不能分离开；当 $\varphi_A = 1.0$ 时，即在纯 A 固定液上，z、w 可分离开，而 x、y 却不能分离开。

另外可看到对 z 组分，其 $K_{S(2)}^\circ$ - φ_A 直线，在 φ_A 为 0~1.0 时，穿过其他组分的直线，在交点处 z 不能与对应组分 w、

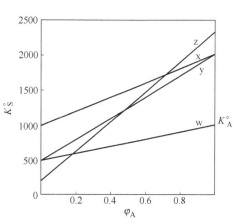

图 5-17 用 GLC 分离 4 种假想溶质
x、y、z、w 的 $K_{A(i)}^\circ$、$K_{S(i)}^\circ$-φ_A 图

y、x 分离开。

2. $\alpha - \phi_A$ 图

在图 5-18 中由 w、x、y、z 四个组分排列组合构成的峰对数,即可求出分离因子的数目 n_α,可按下式计算:

$$n_\alpha = \frac{n!}{2(n-2)!}$$

当 $n=4$ 时,可求出 $n_\alpha=6$。由图 5-18 可以看到,存在 α_{xw}、α_{yw}、α_{zw}、α_{xy}、α_{xz} 和 α_{yz} 六条线,其中每两条线的相交处,就构成窗图,取窗图中与 α_{max}(最大值)对应的 φ_A 值,即为二元混合固定液的最佳组成。在此组成下可实现 w、x、y、z 4 个组分的完全分离。由图 5-18 可看到,在此例中的最佳 $\varphi_A=0.12$。

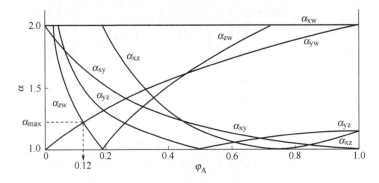

图 5-18　图 5-17 中溶质的窗图——α-φ_A 图
(对应于 α_{max} 的最佳二元固定液组成为 $\varphi_A=0.12$)

窗图法同样可用于 HPLC 中。例如用反相键合相色谱法测定有机弱酸含量时,流动相的 pH 值和组成为可变因素,有机弱酸的相对保留值或分离度可作为评价分离的参数,优化的目标是确定在具有一定 pH 值的流动相中,使最难分离的有机弱酸峰对的相对保留值(或分离度)获最大值,从而使各种有机弱酸得到完全分离[34]。

如欲分离三种有机弱酸 A_1、A_2、A_3,可先在预先配制的具有不同 pH 值的流动相中,测定每种弱酸的保留时间 t_R,并绘制 t_R-pH 图,如图 5-19 所示。保留时间 t_R 作为变量 pH 的函数,可用下述方程式表示[32]。

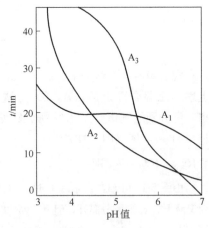

图 5-19　t_R-pH 图

$$t_R = \frac{t_{HA} + t_{A^-} \cdot 10^{(pH-pK_a)}}{1 + 10^{(pH-pK_a)}}$$

式中，t_{HA} 为酸形式的保留时间；t_{A^-} 为碱形式的保留时间；K_a 为酸的离解常数。

由 t_R-pH 图可求出任意两种有机弱酸峰对的相对保留值 $r_{i/j}$：

$$r_{1/2} = \frac{t_{R(A_1)}}{t_{R(A_2)}}\text{；} \quad r_{1/3} = \frac{t_{R(A_1)}}{t_{R(A_3)}}\text{；} \quad r_{2/3} = \frac{t_{R(A_2)}}{t_{R(A_3)}}$$

由 $r_{1/2}$、$r_{1/3}$、$r_{2/3}$ 在不同 pH 值的数值，可绘制 $r_{i/j}$-pH 图（图 5-20），三条 $r_{i/j}$ 曲线的交点可构成相应的窗图，在窗图中交点 $r_{i/j}$ 的最大值 r_{max} 对应 pH=3.7。在由此最佳 pH 值组成的流动相中，可实现三种有机弱酸 A_1、A_2、A_3 的完全分离。

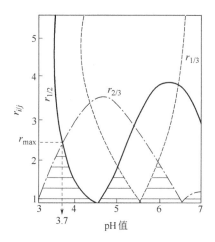

图 5-20 $r_{i/j}$-pH 图
（窗图中对应 r_{max} 的最佳 pH=3.7）

文献中已报道了用窗图法优化流动相组成的计算机计算程序[35]，还用于优化离子对色谱中流动相的 pH 值和离子对试剂的浓度[36,37]，并报道了在反相 HPLC 中优化三元流动相的组成[38~40]。

在液相色谱中窗图法还可用分离度图来表达，由前述已知：

$$k = \frac{t'_R}{t_M}$$

$$\lg k = \lg k'_w - S\varphi_B$$

$$R = \frac{t_{R_2} - t_{R_1}}{W_1 + W_2}$$

图 5-21（a）为 A、B、C 三种溶质的 $\lg k$-φ_B 图，由图中可看到 B、C 两条直线在 φ_B=51.4% 处相互交叉，其与图 5-21（b）R-φ_B 分离度图中的 L 点相对应；图（a）中 A、C 两条直线在 φ_B=67% 处相互交叉，其与 R-φ_B 分离度图中的 M 点相对应；图（a）中 A、B 两条直线在 φ_B=74% 处相互交叉，其与 R-φ_B 分离度图中的 N 点相对应。此外在分离度图中最高的 O 点和 P 点对应的 φ 值分别为 64% 和 70%，在 $\lg k$-φ_B 图中，与此两 φ_B 值相对应的 A、B、C 三条曲线皆不相交，表明 A、B、C 三组分可以分离开。在分离度图 R-φ_B 中与 L、M、N、O、P 各点对应的色谱图，如图 5-22 所示。

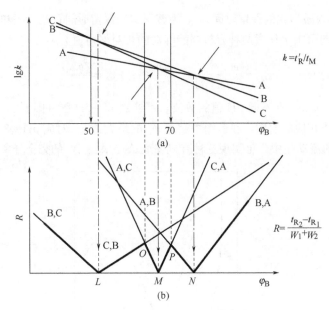

图 5-21　$\lg k$-φ_B 图（a）和 R-φ_B 分离度图（b）

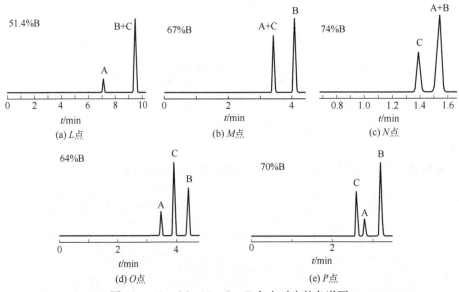

图 5-22　L、M、N、O、P 各点对应的色谱图
（图 5-21R-φ_B 图中 L、M、N 和 O、P5 点的 A、B、C 三组分的色谱分离图）

五、混合液设计实验法

混合液设计实验法（mixture design experiment，MDE）[15,41] 又称"混合液设计统计技术"（mixture-design statistical technique，MDST），其为一种顺序优化方法。

在前述曾介绍了溶剂选择性三角形坐标概念和多元混合溶剂的多重选择性。混合液设计实验法就是利用具有确定组成的多元混合溶剂的多重选择性，来对一个分析任务进行分离条件的优化。

如欲在反相 Zorbax C₈ 柱（φ4.6mm×15cm）和 UVD（254mm）条件下来分离含下列组分的样品[42]：

1—酚；2—对硝基酚；3—2,4-二硝基酚；4—邻氯酚；5—邻硝基酚；6—2,4-二甲基酚；7—4,6-二硝基邻甲酚；8—4-氯代间甲酚；9—2,4-二氯酚；10—2,4,6-三氯酚。

首先选择三种具有确定组成的二元混合溶剂流动相，构成等边三角形（图5-23）的三个顶点 1、2、3，各点混合溶剂的组成（体积分数）如下：

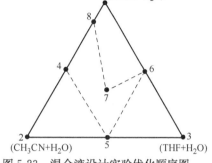

图 5-23 混合液设计实验优化顺序图

1 点 $\varphi_{MeOH} : \varphi_{H_2O} = 40\% : 60\%$ （1/0/0）❶

2 点 $\varphi_{CH_3CN} : \varphi_{H_2O} = 28\% : 72\%$ （0/1/0）

3 点 φ_{THF}❷ $: \varphi_{H_2O} = 30\% : 70\%$ （0/0/1）

在 1、2、3 三种流动相中进行上述样品分析，得到的谱图为图 5-24。

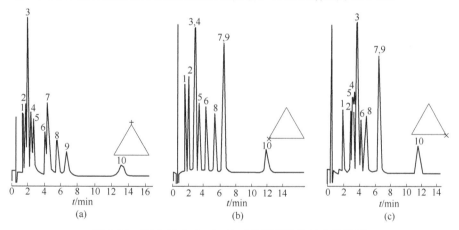

图 5-24 图 5-23 中 1、2、3 三点顺序优化对应的谱图
［峰号 1～10 含义见正文；1、2、3 三点分别对应（a）、（b）、（c）］

由图 5-24 可看到，在 1、2、3 三点流动相组成下，不能实现 10 个组分的完全分离，因此可另选溶剂三角形各边上的 4、5、6 三点（固定组成的三元混合溶剂）和三角形的中心点 7 点（固定组成的四元混合溶剂）所对应的流动相，仍进行上述样品分析，所得谱图如图 5-25 所示。

---

❶ 三角形三个顶点的坐标，下同。

❷ THF—四氢呋喃。

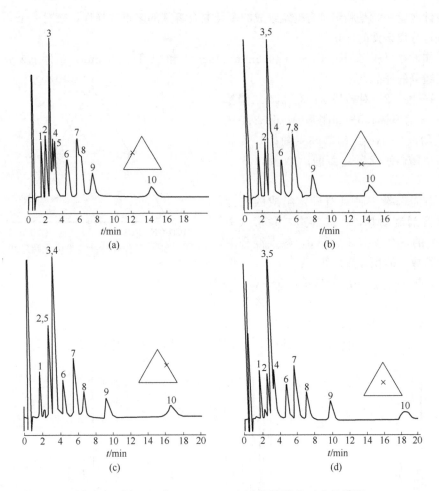

图 5-25　图 5-23 中 4、5、6、7 四点顺序优化对应的谱图
[4、5、6、7 四点分别对应图 (a)、(b)、(c)、(d)]

三角形中 4、5、6、7 各点的组成如下：

4 点 φ_{MeOH} ∶ φ_{CH_3CN} ∶ φ_{H_2O} = 20% ∶ 14% ∶ 66% (0.5/0.5/0)

5 点 φ_{CH_3CN} ∶ φ_{THF} ∶ φ_{H_2O} = 14% ∶ 15% ∶ 71% (0/0.5/0.5)

6 点 φ_{THF} ∶ φ_{MeOH} ∶ φ_{H_2O} = 15% ∶ 20% ∶ 65% (0.5/0/0.5)

7 点 φ_{MeOH} ∶ φ_{CH_3CN} ∶ φ_{THF} ∶ φ_{H_2O} = 13% ∶ 9% ∶ 10% ∶ 68% (0.33/0.33/0.33)

由图 5-25 仍可看到，在 4、5、6、7 点流动相组成下，10 个组分不能完全分离。通过对 7 个点的谱图分析可以看出，1、4 两点虽未能将 10 个组分完全分离开，但其重合峰最少，且 10 个组分峰顶都已显现，因此应在 1、4 两点之间去寻求实现 10 个组分完全分离的最佳混合溶剂的配比，经实验确定，8 点可获较好的分离结果。

8 点的组成为：

φ_{MeOH} ∶ φ_{CH_3CN} ∶ φ_{H_2O} = 34% ∶ 3% ∶ 63% (0.85/0.107/0)

实验证明，当 H_2O 中含 1% 的乙酸时，获得的分离结果，如图 5-26 所示。

上述混合液设计实验法进行优化过程中，1～7 点的选取是采用对称移动方法来实现的，若对上述样品中 10 个组分的分离预先确定了色谱响应（或优化）函数和收敛条件，并采用单纯形法，可更快地获取最佳混合溶剂的组成。如，在进行混合液设计实验前，设定 COF 为：

$$COF = \sum_{i=1}^{k} \ln \frac{R_i}{R_d} \text{（收敛条件：COF＝0）}$$

式中，k 为样品组分中的峰对数；R_i 为峰对实测的分离度；R_d 为对峰对希望达到的分离度（如 $R_d＝1.0$）。

利用如图 5-27 所示的预先编制的单纯形晶格设计，分步搜索优化计算机程序[2]，可在短时间内实现优化目标。

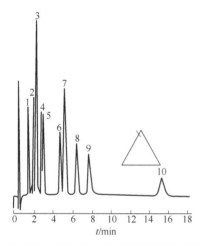 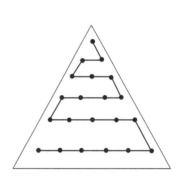

图 5-26　图 5-23 中 8 点对应的优化谱图　　图 5-27　单纯形晶格设计，分步搜索优化程序

应用本法还在氨基键合相上实现了对 6 种甾族激素的正相色谱优化分离，使用的是甲基异丁基醚、氯仿、二氯甲烷 3 种基本溶剂，分别与甲醇按一定比例混合，构成溶剂选择性三角形的 3 个顶点，也采用对称移动法实现了优化分离[43~45]。

六、重叠分离度图法[2,3,15,26,46,47]

重叠分离度图法（overlapping resolution maps，ORM）是 HPLC 中优化流动相溶剂组成的最有效方法，也是一种顺序优化方法。

重叠分离度图法（ORM）也利用溶剂选择性三角形坐标，在确定了三角形 3 个顶点的溶剂组成及选用的色谱优化函数后，使用混合液设计实验法，分别根据样品中各个峰对的分离度随溶剂组成的变化，绘出分离度等高图。图中超过理想分离度的区域，即为分离该峰对的优化区域。将所有峰对的分离度等高图进行叠加，最后可找到能对所有峰对都超过理想分离度的共同区域，将此区域内所对应的多种溶剂混合液组成流动相，就能实现对样品中所有峰对的完全分离。

【例 5-1】对一个含双组分位置异构体的样品进行等度洗脱，使用三种不同组成的流动相——①甲醇/水（78.4%/21.6%）②乙腈/水（70.6%/29.4%）③四氢呋喃/水（54.7%/45.3%），分离谱图见图 5-28。实验结果表明，仅在 THF/H_2O 流动相中，可实现双组分位置异构体的分离。

按照已使用的三种洗脱条件，可用三棱镜坐标绘制与色谱分离图对应的色谱分离响应面图，见图 5-29。

如再将此响应面图，进行俯视投影，就可获得重叠分离度图，见图 5-30。

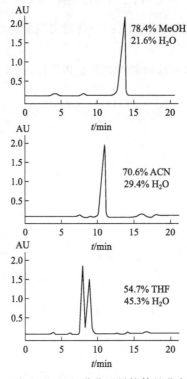

图 5-28　双组分位置异构体的分离

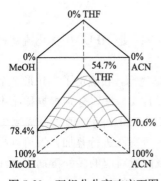

图 5-29　双组分分离响应面图

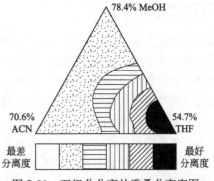

图 5-30　双组分分离的重叠分离度图

【例 5-2】欲分析含 1、2、3、4、5、6 六个组分的样品，用 ORM 法进行分离条件优化的步骤如下：

① 首先确定具有等溶剂强度的溶剂选择性三角形的 3 个顶点 A、B、C 溶剂的组成（体积分数）。

A　$\varphi_{\text{MeOH}} : \varphi_{\text{H}_2\text{O}} = 60\% : 40\%$

B　$\varphi_{\text{CH}_3\text{CN}} : \varphi_{\text{H}_2\text{O}} = 48\% : 52\%$

C　$\varphi_{\text{THF}} : \varphi_{\text{H}_2\text{O}} = 42\% : 58\%$

② 确定评价色谱优化标准。

$$COF = \sum_{i=1}^{5} A_i \ln \frac{R_i}{R_d} + B(t_M - t_L)$$

式中，R_i 为实测 i 峰对的分离度；R_d 为期望达到的分离度，$R_d = 1.5$；t_M、t_L 为最后洗脱峰对期望的保留时间和实测的保留时间；A_i、B 为权重因子，设 $A_i = 1$，$B = 0$，使得 COF 易于计算。

③ 利用混合液设计实验法，以单纯形晶格设计程序分步搜索如图 5-27 中的 1～7 实验点，获得表 5-6 的数据；表明样品中六个组分不能实现完全分离。

表 5-6　六组分混合物的混合液设计实验数据

实验点	A/%	B/%	C/%	COF	实验点	A/%	B/%	C/%	COF
1	100	0	0	1.34	5	0	50	50	−0.35
2	0	100	0	2.78	6	50	0	50	1.85
3	0	0	100	1.63	7	33	33	33	1.37
4	50	50	0	0.64					

④ 由表 5-6 获得的 COF 值，可用下式确定单纯形晶格设计所取各点对应的色谱响应表面（chromatographic response surface）[36,42]：

$$y = a_1 x_1 + a_2 x_2 + a_3 x_3 + a_{1,2} x_1 x_2 + a_{2,3} x_2 x_3 + a_{1,3} x_1 x_3 + a_{1,2,3} x_1 x_2 x_3$$

式中，x_1、x_2、x_3 为在溶剂选择性三角形中，各实验点对应的混合溶剂的体积分数，式中系数 a 可按下述各式计算：

$a_1 = Y_A$, $a_2 = Y_B$, $a_3 = Y_C$

$a_{1,2} = 4Y_{AB} - 2(Y_A + Y_B)$, $a_{2,3} = 4Y_{BC} - 2(Y_B + Y_C)$, $a_{1,3} = 4Y_{AC} - 2(Y_A + Y_C)$

$a_{1,2,3} = 27Y_{ABC} - 12(Y_{AB} + Y_{BC} + Y_{AC}) + 3(Y_A + Y_B + Y_C)$

上述式中 Y 值即为 COF 值，系数 a 是由实验确定的。

⑤ 利用混合液单纯形晶格设计计算程序与 COF 组合进行逐步搜索，并用图示法找到最优的流动相组成。

在含有六个组分的样品中构成五个峰对，利用上述计算程序和图示方法，可获得每个峰对的分离图，如图 5-31 所示。

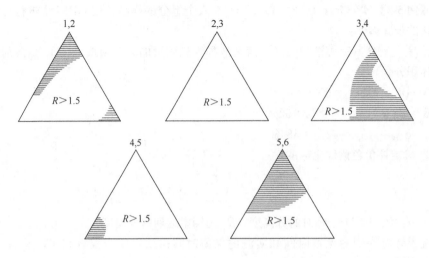

图 5-31　样品中五个峰对的分离图

　　由上述五个单独的峰对分离图可看到，仅有 2、3 两个组分可在溶剂选择性三角形的全部组成范围内，获得 $R>1.5$ 的完全分离。如将其余四个单独峰对的分离图进行叠加，可以看到其不能重叠的 A 区和 B 区，可实现分离度 $R>1.5$，如图 5-32 所示，此即为 6 个组分的重叠分离度图。在此图中 A、B 区域内的任何一点，对应的流动相溶剂组成，都可实现样品中 6 个组分的完全分离。

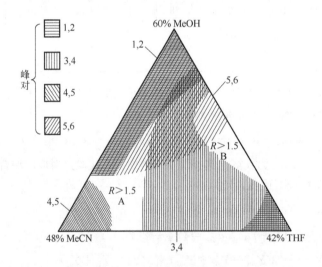

图 5-32　样品中六组分的重叠分离度图

　　重叠分离度图法直接考虑了被分离组分峰对的分离度和峰位，在处理交叉峰和掩盖峰时优于前述优化方法，本法获得溶剂优化组成的是一个区域而不仅是溶剂选择性三角形上的一个点。

本法的不足之处是，需在每种溶剂组成下进行峰对峰位和分离度的测定，还需绘出分离度等高图，操作冗长。但本法获得的数据可用计算机处理并可绘出重叠分离度图。

由上述可知，当进行色谱分离条件优化时，首先确定需要优化的可变因素（其可为双因素、三因素或多因素）。再选择好由上述可变因素构成的色谱响应函数，可采用文献上已提供的形式或自行重新组成相应的色谱响应函数，并确定判别优化的标准，如 CRF＝0，或 CRF 趋向最小值（或最大值）。最后就可采用顺序优化法（如单纯形法、混合物设计实验法、重叠分离度图法）或并行优化法（如窗图法）来进行分离条件的优化，此时应使用各种优化法对应的计算机运行程序，不断将计算出的 CRF 数值与优化目标进行比较，以判定最终优化分离条件的实现。

在解决色谱分离条件优化的实际问题时，常将进行并行优化时使用的色谱响应函数 CRF 与进行顺序优化的单纯形法、混合液设计实验法、重叠分离度图法相结合，从而构成用于未知物样品分离条件优化的串行优化方法[43~45]。

第五节 等强度洗脱和梯度洗脱的优化图示法[38,46~52]

在高效液相色谱法中，使用具有恒定溶剂组成的等强度流动相洗脱时，可由溶剂选择性三角形组成二元溶剂、三元溶剂和四元溶剂的流动相，它们都具有恒定的溶剂强度，流动相组成的变化仅改变对样品组分的选择性。

在梯度洗脱中，通常多注重溶剂组成改变时对样品组分选择性的影响。但也应看到在梯度洗脱过程中流动相的溶剂强度也在改变。

Glajch 和 Kirkland 对不同情况的洗脱进行了分类[46]，如表 5-7 所示。

表 5-7　流动相洗脱系统分类

类型	名　　　称	分　离　条　件
1	简单等强度洗脱(SI)	溶剂强度、选择性和组成保持恒定
2	等强度多溶剂程序洗脱(IMP)	溶剂强度保持恒定,溶剂选择性和组成改变
3	等选择性多溶剂梯度洗脱(IMGE)	溶剂强度和组成改变;选择性保持恒定,这是由于改性剂的比例保持恒定
4	选择性多溶剂梯度洗脱(SMGE)	溶剂强度、组成和选择性全在改变

图 5-33 表示了在反相液相色谱中表 5-7 中 4 种洗脱体系的洗脱情况。

图 5-33（a）表示"简单等强度洗脱"（simple isocratic，SI）时溶剂组成 φ（％）-时间图。此法是最基本的，在色谱运行过程中，流动相组成不改变，它可用单一溶剂或混合溶剂（其对应溶剂三角形面上的任何一点）来实现。此图中三角形的中心点，其组成设定为 20％MeOH、16.8％CH$_3$CN，11.8％THF 和 51.4％H$_2$O，借助混合液

设计实验法，可用来方便地优化任何真实的混合物的分离。反相色谱中 H_2O 作为流动相主体；MeOH、CH_3CN（ACN）、THF 作为改性剂，在指定分离中改变它们的比例可获得最好的选择性。

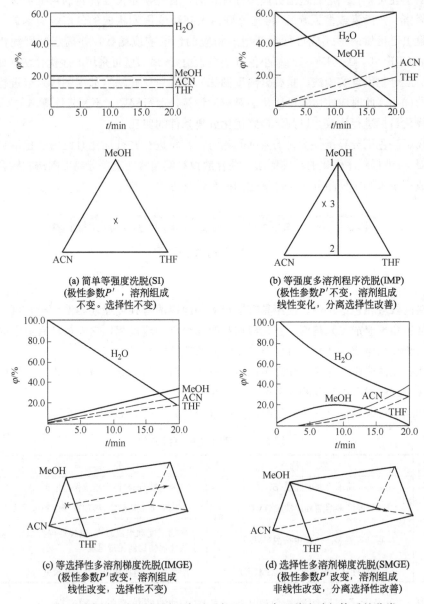

图 5-33 用溶剂组成-时间图，表示反相 HPLC 中四种流动相体系的分类

图 5-33（b）表示"等强度多溶剂程序洗脱"（isocratic multi-solvent programming, IMP）。虽然在此情况下同样保持溶剂强度在全部分离中不改变，但是在色谱运行中借助流动相组成的连续或分步变化，使分离选择性获得改善。在对应的溶剂三角形中溶

剂组成顺序由 1 变到 2 的过程，混合物中的各组分获得完全分离，而对应 1、2、3 点的溶剂组成都不能将混合物的各组分分离开。

图 5-33（c）表示"等选择性多溶剂梯度洗脱"（isoselective multi-solvent gradient elution，IMGE）。到现在为止，典型的梯度洗脱分离，皆以此方式完成，依据选择性来看，它相似于简单等度洗脱。此时改性剂的选择性和它们的相对组成，在色谱运行中并未改变，此时表达溶剂选择性的平面三角形用一个立体三棱镜图形取代。然而在运行过程中流动相主体（H_2O）的比例减小，而有机改性剂（MeOH、CH_3CN、THF）的比例却在增加，其结果使溶剂强度发生改变。由有机改性剂组成线的相近斜率指明，当梯度洗脱分离时，为保持恒定的选择性，溶剂强度以线性方式在连续减小。此情况表明使用由"四元"溶剂组成的流动相进行优化，可以在一个包括广范围 k 值混合物的梯度洗脱中，对所有的组分峰提供最好的分离度。

图 5-33（d）表示"选择性多溶剂梯度洗脱"（selective multi-solvent gradient elution，SMGE）。此时表明在色谱运行过程中，溶剂的强度、选择性和组成皆在改变。在分离过程中依据选择性的变化，SMGE 梯度洗脱相似于 IMP 程序洗脱，由于运行过程中溶剂强度同样改变，因此 SMGE 系统表现出比 IMP 系统具有更强的分离潜力。此事实在实际分离中特别重要。在梯度洗脱过程中，当刚开始溶剂梯度时，流动相的溶剂强度低，k 值高的溶质在色谱柱中无明显的移动。此时低溶剂强度的流动相对洗脱 k 值低的色谱峰是适用的，而具有高 k 值的组分，不受流动相的影响仍保留在色谱柱入口处，随着流动相溶剂强度的连续或分步增加，高 k 值组分逐渐被洗脱出，选择性在不断改变，最终使具有不同 k 值组分的分离获得优化结果。图 5-33（d）表明当流动相的强度和选择性二者同时变化时，在溶剂组成-时间图中会出现多个非线性的图线。

应当指出在 SI、IMP、IMGE 体系中，当选择性或强度改变时，所有溶剂组成变化是线性的，而在 SMGE 体系中，当溶剂选择性和强度同时改变时，溶剂组成的变化呈现非线性。对许多分离问题，非线性变化，包括分步函数，对优化是更有利的。

由前述对流动相洗脱系统的分类可以看到，等强度洗脱可用溶剂选择性平面三角形表示，梯度洗脱可用立体三棱镜图或锥形四面体图来表示[53]。

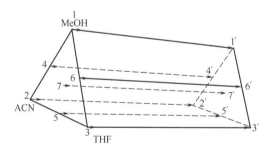

图 5-34　四元溶剂梯度洗脱体系的三棱镜图
MeOH—甲醇；ACN—乙腈；THF—四氢呋喃

用三棱镜图表示一个四元溶剂的梯度洗脱体系（图 5-34），三棱镜的各个端点皆表示二元溶剂体系，三棱镜的三个侧面及所有的边皆表示三元溶剂体系，三棱镜前后两个三角形端面皆表示四元溶剂体系。若已知 MeOH、CH_3CN、THF 和 H_2O 的溶剂极性参数 P' 分别为 5.1、5.8、4.0 和 10.2，则三棱镜前端面三角形中 1、2、3、7 四点的溶剂组成和溶剂极性参数 P' 分别为：

1 点　46%MeOH，$P'=0.46×5.1+0.54×10.2=7.85$

2 点　53%CH$_3$CN，$P'=0.53\times5.8+0.47\times10.2=7.86$

3 点　38%THF，$P'=0.38\times4.0+0.62\times10.2=7.85$

7 点　15.2%MeOH+17.5%CH$_3$CN+12.5%THF+54.8%H$_2$O，

$P'=0.152\times5.1+0.175\times5.8+0.125\times4.0+0.548\times10.2=7.87$

当梯度洗脱时，MeOH 体积分数由 46% 增大至 74%，CH$_3$CN 由 53% 增大至 85%，THF 由 38% 增大至 60%，则可求出三棱镜后端面 1′、2′、3′、7′ 四点的溶剂极性参数 P'。

1′点　74%MeOH，$P'=0.74\times5.1+0.26\times10.2=6.43$；

2′点　85%CH$_3$CN，$P'=0.85\times5.8+0.15\times10.2=6.46$；

3′点　60%THF，$P'=0.60\times4.0+0.40\times10.2=6.48$；

7′点　24.4%MeOH+28.0%CH$_3$CN+19.8%THF+27.8%H$_2$O，

$P'=0.244\times5.1+0.280\times5.8+0.198\times4.0+0.278\times10.2=6.49$

由上述计算可以看出，当进行梯度洗脱时，随 MeOH、CH$_3$CN、THF 体积分数的增加，对由 7 点变至 7′点的四元溶剂体系，其所含 H$_2$O 的体积分数由 54.8% 减少至 27.8%，体系的溶剂强度参数 P' 由 7.87 降至 6.49。在此色谱运行过程中，可获得样品中多元组分的满意分离结果。

四元溶剂的梯度洗脱体系还可用一个锥形四面体图表示。例如，图 5-35 所示是由 H$_2$O、MeOH、CH$_3$CN 和 THF 组成的四元溶剂梯度洗脱体系，H$_2$O 放在锥形四面体的顶点，三种有机改性剂（MeOH、CH$_3$CN 和 THF）位于底面三角形的三个顶点。四元溶剂体系的溶剂强度沿锥形四面体顶点至底面三角形的方向，随体系中含水量的减小而逐渐降低。在锥形四面体的任意截面上相交的三角形，表示一种等度洗脱的情况。图 5-36 表示四元溶剂体系从锥形四面体的一个等高面转移到另一个等高面时，进行的梯度洗脱情况。在两个等高面上标志点对应的流动相组成情况见表 5-8。

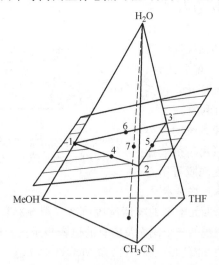

图 5-35　四元溶剂梯度洗脱体系的锥形四面体图

（在四面体截面上的三角形表示一种等度洗脱的情况）

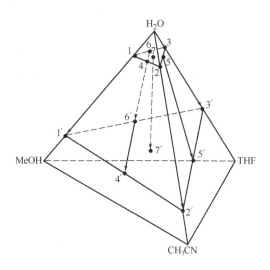

图 5-36　在锥形四面体上进行梯度洗脱的示意图

表 5-8　图 5-34 所示梯度洗脱中标志点对应的流动相组成

标志点数目	流动相组成 $\varphi/\%$				标志点数目	流动相组成 $\varphi/\%$			
	H_2O	MeOH	CH_3CN	THF		H_2O	MeOH	CH_3CN	THF
1	80	20	0	0	5	85	0	9	6
$1'$	0	100	0	0	$5'$	28	0	42	30
2	83	0	17	0	6	84	10	0	6
$2'$	16	0	84	0	$6'$	20	50	0	30
3	88	0	0	12	7	83	7	6	4
$3'$	41	0	0	59	$7'$	19	33	28	20
4	81	10	9	0	$8^{①}$	83	2	14	1
$4'$	8	50	42	0	$8'$	16	10	69	5

① "8"为预测 14 个组分获完全分离的梯度洗脱优化点。

第六节　优化色谱分离的计算机辅助方法

　　20 世纪 80 年代中期对色谱进行优化分离的方法不断涌现，此时恰逢个人计算机的应用日益扩展，因此应用计算机作为辅助手段，来加速优化色谱分离方法的发展就成为大势所趋。利用计算机辅助优化色谱分离的商用计算机软件主要有以下两类。

一、实验设计软件[54~58]

　　它利用色谱保留值模型，用预先设定的实验方案采集数据，然后将这些数据与某种依据化学计量学的优化模型（如单纯形法、窗图法、混合液设计统计技术等）相拟合，再预测出最佳的分离条件。

在实验设计系统中，获得较广泛使用的计算机软件有以下几种。

1. DryLab 软件

DryLab 计算程序，1986 年经 Snyder. Dolan 和 Molnar 提出，由美国加利福尼亚州液相色谱资源公司（LC Resources Inc.）发行，是一个获得广泛应用的计算机模拟软件，可用个人计算机作为独立应用程序，在 Windows 或 Macintosh 格式下运行，它同样可与一些 Perkin-Elmer 系统控制器和数据系统组合使用。

DryLab 从提出到现在，总是按照使用者的要求在不断地变化、发展，它不仅是色谱科学的进展，也是新技术应用的成果，随 Windows NT、Windows2000 和 32 位程序工具的使用，色谱工作者能以更快的速度实现 HPLC 操作条件的优化。DryLab 是由许多科学家在多学科连续合作取得的成果。

DryLab 软件是由不断发展提出的子程序，逐渐组合成可独立应用的程序，如用 DryLab 1、2、3 与 DryLab 4 组合构成用于等度洗脱的 DryLab I（Isocritic）；DryLab 1、2、3 与 DryLab 5 组合构成用于梯度洗脱的 DryLab G（Gradient）。这两种程序都描述了一个变量随时间 t［或 φ_B（%），温度 T，pH 值、添加剂浓度 c_A 等］的变化。

用于等度洗脱的 DryLab I 程序，依据等度洗脱溶质保留值的下述规律：

$$\lg k = \lg k_w - S\varphi$$

此式表明溶质容量因子对数 $\lg k$ 与流动相中强洗脱溶剂体积分数 φ 的线性函数关系。式中，k_w 为溶质在纯水流动相（$\varphi=0$）中 k 的外推值；斜率 S 为常数，表达了色谱柱中固定相、流动相和溶质的综合特性。

DryLab I 利用溶质在两个含不同 φ_B（%）流动相中的运行，求出 k_w 和 S，然后利用 k_w 和 S，帮助色谱工作者预测在任何 φ 值时溶质的 k 值，并确定 k 值在 $1<k<20$ 范围内的优化分离条件。对构成难分离物质对的两个相邻溶质 i 和 j，其分离因子 $\alpha_{j/i}$ 的对数值为：

$$\lg \alpha_{j/i} = \lg \frac{K_{wj}}{K_{wi}} + (S_i - S_j)\varphi$$

两个相邻溶质的分离度 R，可按下式计算：

$$R = \frac{\sqrt{n_j}}{4} \times \frac{\alpha_{j/i}-1}{\alpha_{j/i}} \times \frac{k_j}{1+k_j}$$

或

$$R = \frac{2(t'_{Rj} - t'_{Ri})}{w_i + w_j}$$

再由计算机绘制 R-φ_B 的分离度图（窗图），图中 $R>1.5$ 或呈现最高值时所对应的 φ_B 值，即为实现优化分离时的最佳流动相的组成（见图 5-21）。计算机可提供综合数据表及分离度图以帮助选择优化的分离条件。

DryLab I 同样可用计算机模拟 φ_B 以外其他变量的变化［如温度、pH 值或改性剂（离子对试剂或缓冲剂）浓度的变化］对分离的影响。它允许每次改变一个变量，来快速考查几个不同变量对分离选择性的影响。

DryLab G 可用于梯度洗脱，来优化附加的各种参数，如梯度洗脱时间 t_G、梯度洗脱起始和终止时 φ_B（%）的浓度范围、梯度陡度 T、梯度洗脱程序曲线形状等，计算机在短时间内提供的综合数据表和分离度图，可用于决定减少计算机模拟的次数。

DryLab S 是经美国加州液相色谱资源公司修饰后，提供的混合液设计统计技术（MDST）的商品软件。它基于溶剂选择性三角形方法，假设使用流动相中 3 种不同的溶剂而使谱峰间距离变化最大，从而产生最佳的分离。

此法是用 3 种有机溶剂（甲醇、乙腈、四氢呋喃）与水混合组成的 7 种流动相，画出被分离组分的色谱图，测出相关化合物的保留时间 t_R，预先确定了优化函数和收敛条件后，可预测出某种组成的流动相可获得最佳的分离。

如将被分离各个组分的保留时间和峰宽数据（或柱塔板数）输入 MDST 程序中，然后将各个峰的保留值和每个峰对之间的分离度与溶剂三角形中含有的所有点对应的流动相组成条件，按色谱响应表面函数作图，若设定样品中所有化合物都能以 $R=1.5$ 的分离度分离开，则在用三角形表达的分离图中，阴影部分代表该峰对在 $R<1.5$ 时溶剂组成的面积，白色表示峰对在 $R>1.5$ 时溶剂组成的面积，从而预测出获得完全分离的最佳流动相组成区域，这就是获得的重叠分离度图（ORM）。

DryLab MP 适用于两个或更多变量（温度、pH 值、改性剂浓度等）同时变化，以模拟 HPLC 分离的最佳条件。此时描述的模拟分离是作为几个变量数值变化的函数，因此可导致明显的不同变量间相互作用的影响和不够精确的预测，本程序允许预测的准确度优于 $\pm2\%$ 的 α 值（分离因子）。利用多重参数的计算机模拟方法可以用于开发建立一个新的 HPLC 方法，或利用逐次逼近法或单参数变换法来加强一种 HPLC 方法的研究，并可用于评价 HPLC 方法的可靠性。

DryLab 软件的发展体现了技术的进步，它在不断地调节以适应新硬件的需求，个人计算机已发展到更高的性能，DryLab 软件从 DOS 方式开始，经历 Windows 1.0，3.1，NT，2000，至今形成 32 位工具的使用，现在 DryLab2000 已包含前述所有的计算程序。

2010 年 Molnar 研究所发表了 DryLab V.4.2 版本，它是一个预测和可视模式软件，提供同时优化三组测定的标准参数，产生一个有用的三维（3D）模型和一个了解处理拟定档案方法开发策略。此软件适用于 Windows 操作系统（从 XP 到 Windows 8）。

2. ACD Auto Chrom 方法开发软件 V. 2012

此软件对 Waters 和 Agilent HPLC 和 UHPLC 系统，提供一种完全自动化方法开发能力。它使用自动化实验设计和预测模拟两种方法，并附加了使用 UV 或 MS 数据的复杂峰跟踪功能，还改进了使用者界面。这是最新版本，可同时与 ACD/光谱数据库平台组合使用。

3. S-Matrix Fusion AEQbD 液相色谱方法开发软件 V. 9. 7. 0

S-Matrix 公司专门致力于实验设计（design of experiments，DoE）软件已超过十

年。它们基于质量源于设计（quality by design，QbD）原理，使适用于它们的实验设计（DoE）和高级模型软件用于 LC 方法开发。此最新版本提供一种多参数设计区间和检验可接受范围（proven acceptable range，PAR）图示，与它们的 Monte Carlo 稳健模拟工具组合，在 Waters 的 Empower 和 Agilent 的 Chemstation/OpenLab 色谱数据系统工作条件下，可以扩展 Waters 和 Agilent 的 UHPLC 系统，使其具有自动化 LC 实验能力。此新版本也增加了，对小分子和大分子样品二者皆适用的自动化有效实验，并与它们的 LC 方法有效模式相伴。

4. ICOS 和 DIAMOND 软件

1980 年 Glajch 和 Kirkland 提出溶剂选择性三角形概念，其利用甲醇、乙腈、四氢呋喃和水的混合溶剂组成的变化，来改变 RPHPLC 分离的选择性，并用于优化分离。依据这种方法优化 RPHPLC 分离的商品软件为由 Hewlett-Packard 提供的 ICOS 程序软件和由 ATI 公司提供的 DIAMOND 程序软件，它们的操作和功能是相似的，皆为集成系统软件。

ICOS 可以不同的方式——一维、二维和三维模式来优化选择性和色谱分离。一维模式以和 DryLab 相似的方式来完成，先完成两个（或更多）实验，用仅一个变量变化的经验方程式来描述每个化合物的保留值和分离度图，其作为被变化变量（如流动相组成 φ_B）的函数来表征。它可绘制分离度 R-流动相组成 φ_B 图，保留时间 t_R-流动相组成 φ_B 图和色谱流出曲线图，由计算机指导完成最优化的分离。

ICOS 可同时优化两个变量（如 φ_B 和 pH 值），由 ICOS 或 DIAMOND 进行的二维模式优化，使用溶剂选择性三角形中 3 个顶点、3 个边的中点和三角形中心点的 7 个不同流动相的组成，ICOS 需使用 15 个实验，DIAMOND 需使用 10 个实验来完成色谱分离的优化。

三维模式（包括同时使用附加的参数），通常需要许多次实验，并限于难分离的多组分样品。

ICOS 和 DIAMOND 都提供自动化色谱峰跟踪功能，并用于保留值的优化。

5. PESOS 软件

PESOS 是由 Perkin-Elmer 公司提供的，用于优化 HPLC 分离的一个网络搜索程序，它也基于溶剂选择性三角形的概念，但与 MDST 方法不同，PESOS 以多种溶剂的特殊混合液开始试验（见图 5-27）。每次实验都对溶剂的组成稍加修改，直至找到最佳的流动相组成。可用任何的优化标准指导其进程。它不涉及对保留行为或峰形的任何假定。它通常可用两个变量（如 φ_B 和 pH 值）同时变化，来导出最佳的分离条件。遗憾的是文献中使用此技术的报道很少，它以很小的增量法改变流动相的组成，其工作效率较低，需多次实验才可找到最佳条件。

PESOS 可与 DryLab 组合使用。

近期还报道使用 Plackett-Burman 实验设计方法，使用三步 HPLC 优化策略来检验药物中的杂质[59]。

二、人工智能软件[60]

依据色谱分离原理和色谱工作者对色谱图分离结果评价标准的组合，近年 Hearn 等提出了应用人工智能的 Lab Expert 软件。

Lab Expert 软件使用一个人工智能系统实时操作，并设计提供实验决策成果的驱动程序，对复杂样品的分离显示出如同控制仪器参数，进行色谱柱的选择，流动相的选择和选用实验参数一样的优化能力。

Lab Expert 依据色谱分离原理和色谱工作者实验观察谱图的评价标准预先建立一个可接受的 HPLC 分离方法的方案，再使用推理程序，运作每一个输入参数进入数据工作站，并实时评价数据工作站的每一个输出参数，把它作为决策过程的一部分。此人工智能系统经常以一种相似比较或在更短的时间间隔内推荐一系列的分析条件，如分离度、柱效，并提供由具有高度经验的色谱科学家所拥有的实验信息，以在系统容许的全部时间内，利用分析仪器和辅助的实验室资源，对所进行的复杂分离任务，提供实时、有效和高效率的决策。

Lab Expert 软件应用人工智能程序，在 HPLC 方法的建立中可自动化的完成数据收集、解释、比较和优化。此系统的优点是明显节约时间并更有效地利用实验室的人员、设备和资源。它利用组合和模拟色谱专家的知识和经验的合理加工，使这些知识和经验快速地传授给缺少良好训练和经验的新一代色谱工作者，并显著提高实验室的工作效率。

Lab Expert 软件中作出决策使用的组合评价标准包括：实现确定的最低分离度 (R)，难分离物质对的分离因子 (α)，色谱柱理论板数 (n)，色谱峰的不对称因子 (A_s) 和总分析时间 (t_{total})。

Lab Expert 软件预测溶质保留行为时还使用如 pK_a、偶极矩、净电荷数、疏水性等物化参数以及分子系数指数和分子结构。

Lab Expert 软件书写围绕 G2 计算机语言平台框架 (Gensym, Burlington, MA, USA)，它是一个工业实时专家系统开发的语言，适用于对实时目标作出决策和推理，具有创造性软件的应用。G2 是将色谱知识组合进入一种依据专家系统驱动程序而选择的语言。

前述依据实验设计的基体搜索软件，如 DryLab 2000 或 PESOS，可用于使用两个或更多的分离实验，以精简分离实验的选择。然而上述软件程序都不能控制和独立操作 HPLC 系统实质上的自动化，对分离的选择性的实现不能作出如同专家的决策。而 Lab Expert 在实时分析过程作出的解释和决策过程，都紧跟有经验的色谱工作者对实时结果的解释，与预先规定的可接受的标准进行比较，并以全部自动化方式来补偿在线的实时变化。

在 HPLC 分析系统中使用全部人工智能的目的是，最后实现的分离度要超过实时决策和色谱专家制定的标准。

Lab Expert 软件的进一步发展就是要建立高效液相色谱的专家系统。

第七节　GC和HPLC的专家系统简介[5~8]

　　GC和HPLC是近70年迅速发展起来的色谱分离、分析技术，特别是随着计算机技术的飞速发展，全自动化的高效液相色谱仪也已问世。微型计算机已成为色谱仪的关键部件，它不仅能完成色谱仪各个部件的实时控制、分析数据的采集和处理，还能利用化学计量学方法对所获得的数据进行归纳、推理，并将结果反馈到色谱仪，进一步指导色谱分离条件的优化操作，从而使色谱仪器的自动化程度大大提高。

　　现在随GC和HPLC分析应用的日益广泛及分析样品愈来愈复杂，为能针对实际样品的特点，选择和采用适当的色谱分析方法，色谱分析工作者通常需花费几天、几周或更多的时间，才能完成定性和定量分析任务。随着人工智能（artificial intelligence）技术的发展，与色谱分析基本理论的结合，使我们有可能把广大色谱工作者和专家的实践经验转化成计算机软件而构成专家系统。

一、专家系统的组成

　　色谱的专家系统是一个将大量色谱分析方法专门知识和专家实践经验相结合的计算机程序。它是把人工智能的研究方法和化学计量学中的一些数学算法相结合而发展起来的，专家系统设计通常包括五个部分：

　　① 知识库　储存专家的知识、实践经验、色谱理论，可随时修改、扩充。它为样品预处理方法、柱系统选择、检测器选择提供基本知识。

　　② 谱图库　储存文献中已发表的谱图，提供定性分析的方法，并可验证获得的分析结果。

　　③ 数据库　储存各种样品性质的信息，如熔点、沸点、分子量、偶极矩、黏度等，可为样品预处理方法、柱系选择、检测器选择提供必要的数据。它还储存由初始数据进行推理获得的中间数据及经推理获得的最终结果。

　　④ 推理机　它控制、协调整个专家系统的运行，可根据当前输入的信息，利用知识库、数据库和谱图库的知识、数据、谱图，以及人工智能确定的推理策略，去解决专家系统面临的任务。它是专家系统中的关键部分。

　　⑤ 人机对话界面　即专家系统的解释部分，构成专家系统与用户沟通的桥梁，为用户向专家系统学习，从推理机获得指导信息和维护专家系统提供方便。

二、专家系统的使用方法

　　当用户使用专家系统去解决复杂样品分析的实际问题时，通常按照以下五个步骤进行：①样品分离模式的推荐，即首先选择用于分离的柱系统和流动相系统；②样品的预处理方法和检测器的选择；③色谱分离条件的最优化；④在线色谱峰的定性和定量分析；⑤液相色谱仪和专家系统运行过程的自行诊断。

　　因此专家系统中的知识库、谱图库、数据库中的信息储存容量和推理机的人工智能化程度直接决定了专家系统的工作质量。

HPLC 专家系统的构成与用户使用过程的关联如图 5-37 所示。

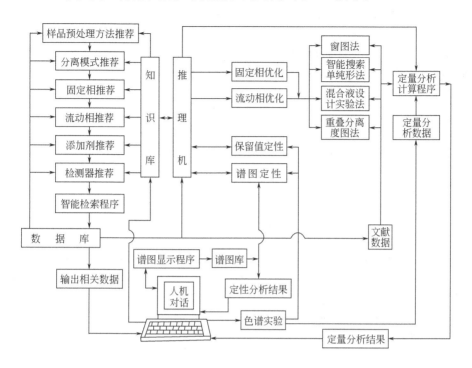

图 5-37 HPLC 专家系统各部分之间的关系图

使用专家系统时，样品分离模式的推荐是实现分离的核心问题，由知识库、数据库提供的固定相、流动相、改性剂、检测器的推荐，是由建立在液相色谱基础理论上的高质量知识综合体系提供的，而不是简单的文献检索和经验的总结。它具有广泛的应用和推广价值。

当分离模式确定后，色谱分离条件的优化是专家系统的另一个重要运行环节，可以借助预设计的优化条件（如窗图法、智能搜索单纯形法、混合液设计实验法、重叠分离度图法等）实现样品中各个组分的优化分离。

当实现优化分离后，就可进行样品中各组分的定性分析和定量分析，其和常规色谱工作站的功能相当。

应当指出推理机是专家系统中赋以人工智能的关键部件，涉及对大量信息的分析、判断、归纳、确定逻辑运行的方向与规则的匹配及推理，它起到对专家系统中各部分相互独立的工作模块的控制和协调作用。

在专家系统的程序设计中使用了能对大量信息进行快速处理并具较强推理能力的 Scheme-Lisp 语言，它与用于数据计算和用于编制优化程序的 Quick Basic 语言和 Pascal 语言的交界，可通过其模块调用功能来实现。这样在 Scheme-Lisp 程序中推理机做出的结论，可以通过一个文件或参数形式传送给其他处理模块，而其他数值计算获得的结果同样可以通过文件传送给推理机，做出进一步的推论。这样就实现了规则的系统软件之间的结合。

　　在我国以中国科学院院士卢佩章教授为首的色谱研究中心,对用于色谱分析的专家系统进行了大量的研究工作,并于 1992～1993 年先后出版了《高效液相色谱法及其专家系统》和《气相色谱专家系统》两本专著。这无疑对我国广大色谱分析工作者去了解和应用色谱专家系统,提供了有利的条件。

参 考 文 献

[1] H. 恩格哈特. 高效液相色谱法. 杨文澜,等译. 北京:机械工业出版社,1982:29-30.

[2] Berridge J C. Techniques for the Automated Optimization of HPLC Separations, Chichester:John Wiley & Sons, 1985:1-9;19-30;70-93;97-118;119-135.

[3] Schoenmakers P J. Optimization of Chromatographic Selectivity. Amsterdam:Elsevier, 1986:105-113;116-168;170-250.

[4] Ahuja S. Selectivity and Detectability Optimizations in HPLC. NewYork:John Wiley & Sons, 1989:461-504.

[5] 卢佩章,戴朝政,张祥民. 色谱理论基础. 第 2 版. 北京:科学出版社,1997:322-384.

[6] 卢佩章,张玉奎,梁鑫淼. 高效液相色谱法及其专家系统. 沈阳:辽宁科学技术出版社,1992:302-428;636-654.

[7] 周申范,宋敬埔,王乃岩. 色谱理论及应用. 北京:北京理工大学出版社,1994:143-175.

[8] 周良模,等. 气相色谱新技术. 北京:科学出版社,1994:409-439.

[9] Kaiser R. Gas-Chromatographi. Leibzig:Geest und Porting, 1960:33.

[10] Cristophe A B. Chromatographia, 1971, 4:455.

[11] Coates V J. Gas Chromatography. New York:Academic Press, 1958:41-50.

[12] Drouen A C J H. Chromatographia, 1982, 16:48.

[13] Morgan S L, Deming S N. J Chromatogr, 1975, 112:267.

[14] Watson M W, Carr P W. Anal Chem, 1979, 51 (11):1835.

[15] Glajch J L, Kirkland J J, Squire K M, et al. J Chromatogr, 1980, 199:57-79.

[16] Berridge J C. J Chromatogr, 1982, 244:1-14.

[17] Klein E J, Rivera S L. J Lig Chrom & Rel Technol, 2000, 23 (14):2097-2121.

[18] Tyteca E, Desmet G. J Chromatogr A, 2014, 1361:178-190.

[19] 孙毓庆,胡育筑. 液相色谱溶剂系统的选择与优化. 北京:化学工业出版社,2008:265-295.

[20] Heyden Y V. LC-GC Europe, 2006, 9:469-475.

[21] Dejaegher B, Heyden Y V. LC-GC Europe, 2009, 5:256-261;2009, 12:581-585.

[22] Heyden Y V. LC-GC Europe, 2011, 8:423-425.

[23] Harvey D T, Byerly S, Tomlin J. J Chem Edu, 1991, 68 (2):162-169.

[24] Deming S N, Morgan S L. Anal Chem, 1973, 45 (3):278A-282A.

[25] Berridge J C. J Chromatogr, 1989, 485:3-14.

[26] 安登魁,杨秉仁. 南京药学院学报, 1986, 17 (1):73-80.

[27] Nelder J A. Mead R. Comput J, 1965, 7:308.

[28] Routh M W, Swartz P A, Denton M B. Anal Chem, 1979, 49 (9):1422.

[29] Ryan P B, Barr R L, Todd H D. Anal Chem, 1980, 52 (9):1460.

[30] Vander Weil P F A, Maussen R, Kateman G. Anal Chim Acta, 1983, 153:83.

[31] Deming S N, Turoff M L H. Anal Chem, 1978, 50 (4):546-548.

[32] Nickel J H, Deming S N. American Laboratory, 1984, 16 (4): 69-71.

[33] Deming S N, Palasota J M, Lee J, et al. J Chromatogr, 1989, 485: 15-25.

[34] Liang Y. Chromatogr Rev, 1985, 12: 6.

[35] Laub R J. J Liquid Chromatogr, 1984, 7: 647.

[36] Jenke D R, Pagenkopf G K. Anal Chem, 1984, 56 (1): 85.

[37] Constanzo S J. J Chromatogr, 1984, 314: 402.

[38] Weyland J W, Bruins C H P, Doornbos D A. J Chromatogr Sci, 1984, 22: 31.

[39] Otto M, Wegscheider W. J Chromatogr, 1983, 258: 11-22.

[40] Sachok B. Kong R C, Deming S N. J Chromatogr, 1980, 199: 317-325.

[41] Coenegracht P M J, Tuyen N V, Metting H J. J Chromatogr, 1987, 389: 351-367.

[42] Meyer V R. Practical High Performance Liquid Chromatography. Chichester: John Wiley & Sons, 1988, 211-217.

[43] Antle P E. Chromatographia, 1982, 15 (5): 277-281.

[44] 金恒亮. 高压液相色谱法. 北京: 原子能出版社, 1987: 192-196.

[45] Schoenmakers P J, Billiet H A H, Galan L D. J Chromatogr, 1981, 218: 261-284.

[46] Glajch J L, Kirkland J J. Anal Chem, 1982, 54 (14): 2593-2596.

[47] Kirkland J J. Glajch J L. J Chromatogr, 1983, 255: 27.

[48] Lu PeiZhang, Huang Hongxin. J Chromatogr Sci, 1989, 27 (12): 690-697.

[49] 黄红心, 张玉奎, 林从敬, 等. 色谱, 1992, 10 (3): 125-128.

[50] Klein E J, Rivera S L. J Lig Chrom & Rel Technol, 2000, 23 (14): 2097-2121.

[51] Coenegracht P M J, Metting H J, Smilde A K. Chromatographia, 1989, 27 (2/3): 135-141.

[52] Agostino G D, Mitchell F, Castagnetta L, et al. J Chromatogr, 1984, 305: 13.

[53] Nyiredy Sz. J Chromatogr Sci, 2002, 40 (11/12): 553-562.

[54] 施奈德 L R, 格莱吉克 J L, 柯克兰 J J. 实用高效液相色谱法的建立. 王杰, 等译. 北京: 科学出版社, 2000: 196-222.

[55] Suyder L R, Kirkland J J, Glajch J L. Practical HPLC Method Development (Second Edition). New York: John Wiley & Sons Inc, 1997: 439-478.

[56] Snyder L R, Dolan J W, Lommen D C. J Chromatogr, 1990, 535: 55-74, 75-92.

[57] Molnar I. J Chromatogr A, 2002, 965: 175-194.

[58] Hoang T H, Cuerrier D, Mc Clintock S, et al. J Chromatogr A, 2003, 991: 281-287.

[59] Li Weiyong, Rasmussen H T. J Chromatogr A, 2003, 1016: 165-180.

[60] I T-P, Smith R, Guhan S, Taksen K, et al. J Chromatogr A, 2002, 972: 27-43.

第六章 色谱柱设计方法

色谱柱设计是色谱柱制造商为了充分满足多批次、例行分析的需求，而提出的常规色谱柱的制作方法。色谱柱设计的目的是制备具有高柱效的通用色谱柱，以适应对不同组成样品分析的要求。

在色谱分析实验室中，常规样品的分析通量、色谱分析的有效成本，都与色谱柱的分离性能密切相关，一个优化的色谱柱设计方案，可大大提高色谱分析的效率，降低分析成本，并实现准确、快速的分析。

作为一个色谱分析工作者，也应了解色谱柱设计的原则和方法，以便更有效地使用色谱柱，去完成各种复杂的分析任务。

第一节 色谱柱设计方案

在色谱分析中会遇到用于色谱柱设计的诸多参数[1,2]，如：

① 与色谱柱相关的参数　色谱柱的柱长、柱内径、柱填料的粒度、柱压力降、毛细管柱涂渍固定液液膜的厚度等。

② 与流动相相关的参数　流动相的流速及通过色谱柱的线速度、流动相的黏度、流动相的扩散系数等。

③ 与被分离溶质相关的参数　溶质的保留时间或容量因子、溶质在柱中被分离时达到的理论塔板数、溶质在流动相的扩散系数、难分离溶质峰对的分离因子等。

上述诸多参数存在相互关联和相互制约的关系，一个优化的色谱柱设计方案，应在以下三个方面，提出确切的要求：

① 欲设计的色谱柱，应具有明确的性能指标。

② 使用欲设计的色谱柱，所采用色谱仪应具有的性能指标。

③ 由最难分离溶质峰对的分离因子，去确定色谱柱应当选择的色谱分离的变量。

由上述可知，实现色谱柱设计，必须采用三个不同的数据来源，它们可被称作色谱柱设计的数据库。

以下分别对上述三个要求，做较深入的阐述。

一、色谱柱的性能标准

色谱是一种分离技术，色谱柱应能将注入柱中样品的各个组分完全分离，并实现各个组分的准确定量测定。因而，被设计的色谱柱应对样品中最难分离溶质峰对具有完全分离的能力，即要求色谱柱具有高的柱效率，这是第一个性能标准。

为实现分析高样品通量，第二个性能标准就是要求每次分析应在最短的时间内实现。

为了降低每次分析的成本，第三个性能标准就是要求每次分析使用最少的流动相用量。

为了保持对微量组分的检测能力，第四个性能标准就是要求色谱柱与检测器组合，可提供最大可能的质量（或浓度）灵敏度。

因而色谱柱的性能标准可归结为：

① 色谱柱应具有高分离度和高柱效。

② 色谱柱必须在最短时间内完成样品分析。

③ 色谱柱完成样品分析，应使用最低流动相消耗。

④ 在分析中应实现最高的质量灵敏度。

二、色谱仪器的性能约束

色谱分析是在特定的色谱仪中完成的，色谱仪具有的性能指标，如载气源或输液泵提供色谱柱的柱前和柱后的压力差，提供流动相（载气和载液）的流量范围、色谱仪系统提供柱外效应的变度、检测系统的响应速度等，这些都会对色谱柱性能的充分发挥产生一定的约束作用。

因此，色谱仪器的性能约束可归结为：

① 色谱仪载气源和输液泵能提供的最大操作压力。

② 色谱仪能提供流动相（载气或载液）的最高和最低流速。

③ 色谱仪系统提供柱外效应的变度应尽量小。

④ 检测系统的响应时间应尽量短。

三、在色谱分离中应当选择的变量

任何组成复杂混合物分离的色谱图都可用折合色谱图（The reduced Chromatogram）来表达成一个相对简单的色谱分离，它简明和准确地表达了此分离问题的限度和可进行的程度，折合色谱图的构成如图 6-1 所示。

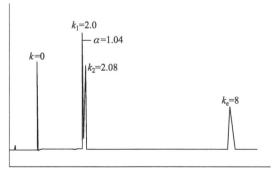

图 6-1　折合色谱图

折合色谱图可由四个色谱峰组成，第一个峰为色谱柱的死体积峰（$k=0$），中间第二个和第三个峰为样品混合物中最难分离溶质的峰对（$k_1=2.0$，$k_2=2.08$，分离因子 $\alpha=1.04$），第四个峰为最后被洗脱出的溶质（$k_e=8$），此峰流出就意味总分析时间已经结束。显然，此色谱柱必须具有足够的分离效率，以实现最难分离溶质峰对的完全分离，也意味着样品中所有其他组分也一定被完全分离。

为了实现样品中最难分离溶质峰对的完全分离，色谱柱填充的固定相体系应当能对最难分离溶质峰对提供最大的分离因子，与此同时也应确定最后洗脱溶质的容量因子也具有最低值，为此目的用于色谱分离的流动相应具有最低的黏度和最低的扩散系数。

因此，为了评价所设计色谱柱的分离性能，应当获取和计算下述色谱分离的变量：

① 最难分离溶质峰对的分离因子（α）。

② 在最难分离溶质峰对中首个溶质的容量因子（k_1）。

③ 最后被洗脱溶质峰的容量因子（k_e）。

④ 流动相（载气和载液）的黏度（η）。

⑤ 在流动相中，最难分离溶质峰对中首个溶质的扩散系数（D_{ml}）。

在满足了色谱柱设计的上述三个要求后，在使用设计的色谱柱时还应配备以下两个辅助资料。

（1）色谱柱说明书

当利用上述三个色谱柱设计的数据库确定了色谱柱的使用条件，并用塔板和速率理论导出了适当方程式，色谱柱尺寸和柱填料的物理和化学性质已经确定。色谱柱说明书，应标明色谱柱的柱长（L），柱内径（d_c），柱填料的粒径（d_p）和对标准样品实现分离的谱图，以及实现分离使用的流动相的流速及线速度。还可标明实验的操作条件，如使用的柱温，以及程序升温或梯度洗脱的程序。

（2）使用色谱仪进行分析的说明书

设计好的色谱柱要安装在色谱仪上，才能进行色谱分析，因此还应当对总色谱系统的最高性能进行描述，说明仪器已经达到的分析性能，如：

① 对最难分离溶质峰对实现的分离度（R）和分离因子（α），以及达到的柱效，可用理论塔板数表达。

② 完成全部样品分析，需要的最短时间。

③ 色谱柱可承载的最大样品容量。

④ 每次分析所消耗流动相（载气或载液）的用量。

⑤ 对样品检测的质量灵敏度。

⑥ 色谱图呈现的总色谱峰容量。

⑦ 色谱仪总系统提供的柱外效应的总变度。

一个完整的色谱柱设计应当包括上述全部内容，但遗憾的是，现在很难看到由色谱柱制造商或色谱仪制造商提供的色谱柱设计方案，这或许由于若提供完整的色谱柱设计方案，不仅需要大量实验工作支撑，还必须具备一定的色谱理论基础，此外，还会涉及商业机密，例如，一个色谱仪总系统提供的柱外效应的总变度，至今色谱仪制造商很少会提及。

色谱柱设计方案完成的框图，如图 6-2 所示。

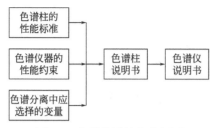

图 6-2　色谱柱设计方案框图

第二节　气相色谱柱的设计

气相色谱柱可分为填充柱和毛细管柱（开管柱）两大类，本节阐述的色谱柱设计主要介绍应用色谱理论去计算表征色谱柱特征的关键参数，及各种参数的相互关联。

一、色谱柱设计的理论基础——范第姆特方程式

范第姆特方程式的通用表达式为：$H = A + \dfrac{B}{u} + Cu$

在气-液色谱分析中，对填充柱考虑到气体的可压缩性与溶质的扩散系数对压力的依赖性，可表达如下：

$$H = 2\lambda d_{\mathrm{p}} + \frac{2\gamma D_{\mathrm{g}}}{u} + 0.01\frac{k^2}{(1+k)^2} \times \frac{d_{\mathrm{p}}^{\,2}}{D_{\mathrm{g}}}u + \frac{2}{3}\frac{k}{(1+k)^2} \times \frac{d_{\mathrm{f}}^{\,2}}{D_{\mathrm{l}}} \times \frac{2}{J+1}u$$

式中，λ 为不均匀因子；d_{p} 为固定相粒度；γ 为阻碍因子；D_{g} 为溶质在气相的扩散系数；k 为溶质的容量因子；u 为流动相在柱出口的线速度；d_{f} 为固定液的液膜厚度；D_{l} 为溶质在固定液相的扩散系数；J 为色谱柱入口和出口压力的比值；H 为理论塔板高度。

式中 A、B、C 值分别为：

$$A = 2\lambda d_{\mathrm{p}}$$

$$B = 2\gamma D_{\mathrm{g}}$$

$$C = 0.01\frac{k^2}{(1+k)^2} \times \frac{d_{\mathrm{p}}^{\,2}}{D_{\mathrm{g}}} + \frac{2}{3}\frac{k}{(1+k)^2} \times \frac{d_{\mathrm{f}}^{\,2}}{D_{\mathrm{l}}} \times \frac{2}{J+1}$$

在气-液色谱分析中，对毛细管柱可表达为：

$$H = \frac{2D_{\mathrm{g}}}{u} + \frac{1+6k+11k^2}{24(1+k)^2} \times \frac{r_{\mathrm{o}}^{2}}{D_{\mathrm{g}}}u + \frac{2}{3}\frac{k}{(1+k)^2} \times \frac{d_{\mathrm{f}}^{\,2}}{D_{\mathrm{l}}} \times \frac{2}{J+1}u$$

式中，r_o 为毛细管柱的半径；其他参数同前。

式中 B、C 值分别为：

$$B = 2D_g$$

$$C = \frac{1+6k+11k^2}{24(1+k)^2} \times \frac{r_o^2}{D_g} + \frac{2}{3} \frac{k}{(1+k)^2} \times \frac{d_f^2}{D_l} \times \frac{2}{J+1}$$

二、计算被分离溶质在设计色谱柱上特性参数的关键方程式

最难分离溶质峰对，由设定的分离因子，在色谱柱上实现完全分离时，计算色谱柱特征参数的关键方程式如下：

1. 实现完全分离时，色谱柱应具有的理论塔板数 n

$$n = \left[\frac{4(1+k_1)}{k_1(\alpha-1)}\right]^2$$

式中，n 为实现难分离溶质完全分离时，色谱柱应具有的理论塔板数；α 为难分离溶质峰对的分离因子；k_1 为难分离溶质峰对中首先被洗脱溶质的容量因子。

2. 实现完全分离时，色谱柱应当具有的柱长 L

$$色谱柱的柱长：L = nH$$

$$对填充柱：L = n\left(A + \frac{B}{u} + Cu\right)$$

$$对毛细管柱：L = n\left(\frac{B}{u} + Cu\right)$$

填充柱的柱长也可用达西（Darcy）方程求出：

$$L = \frac{k_o \Delta p d_p^2}{\eta u}$$

式中，k_o 为色谱柱的比渗透系数；Δp 为色谱柱的压力降；d_p 为固定相粒度；η 为流动相的黏度；u 为柱出口的线速度。

毛细管柱的柱长也可用泊松（Poiseuille）方程求出：

$$L = \frac{k_o \Delta p r_o^2}{\eta u}$$

式中，k_o 为毛细管柱的比渗透系数；r_o 为毛细管柱的半径，其他参数同前。

3. 实现完全分离时，流动相在柱出口的线速度 u

$$对填充柱：u = \frac{-A}{2C} \pm \sqrt{\frac{A^2}{4C^2} - \left(\frac{B}{C} - \frac{k_o \Delta p d_p^2}{NC\eta}\right)}$$

$$对毛细管柱：u = \pm \sqrt{\frac{k_o \Delta p r_o^2}{NC\eta} - \frac{B}{C}}$$

式中，A、B、C 为范第姆特方程式中的系数。

4. 实现完全分离时，所需的分析时间 t

$$t = (1 + k_e) \times \frac{L \times 2(p_i/p_o)^3 - 1}{u \times 3(p_i/p_o)^2 - 1} = (1 + k_e) \frac{L}{uj}$$

式中，k_e 为最后洗脱峰的容量因子；j 为压力校正因子。

5. 计算溶质的容量因子 k

对填充柱：$k = \dfrac{KgAd_f}{\pi R^2 - g/\rho}$

式中，K 为溶质的分配系数；g 为色谱柱密度，质量（g）/单位柱长（cm）；A 为载体比表面积，cm^2/g；d_f 为固定液液膜厚度；R 为填充柱半径；ρ 为载体密度，g/cm^3。

对毛细管柱：$k = K \dfrac{2d_f}{r_o}$

式中，d_f 为固定液液膜厚度；r_o 为毛细管柱的半径。

三、各种柱参数的相互关联

1. 填充柱

2m×4.6mm 填充柱可用不同粒径（d_p）的固定相填充，测定在每种粒子填充柱的最低理论塔板高度（H_{min}），绘制 H_{min}-d_p 图，如图 6-3 所示。由图可看到，随填充固定相粒径的增加，H_{min} 随之增大，从而使柱效下降。

在气液色谱柱中，固定相载体表面涂渍的固定液液膜厚度（d_f）不依赖于难分离溶质峰对的分离因子，仅依赖于每种溶质的分配系数（K_P）分配系数由小到大地增加，对应涂渍的固定液液膜厚度，最初迅速下降，而后逐渐缓慢下降，可参见图 6-4。

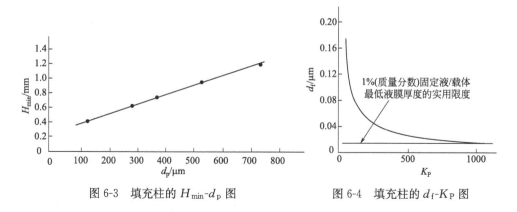

图 6-3 填充柱的 H_{min}-d_p 图　　　　图 6-4 填充柱的 d_f-K_P 图

2. 毛细管柱

对具有不同柱半径（r_o）的长 25m 的毛细管柱，内壁涂渍 $0.3\mu m$ 固定液膜，测定不同柱半径毛细管柱的最低理论塔板高度（H_{min}），绘制 H_{min}-r_o 图，如图 6-5 所示。由图可看到，随毛细管柱半径的增加，H_{min} 随之增大，从而使柱效下降。

用涂渍不同固定液液膜厚度的毛细管柱，来分离具有不同分离难度的溶质峰对时，其固定液液膜厚度（d_f）与难分离溶质峰对分离因子（α）的关联见图 6-6。由图可以看到，分离因子 $\alpha=1.12$ 的峰对，实现分离仅需很薄的固定液液膜，而难分离的峰对（$\alpha=1.01$ 或 1.02）就要求更厚的固定液液膜。并且液膜厚度（d_f）也与溶质的分配系数相关，K 值较小的溶质需较厚的液膜，K 值较大的溶质需较薄的液膜。

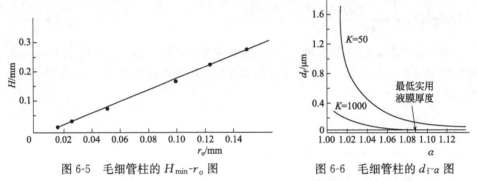

图 6-5 毛细管柱的 H_{min}-r_o 图   图 6-6 毛细管柱的 d_f-α 图

用固定液液膜厚度为 $0.5\mu m$ 的毛细管柱，分离分配系数 $K=100$ 的 $\alpha=1.01$ 的难分离溶质峰对时，所需分析时间（t）-毛细管柱半径（r_o）的关系图，如图 6-7 所示。由图可看到，对应于实现分离的最低分析时间（t_{min}），有一个最佳毛细管柱半径（$r_{o,opt}$）。

当毛细管柱的半径 r_o 小于或大于 $r_{o,opt}$ 时，皆需要更长的分析时间。

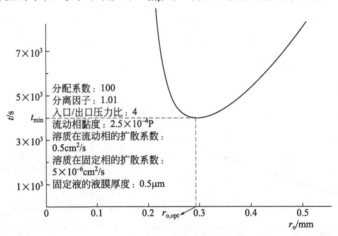

图 6-7 分析时间 t-毛细管柱半径 r_o 图

对上述分配系数为 100，$\alpha=1.01$ 的难分离溶质峰对，若使用具有最佳毛细管柱半径 $r_{o,opt}$ 的毛细管柱进行难分离峰对的分离，可发现实现分离的最低分析时间，对应毛细管柱涂渍的最佳液膜厚度 $d_{f,opt}$，可参见分析时间（t）-固定液液膜厚度（d_f）图（图 6-8）。

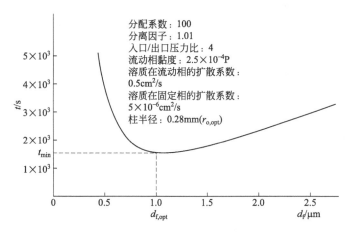

图 6-8 分析时间 t-毛细管柱液膜厚度 d_f 图

3. 填充柱与毛细管柱的比较

当使用填充柱或毛细管柱去分离具有一定分配常数 K 的难分离溶质峰对时，所需分析时间对数（$\lg t$）-难分离溶质峰对分离因子（α）的关系图，如图 6-9 所示。

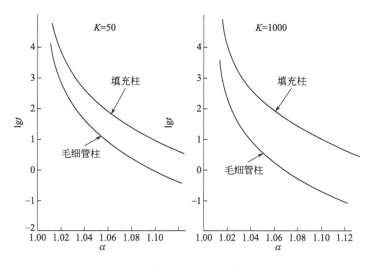

图 6-9 填充柱和毛细管柱分析时间对数 $\lg t$-分离因子 α 图

具有同一分离因子的难分离溶质峰对，使用毛细管柱实现完全分离所需的分析时间总比使用填充柱要短。如对 $K=1000$，分离因子 $\alpha=1.08$ 的峰对，在毛细管柱实现完全分离仅需 0.3s，而在填充柱却需要 30s。

在实际使用中，对填充柱，固定相粒子的最大粒径 $d_p \approx 300\mu m$，涂渍固定液的最低涂渍量为 1%。对毛细管柱，最低柱半径 $r_o \approx 75\mu m$，最低液膜厚度 $d_f \approx 0.05\mu m$。

第三节　液相色谱柱的设计

液相色谱柱主要使用填充全多孔粒子（TPP）和表面多孔粒子（SPP）硅胶的填充柱，以及经聚合、交联制备的整体柱，近来毛细管柱的应用也不断增加。[3,4]

液相色谱柱的设计完全相似于气相色谱柱的设计。

一、色谱柱设计的理论基础——范第姆特方程式

范第姆特方程式的通用表达式为：$H = A + \dfrac{B}{u} + Cu$

全多孔粒子（TPP）填充柱、表面多孔粒子（SPP）填充柱和整体柱的范第姆特方程式的完整表达式，可参见第四章（第三节高效液相色谱过程动力学）。

对毛细管柱，已由高莱（Golay）提出 HETP 表达式，如下表述：

$$H = \frac{2D_m}{u} + \frac{1+6k+11k^2}{24(1+k)^2} \times \frac{r_o^2}{D_m}u + \frac{k^3}{6(1+k)^2 K^2} \times \frac{r_o^2}{D_1}u$$

式中，D_m 为溶质在流动相的扩散系数；k 为溶质的容量因子；r_o 为毛细管柱的半径；D_1 为溶质在固定相的扩散系数；u 为流动相的线速度。

高莱方程式通用表达式为：$H = \dfrac{B}{u} + (C_m + C_s)u = \dfrac{B}{u} + Cu$

式中，B、$C(C_m + C_s)$ 值分别为

$$B = 2D_m$$

$$C_m = \frac{1+6k+11k^2}{24(1+k)^2} \times \frac{r_o^2}{D_m};\ C_s = \frac{k^3}{6(1+k)^2 K^2} \times \frac{r_o^2}{D_1}$$

$$C = C_m + C_s = \frac{1+6k+11k^2}{24(1+k)^2} \times \frac{r_o^2}{D_m} + \frac{k^3}{6(1+k)^2 K^2} \times \frac{r_o^2}{D_1}$$

通用表达式对 u 进行微分：$-\dfrac{B}{u^2} + C = 0$

可导出：$u_{opt} = \sqrt{\dfrac{B}{C}}$，$H_{min} = 2\sqrt{BC}$

二、计算被分离溶质在设计色谱柱上特性参数的关键方程式

最难分离溶质峰对，由设定的分离因子，在色谱柱实现完全分离时，计算色谱柱特征参数的关键方程式如下。

1. 实现完全分离时，色谱柱应具有的理论塔板数 n

$$n = \left[\frac{4(1+k_1)}{k_1(\alpha-1)^2}\right]^2$$

式中，n 为实现难分离溶质完全分离时，色谱柱具有的理论塔板数；α 为难分离溶质峰对的分离因子；k_1 为难分离溶质峰对中首先被洗脱溶质的容量因子。

2. 实现完全分离时，色谱柱应具有的柱长 L；最佳的洗脱时间 t；色谱柱的柱半径 r_o；溶质的容量因子 k；固定相（或毛细管柱）的液膜厚度 d_f

（1）$L = nH$

对填充柱：$L = n(A + \dfrac{B}{u} + Cu)$；$L = \dfrac{k_o \Delta p \, d_p^2}{\eta u}$

式中，k_o 为色谱柱的比渗透系数；Δp 为色谱柱的压力降；d_p 为固定相的粒径；η 为流动相的黏度；u 为柱出口的线速度。

对毛细管柱：$L = n(\dfrac{B}{u} + Cu)$；$L = \dfrac{\pi r_o^2 \Delta p}{4 \eta u_{opt}} = N H_{min}$

式中，r_o 为毛细管柱的半径；Δp、η 同前；u_{opt} 为柱出口的最佳线速度。

（2）$t = (1 + k_e)\dfrac{L}{u}$，$k_e$ 为最后洗脱溶质分子的容量因子。

对填充柱的最佳洗脱时间为：

$$t_{opt} = (1 + k_e)\dfrac{n H_{min}}{u_{opt}}$$

对毛细管柱的最佳洗脱时间为：

$$t_{opt} = (1 + k_e)\dfrac{n H_{min}}{u_{opt}} = (1 + k_e)\dfrac{n \times 2\sqrt{BC}}{\sqrt{B/C}} = 2nC(1 + k_e)$$

（3）色谱柱的柱半径 r_o

对填充柱：$r_o = \sqrt{\dfrac{V_c}{\pi L}}$，$V_c$ 为柱体积，L 为柱长

对毛细管柱：$r_o = \sqrt{\dfrac{16 n D_m \eta}{\pi \Delta p}} = \dfrac{16}{k}\dfrac{(1+k)}{(\alpha-1)}\sqrt{\dfrac{D_m \eta}{\pi \Delta p}}$

式中，D_m 为流动相的扩散系数；η 为流动相的黏度；Δp 为色谱柱的压力降。

（4）溶质的容量因子 k

对填充柱：$k = \dfrac{KgAd_f}{\pi R^2 - g/\rho}$

对毛细管柱：$k = \dfrac{K}{\beta}$，$\beta = \dfrac{V_m}{V_L} = \dfrac{\pi r_o^2 L}{2\pi r_o L d_f} = \dfrac{r_o}{2d_f}$

$$k = K\dfrac{2d_f}{r_o}$$

式中，K 为溶质的分配系数；g 为色谱柱的密度，g（质量）/cm（柱长）；A 为载体的比表面积；d_f 为固定液的液膜厚度；R 为填充柱的半径；ρ 为载体密度；r_o 为

毛细管柱的半径。

（5）固定相（或毛细管柱）的液膜厚度

对填充柱：$d_{f}=\dfrac{k(\pi R^{2}-g/\rho)}{KgA}$

对毛细管柱：$d_{f}=\dfrac{kKr_{0}}{2}$。

式中符号含义同前。

三、各种柱参数的相互关联

1. 填充柱

在高效液相色谱分析中，为获得高柱效，在填充柱中装填 TPP 固定相的粒度愈来愈小，已从 $10\mu m$ 降低至 $5\mu m$、$3.5\mu m$、$2.7\mu m$ 及 $1.7\mu m$，与此对应的柱前压也从 40MPa 增至 60MPa，再增加至 110MPa。特别是超高效液相色谱（UHPLC：$1.7\mu m$ TPP、柱前压达 110MPa）的出现，已使液相色谱发展到崭新的高度。

（1）H_{min}-d_p 图和 u_{opt}-d_p 图

对标准尺寸色谱柱，分别填充不同粒径的 TPP 粒子：$100mm\times2.1mm$（$1.7\mu m$）；$100mm\times3.0mm$（$2.7\mu m$ 或 $3.5\mu m$）；$100mm\times4.6mm$（$5.0\mu m$ 或 $10.0\mu m$）。分别测定每个色谱柱的最低理论塔板高度 H_{min} 和最佳线速 u_{opt}，然后绘制 H_{min}-d_p 图和 u_{opt}-d_p 图，如图 6-10 所示。

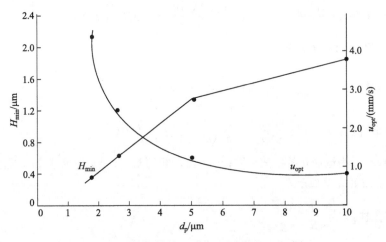

图 6-10　填充柱的 H_{min}-d_p 图和 u_{opt}-d_p 图

（2）分析时间 t-分离因子 α 图

在高效液相色谱发展早期，由于高压输液泵仅能提供 40MPa（6000psi）的柱前压，当用 $3\mu m$、$5\mu m$、$10\mu m$ TPP 填充柱分离难分离溶质峰对时，可获得分析时间 t-难分离溶质峰对分离因子 α 图，如图 6-11 所示。

由图可看到，固定相粒径对分析时间的影响：

3μm 粒子对 α 小至 1.03 的难分离溶质峰对，提供最短的分析时间。

5μm 粒子对 α 在 1.02～1.03 的难分离溶质峰对，提供最短的分析时间。

10μm 粒子对 α 在 1.01～1.02 的难分离溶质峰对，提供最短的分析时间。

由上述可知，更难分离溶质峰对使用较大颗粒固定相，将获得最低分析时间。此结论与色谱工作者通常认为的"使用小颗粒固定相，可获高柱效，因而可实现对最难分离溶质峰对的分离"是有矛盾的，这是由于液相色谱仪仅提供 40MPa 柱前压的仪器约束所造成的。因为对 3μm 或更小粒径的填充柱，若实现对 α=1.01 难分离溶质峰对的分离，需提供比 40MPa 更高的柱前压。

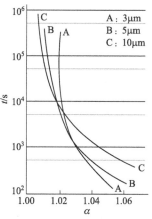

图 6-11　用不同粒径粒子填充柱的分析时间 t-分离因子 α 图

（3）对 $d_{p(opt)}$ 填充柱的 t-α 图和 L-α 图

当向填充柱施加不同的柱前压时，分析时间 t-难分离溶质峰对分离因子 α 图以及填充柱柱长 L-难分离溶质峰对分离因子 α 图，如图 6-12 所示。

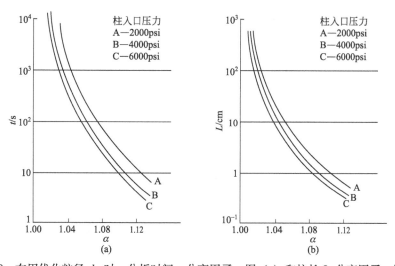

图 6-12　在用优化粒径 d_p 时，分析时间 t-分离因子 α 图（a）和柱长 L-分离因子 α 图（b）

由 t-α 图可以看到，当 α 值较小时，需较长的分析时间，当 α 增大时，所需分析时间会缩短。

由 L-α 图可以看到，当 α 值较小时，需较长的色谱柱，当 α 增大时，所需柱长会逐渐缩短。

图 6-12 建立的条件是色谱柱用优化粒径粒子 $d_{p(opt)}$ 填充，$d_{p(opt)}$ 可按下式计算：

$$d_{p(opt)} = \left\{ \frac{2\eta n D_m}{k_o \Delta p} \left[\lambda \left(\frac{2\gamma}{f(k)} \right)^{1/2} + 2\gamma \right] \right\}^{1/2}$$

式中，k_o 为色谱柱的比渗透系数；λ 为柱填充的不均匀因子；γ 为阻碍因子；k 为容量因子。

(4) 填充柱的峰容量 φ、柱半径 r、溶剂消耗量 V-分离因子 α 图

一个填充柱的峰容量是被分离的溶质峰的总数。峰容量 φ 可按下式计算：

$$\varphi = \lg\left[1 - \left(\frac{\sqrt{n}}{4} \times \frac{k}{1+k} + 0.5 \right)(1-p') \right] / \lg p'$$

其中 $p' = \dfrac{n - 2\sqrt{n}}{n + 2\sqrt{n}}$。

填充柱的柱半径 r 可按下式计算：

$$r = \sqrt{0.09\sigma_A(\alpha - 1)/d_p}$$

式中，σ_A 为仪器峰形扩展的标准偏差。

每次分析的溶剂消耗量 V 可按下式计算：

$$V = \pi r^2 L \varepsilon (1 + k_e)$$

式中，r 为柱半径；L 为柱长；ε 为流动相体积对总柱体积的比值；k_e 为最后洗脱出溶质的容量因子。

图 6-13 分别表达了峰容量 φ-分离因子 α 图，柱半径 r-分离因子 α 图和溶剂消耗量 V-分离因子 α 图。

在 φ-α 图中，峰容量 φ 在分离因子 α 值最小时呈现最大值，表示此时色谱柱柱效最高。由峰容量计算式也可看到柱效 N 愈大，峰容量 φ 也愈大。对一个优化的色谱柱，当 $\alpha =$ 1.12 时，峰容量也约为 20。

在 r-α 图中，柱半径 r 与分离因子 α 呈现线性关系。对 $\alpha = 1.01$ 峰对，色谱柱半径在 0.2～3mm 是有实用意义的。

在 V-α 图中，显示溶剂消耗量 V 会随难分离溶质峰对 α 值减小而增加，当 $\alpha < 1.04$ 时，溶剂消耗量会快速增加。

对常规 HPLC 填充柱，对难分离溶质峰对进行分离，要求柱效为 15000～20000 板/m，柱半径为 1.5～2.3mm，柱长为 10～15cm，填充固定相粒径 $d_p \approx 2.7\mu m$，流动相流速为 0.9～1.0mL/min，平均线速度为 0.25cm/s，柱前压为 7～10MPa。

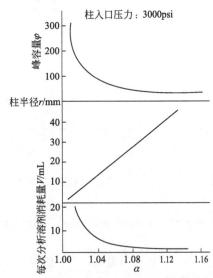

图 6-13　用优化粒径粒子填充柱的峰容量 φ-分离因子 α 图；柱半径 r-分离因子 α 图；溶剂消耗量 V-分离因子 α 图

2.毛细管柱

在液相色谱分析中，使用毛细管柱会比填充柱具有更好的渗透性，但由于柱中涂渍或键合的固定液膜厚度很薄，它能承受的样品容量低，如构成毛细管柱液相色谱仪，需要很小体积的进样阀，检测池的体积也要大幅度降低，因而，从减少柱外效应考虑，对组成此种仪器的实用要求非常苛刻，至今仍有不少难题未获得解决。

在 1984～1992 年，R. P. W. Scott 对 LC 中使用毛细管柱，进行了基础研究，先后提出了计算毛细管柱理论板高 H、柱长 L、柱半径 r_0、固定相液膜厚度 d_f 和实现分离所需的最低分析时间 t_{min} 的方法。

当毛细管柱入口压力 $\Delta p = 1000$ psi，流动相的黏度 $\eta = 0.00397$ P，溶质在流动相的扩散系数 $D_m = 2.5 \times 10^{-5}$ cm^2/s，对不同柱半径 r_0 的毛细管柱，它可达到的最大柱效（理论板数 n）如表 6-1 所示。

表 6-1　对不同柱半径毛细管柱可达到的最大柱效

毛细管柱的柱半径 r_0/μm	毛细管柱效率（理论板数 n）
1	2.17×10^5
10	2.17×10^7
100	2.17×10^9

在上述毛细管入口压力、流动相黏度和溶质在流动相的扩散系数条件下，溶质的优化容量因子 $k = 2.7$，当难分离溶质峰对的第一个溶质的分配系数（K）分别为 50、250、500 时，对分离因子分别为 $1.01 \sim 1.10$，对应优化的毛细管柱半径 r_0 和固定液优化液膜厚度 d_f，如表 6-2 所示。

表 6-2　对 $k = 2.7$，分离因子为 $1.01 \sim 1.10$，对应优化的 r_0 和 d_f

优化溶质的容量因子 k	分离因子 α	优化毛细管柱的半径 r_0/μm	固定液的优化液膜厚度 d_f/10^{-6}cm		
			$K=50$	$K=250$	$K=500$
2.7	1.01	1.175	3.175	0.635	0.318
2.7	1.02	0.588	1.588	0.318	0.159
2.7	1.03	0.392	1.058	0.217	0.106
2.7	1.04	0.294	0.794	0.159	0.079
2.7	1.05	0.235	0.635	0.126	0.064
2.7	1.06	0.196	0.520	0.106	0.053
2.7	1.07	0.167	0.454	0.091	0.045
2.7	1.08	0.147	0.397	0.079	0.040
2.7	1.09	0.131	0.353	0.071	0.035
2.7	1.10	0.118	0.318	0.064	0.032

第四节　色谱柱设计的应用实例

一、指数程序涂渍色谱柱[5,6]

在气-液色谱分析中填充柱的制备一直沿用前述的经典填充柱的制备方法，直至20 世纪 60 年代 C. E. Meloan 提出固定液的涂渍浓度按指数程序变化的涂渍技术。其将色谱柱分成若干等距离段，使用同一粒度范围的载体，从柱头至柱尾在不同距离段中，载体涂渍固定液的浓度按指数程序增加，并计算了此指数程序涂渍柱的保留时间、柱效和分离度。但因其制备方法复杂，提出后未受到广泛注意。20 世纪 80 年代中期云希勤等重新对指数程序涂渍柱进行了研究，并提出了双指数程序涂渍柱技术。其沿用 Meloan 方法，除固定液的涂渍浓度按指数程序增加外，还将从柱头至柱尾分成几段的长度也按指数程序变化，但在每个柱段都使用同一粒度范围（60/80 目）的载体，并提出对双指数柱的程序效应值 y 的计算方法。

于世林等在前人工作的基础上提出了"新型双指数程序涂渍填充柱"的制备方法，即除固定液涂渍浓度，各段柱长皆按指数程序改变外，还改变了每段柱长内使用载体的目数，具体制备方法如表 6-3 所示。

表 6-3　新型双指数程序涂渍填充柱的组成

柱参数　　　　　指数程序	柱长 L＝200 cm，柱内径 ϕ＝4 mm			
	l_1	l_2	l_3	l_4
固定液涂渍浓度 $w/\%$（$w＝A^m$，$A＝1.5$；$m＝5,6,7,8$）	7. 6	11. 4	17. 1	25. 6
固定相装填长度 l_i/cm（$l_i＝B^n$，$B＝2.2$；$n＝6,5,4,3$）	113.4	51. 5	23. 4	10. 7
柱中各段使用的载体粒度/目	60 ～80	80～100	100～120	120～140

注：固定液为 PEG-20M，载体为上试 101 白色酸洗载体。

利用本法分四段制备的 2m 不锈钢柱或玻璃柱，每段应填充的固定相体积 V 为：

$$V＝\pi r^2 l_i$$

式中，r 为柱内半径，cm；l_i 为柱长，cm。

装填固定相时，先填充 l_1 段，再顺序填充 l_2、l_3 和 l_4 段，固定相填满后，将柱转向 180°，再使 l_4 末端连接真空泵，重新抽真空，若 l_1 始端出现空隙可补加少量 l_1 段应填充的固定相。柱填充完毕将 l_1 始端连接气化室，l_4 末端连接检测器，老化后即可使用。此填充柱末端填充了 120～140 目的固定相，因此柱前压力较高，约 0.3MPa，普通气相色谱仪的载气柱前压力表示值小于 0.3MPa，应更换示值高于 0.3MPa的压力表。

使用上述新型双指数程序涂渍填充柱，于柱温 120℃及最佳流速下，测得理论塔板数大于 2500 的高柱效，远高于一般经典填充柱，并实现对叔丁醇、仲丁醇、异丁醇和正丁醇混合物的分离。其分离度比经典填充柱高 3～4 倍。

为了阐明新型双指数程序涂渍填充柱的优良性能，又制备了另外四种填充柱，表6-4 列出 5 种填充柱的制备方法。

表 6-4　用不同方法制备的 5 种色谱柱（固定液：PEG-20M）

柱名称	ϕ4mm×2m 不锈钢填充柱制备条件				
1.新型双指数程序涂渍柱	载体粒度/目数	60～80	80～100	100～120	120～140
	固定液涂渍浓度/%	7.6	11.4	17.1	25.6
	装填长度/cm	113.4	51.5	23.4	10.7
2.双指数程序涂渍柱	载体粒度/目数	60～80			
	固定液涂渍浓度/%	7.6	11.4	17.1	25.6
	装填长度/cm	113.4	51.5	23.4	10.7
3.单指数程序涂渍柱	载体粒度/目数	60～80			
	固定液涂渍浓度/%	7.6	11.4	17.1	25.6
	装填长度/cm	50	50	50	50
4.平均浓度涂渍柱	载体粒度/目数	60～80			
	固定液涂渍浓度/%	15			
	装填长度/cm	200			
5.混合涂渍柱	载体粒度/目数	60～80	80～100	100～120	120～140
	固定液涂渍浓度/%	7.6	11.4	17.1	25.6
	装填长度/cm	将 4 种不同粒度不同涂渍浓度的固定相充分混匀后装入200cm 柱中			

对每种填充柱绘制出范第姆特曲线，如图 6-14 所示。

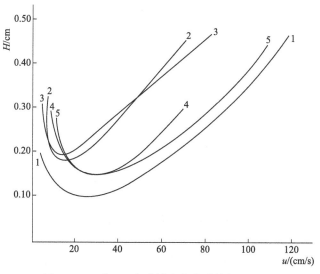

图 6-14　5 种 GC 色谱填充柱的范第姆特曲线

由图 6-14 可知，用不同方法制备的 5 种色谱柱中，以 1 号柱，即新型双指数程序涂渍柱的柱效最高，此种填充柱获得高柱效的原因如下：

① 本柱虽由几种不同粒度的载体填充，但因填充长度是按指数程序有序排列，且粒度大（目数小）的颗粒填充长度长，粒度小（目数大）的颗粒填充长度小，因而可近似认为在每个柱段内产生的柱压力降接近相等，由涡流扩散项提供的塔板高度是相近的。尤其在柱出口处是用粒度最小的载体填充，可克服在经典填充柱中长期存在的，在柱出口 10%～20%柱长处由于阻力骤减，而引起柱效急剧下降的现象。

② 在经典填充柱中，当固定液涂渍浓度确定后，载体表面的液膜厚度一定。对单或双指数程序涂渍柱，由于使用了相同粒度的载体，当固定液涂渍浓度以指数程序增加时，会使载体颗粒表面涂渍的固定液液膜厚度增加，从而增大了液相传质阻力，不利于提高柱效。本法提供的新型柱，其对表面积小的大颗粒载体涂渍低浓度固定液，对表面积大的小颗粒载体涂渍高浓度固定液，因此可使不同粒度载体表面涂渍的固定液液膜厚度相接近，保持液相传质阻力相接近，因而能获得高柱效。

综上所述，本法提供的新型双指数程序涂渍填充柱的制备方法，为制备高效填充色谱柱提供了新的途径。

二、快速和超快速气相色谱柱[7~9]

毛细管柱的范第姆特方程式为：

$$H = \frac{B}{u} + Cu = \frac{B}{u} + (C_G + C_L)u$$

当毛细管柱内壁涂渍固定液的液膜厚度 $d_f < 0.5\mu m$ 时，可以忽略液相传质阻力项 C_L，而仅考虑气相传质阻力项 C_G：

$$H = \frac{B}{u} + C_G u$$

当毛细管柱达最高柱效时，其最低板高 H_{min} 为：

$$H_{min} = 2\sqrt{BC_G} = r_o\sqrt{\frac{1 + 6k + 11k^2}{(1+k)^2}}$$

由此式可看到，毛细管柱的柱效与其柱径（r_o）密切相关，当 r_o 愈小时，H_{min} 愈小，柱效 n 愈高。

为了提高毛细管柱的分离效率，在 1990～2005 年，色谱工作者采用微细柱径（μm 级）毛细管柱，开发了快速（fast）和超快速（ultrafast）气相色谱柱。

常规毛细管柱使用内径 0.25mm、0.32mm、0.53mm，柱长 15～60m 的毛细管柱，采用程序升温速率：1～20℃/min，可在 15～90min 完成分析。

快速毛细管柱，使用内径约 100μm，柱长 10m 的毛细管柱，程序升温速率 40～60℃/min，可在 10min 内完成分析，分析速度比常规毛细管柱快 5～10 倍。

超快速毛细管柱，使用内径稍大于 100μm，柱长<10m 的毛细管柱，使用专门设计的直接加热和快速降温的程序升温装置，升温速率达 60～200℃/min（最高可达

1000℃/min），并可在 30～90s 快速降温，可在 1～2min 完成分析，采用 H₂ 作载气以降低柱入口压力；分析速度比常规毛细管柱快 10～20 倍。

上述三种毛细管色谱柱的工作条件和性能见表 6-5。

表 6-5　三种毛细管柱的工作条件和性能

工作参数和性能	常规毛细管柱	快速毛细管柱	超快速毛细管柱
柱长/m	15～60	10	5～10
柱内径/mm	0.25,0.32,0.53	0.1～0.15	0.1～0.12
载气	He	H_2	H_2
平均载气线速/(cm/s)	25～30	50～60	60～120
柱压力降 Δp/psi(g)①	10～20	15～17	20～25
载气流速/(mL/min)	1～2	0.5～1.0	0.4～0.6
程序升温速率/(℃/min)	1～20	20～60	60～1000
分析时间/min	≫10	5～10	0.5～2.5
色谱峰宽 W_b/mm	≥2	0.5～2	0.1～0.5
柱效(n)	$2\times10^3\sim2\times10^4$	$5\times10^4\sim2\times10^5$	$2\times10^5\sim5\times10^5$

① 1psi＝6894.76 Pa。

图 6-15 为 $C_{11}\sim C_{40}$ 正构烷烃的快速毛细管柱（0.08mm 内径，10m 长）分析，分析时间仅为 11.05min，而用常规毛细管柱（0.22mm 内径，25m 长）就需 72.44min，因而使用快速毛细管柱，分析时间缩短了 5/6。

图 6-16 为摩托车燃料油分析，使用常规毛细管柱分析需 35min，使用超快速毛细管柱分析仅需 120～150s，分析速度提高了 14～16 倍。

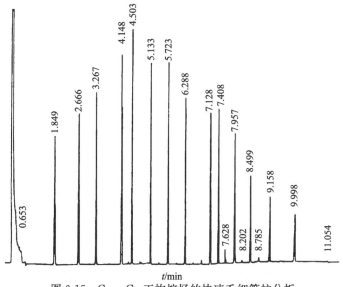

图 6-15　$C_{11}\sim C_{40}$ 正构烷烃的快速毛细管柱分析

（常规毛细管柱分析需 72.44min）

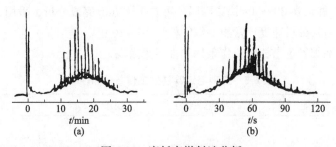

图 6-16　摩托车燃料油分析
（a）常规毛细管柱分析需 35min；（b）超快速毛细管柱分析需 120s

三、超高效液相色谱中的亚-2μm 填充柱[10~13]

在超高效液相色谱（UPLC）［或称超高压液相色谱（UHPLC）］中，已广泛使用亚-2μm 的全多孔粒子（TPP）或表面多孔粒子（SPP）的填充柱。

在高效液相色谱的速率理论中，范第姆特方程式的简化表达式为：

$$H = A + \frac{B}{u} + Cu$$

如仅考虑固定相粒度 d_p 对 H 的影响，此简化式可表达为：

$$H = a\, d_p + \frac{b}{u} + cd_p^2 u$$

用粒度分别为 10μm、5μm、3.5μm、2.5μm 和 1.7μm 的全多孔粒子填充的色谱柱，对同一实验溶质来测定各个柱的 H-u 曲线，如图 6-17 所示。

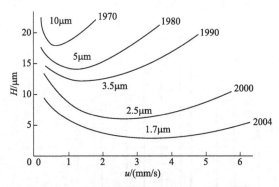

图 6-17　对应不同粒度（d_p）的 H-u 曲线

此图表达了 HPLC 技术从 20 世纪 70 年代至 2004 年取得的快速进展。

特别是在 2003 年后，Waters 公司利用"杂化颗粒技术"成功制造了由四乙氧基硅烷（TEOS）与双(三乙氧基硅)乙烷（BTEE）进行杂化交联的 1.7μm 球形的全多孔 UPLC 反相固定相，耐压超过 140MPa（20000psi），装填进 2.1mm×100mm 的色谱柱，柱效可达每米 20 万块理论板数，从而实现超高效的液相色谱分离。

1. UPLC 对柱管材料的要求

当色谱柱填充亚-2μm 的球形粒子后，流动相在高线速下运行，可在短时间内产生高柱效，此时柱入口压力可达 1.0～1.5kPa，它对柱管产生的应力及对柱管实际尺寸变化的影响必须考虑，以保证色谱柱管的安全使用。

表 6-6 列出了 UPLC 中使用的不锈钢管（SS-1～SS-4）和硅胶管（SC-1、SC-2）的几何尺寸。

表 6-6　UPLC 中使用的不锈钢管和硅胶管的几何尺寸

管型号	内部对应的平均压力 p_s/MPa	柱长 L/mm	内半径 r_i/mm	外半径 r_e/mm	平均半径 r_m/mm	厚度 t/mm	r_m/t
SS-1	100	100	0.50	1.00	0.75	0.50	1.5
SS-2	100	100	2.30	3.15	2.73	0.85	3.2
SS-3	100	100	0.50	1.05	0.78	0.55	1.4
SS-4	100	100	2.69	3.18	2.93	0.48	6.1
SC-1	450	500	0.02	0.18	0.10	0.17	0.6
SC-2	680	500	0.05	0.18	0.12	0.13	0.9

表 6-7 列出了上述管材的性质。

表 6-7　UPLC 中使用的不锈钢管和硅胶管的性质

管型号	材　料	弹性模数 /GPa	泊松(Poisson's)比值(μ)	拉力强度 /MPa	耐压强度 /MPa
SS-1、2、3、4	不锈钢	210	0.33	942	942
SC-1、2	硅胶	73	0.17	4826	N/A

2. UPLC 仪器减少柱外效应的措施

2004 年 Waters 公司生产的 ACQUITY UPLC 系统可耐压 15000～20000psi（1000～1400bar），为保证高柱效，采取了多种措施来减少柱外效应引起的色谱峰形的扩张。表 6-8 列出了 UPLC 和 HPLC 仪器在减少柱外效应方面，采取措施的比较。

一根高性能的微粒填充柱，必须安装在与它匹配的仪器中，才能产生高效分离性能的效果。

3. UPLC 柱提供分离度、分析速度和灵敏度的效果

在液相色谱中计算柱效的近似表达式为：

$$n = \frac{L}{2d_p}$$

式中，L 为柱长，mm；d_p 为固定相粒度，μm。当色谱柱中固定相的粒度由 10μm 减小到 5μm、3.5μm、2.7μm 和 1.7μm 时，对 100mm 色谱柱（内径 2.1mm），

表 6-8　UPLC 和 HPLC 仪器减少柱外效应措施的比较

比较项目	UPLC(或 UHPLC)	HPLC
色谱柱压力降 Δp	12800psi(880bar)	5400psi(370bar)
UV 检测池体积 V	0.5~1.0 μL	7~10μL
部件间连接管内径 r	0.005~0.0025in (0.125~0.0625mm)	0.010~0.007in (0.250~0.175mm)
柱入口过滤片孔径	对<2μm 粒子:0.2μm	对 5μm 粒子:2.0μm 对 3μm 粒子:0.5μm
用于样品过滤片孔径	0.2μm	0.5μm
摩擦热(柱进、出口)	d_p<2μm,入口为 70℃,出口为 90℃	d_p=3~5μm;入口和出口均为 70℃
柱外效应产生的 仪器系统总变度	σ_{EC}^2<10μL^2	σ_{EC}^2>50μL^2
柱效 n	n≥200000	n≥10000~50000
分析时间 t	t<5min	t=5~60min

注:1psi=6894.76 Pa,1bar=10^5 Pa。

其柱效的理论塔板数 n 就由 5000 增大至 10000、14286、18518 和 29400。容量因子 $k\approx4$ 的难分离溶质峰对的分离度 R 由 0.8 增大到 1.2、2.0、2.3 和 2.7。

当固定相粒度由 10μm 减小到 1.7μm,粒度减少了 5/6,但此时色谱柱的压力降 Δp 却增大了 36 倍。对样品的分析速度提高了 6~10 倍,分析检测由于使用池体积仅为 500nL 的检测池,检测灵敏度提高了 2~4 倍[14]。

4. 表面多孔粒子的出现[15~17]

2008 年 Kirkland 报道了使用 2.7μm 的表面多孔粒子(SPP),其具有 1.7μm 的固体 SiO$_2$ 核和 0.5μm 的多孔薄壳,孔径 9nm,来取代亚-2μm 的全多孔粒子(TPP),在 50mm×4.6mm 色谱柱实现了和亚-2μm 全多孔粒子相近的柱效,但柱压力降仅为全多孔柱的 $\frac{1}{3}$~$\frac{1}{2}$。这就为用压力限为 600 bar 的快速高效液相色谱仪,来实现相当于 UPLC 效能的高效分离提供了有力的支撑。

使用表面多孔粒子(或称核-壳粒子)实现高效分离的突破是在 2013 年,Phenomenex 公司生产了 1.3μm Kinetex C$_{18}$ SPP 粒子(核为 0.9μm,壳为 0.2μm,核径与粒径的比值 ρ=0.69);Waters 公司生产了 1.6μm Cortecs C$_{18}$ SPP 粒子(核为 1.1μm,壳为 0.25μm,ρ=0.70),它们分别填充在 50mm×2.1mm 和 100mm×2.1mm 色谱柱中,综合 2009~2013 年文献发表的数据,其提供的最低理论塔板高度 H_{min},对 1.3μm Kinetex C$_{18}$ 柱为 H_{min}=2.2μm,对 1.6μm Cortecs C$_{18}$ 柱为 H_{min}=3.0μm。

上述两种 SPP 粒子填充柱的性能比较,如表 6-9 所示。

表 6-9　两种 SPP 粒子填充柱的性能比较

参数	1.3μm Kinetex C_{18}	1.6μm Cortecs C_{18}
柱压力降 Δp	1000 bar	1200 bar
渗透率 K_V	1.7×10^{-11} cm^2	3.5×10^{-11} cm^2
适用性	峰容量<250,超快速分析	峰容量>300,高效率分析
柱理论板数 n	>400000	>300000

注:色谱柱:100mm×2.1mm。

研究已表明，SPP 粒子的动力学优点是使涡流扩散（A 项）和纵向扩散（B 项）效应降低，而不是传质阻力（C 项）效应降低。它在色谱分离的选择性、样品负载容量、峰形对称性等性能上，都已达到和 TPP 粒子相媲美的程度。可以期望在 HPLC 中 SPP 的使用会连续增加，并达到以前被 TPP 粒子占据主导地位的程度。

四、高效液相色谱中的整体柱[18~21]

色谱柱的分离能力，通常用范第姆特方程式的理论塔板高度 H 表达：

$$H = A + \frac{B}{u} + Cu$$

除此之外，knox 等又提出用"分离阻抗"（separation impedance）E 来评价色谱柱的分离性能，E 可表达为：

$$E = \frac{t_M \Delta p}{n^2 \eta}$$

式中，t_M 为死时间；Δp 为柱压力降；n 为理论塔板数；η 为流动相的黏度。

分离阻抗 E 除包括描述柱效的参数 n 外，还表达了色谱柱的渗透性与 Δp 和 η 的关联。由理论塔板高度 H（$H = \frac{L}{n}$）、折合理论塔板高度 h（$h = \frac{H}{d_p}$）、柱渗透率 K_F（$K_F = \frac{u\eta L}{\Delta p}$）、柱阻抗因子 φ（$\varphi = \frac{\Delta p \, d_p^2}{u\eta L} = \frac{d_p^2}{K_F}$），可导出 E 和 H、h、K_F、φ 的关系式：

$$E = \frac{H^2}{K_F} = h^2 \varphi$$

由上式可看出，用分离阻抗 E 来评价色谱柱的分离性能，比仅用 H 或 h 表达更完善，它不仅表达了固定相粒度对色谱柱分离性能的影响，还表达了色谱柱用固定相填充后，色谱柱的渗透性对分离性能的影响。

由此可知，要制备一根具有高效分离的色谱柱，不仅可采用粒度很小的固定相来提高柱效，还可通过改善色谱的渗透性来获得更高的分离效率。因此制备的色谱柱，其柱渗透率 K_F 愈大，柱阻抗因子愈小，就可获得愈小的 E 值。

在高效液相色谱中，使用的常规微粒填充柱，其柱渗透率 $K_F = 4 \times 10^{-14} \, m^2$ 柱分离阻抗 $E \geqslant 2000$（$d_p \approx 5 \sim 10 \mu m$）。

　　使用小颗粒填料会导致色谱柱压力降升高，由于常规高效液相色谱仪输液泵的操作压力已限定在 40MPa，因此当欲使用 $1\sim3\mu m$ 填料时，只能使用 $3\sim5cm$ 的短色谱柱，这样通过调节柱长，而使所希望的柱效和柱压力降之间的矛盾得到解决，但此时只能使用较低的流速来实现高效分离。

　　为了克服柱压力降和小粒径填料之间的矛盾，在 2000 年前后，色谱工作者研制了具有高渗透性的整体柱，它可降低柱压力降，并促进传质扩散。

　　整体色谱柱不同于微粒填充柱，它是由一整块固体构成的柱子，具有相互连接的骨架和多孔凝胶，一个整体柱具有小尺寸的骨架和大的流通孔，具有大的流通孔尺寸/骨架尺寸的比值，从而缩短了溶质在整体柱的扩散途径，并减小了柱的阻抗因子 φ，大大增加了柱渗透率 K_F，这种特性是微粒填充柱不可能具有的。

　　整体色谱柱通常由有机聚合物凝胶或无机硅胶凝胶组成。

　　现已制备出第二代整体柱，对聚合物整体柱，柱效已达 100000 板/m，对硅胶整体柱，柱效已达 $150000\sim200000$ 板/m。

　　对硅胶整体柱，其柱渗透率 $K_F=4\times10^{-3}m^2$，柱分离阻抗 $E=50\sim100$。

　　由上述可知，整体柱是通过改善色谱柱的渗透性，来提高色谱柱的分离性能，并可在低柱压力降下实现高效分离。

参 考 文 献

[1] Katz E D, Ogan K L, Scott R P W. J Chromatogr, 1984, 289: 65-83.

[2] Katz E D, Ogan K L, Scott R P W. The Science of Chromatography. Edited by Fabrizic Bruner, 1985: 403-434.

[3] Scott R P W. J Chromatogr, 1990, 517: 297-304.

[4] Scott R P W. Liquid Chromatography Column Theory. John Wiley & Sons, 1992.

[5] 于世林, 历新, 李京春. 第七次全国色谱学术报告会文集（上）. 北京, 1989: 89.

[6] 许鸿生, 洪辉. 色谱, 1994, 12 (4): 254-258.

[7] Enyeuwold W, Ettre L S. LC-GC Europe, 2004, 17 (9): 472-475.

[8] James P. LC-GC, The Column, 2017, 13 (4): 12-15.

[9] Sacks R, Smith H, Nowak M. Analytical Chemistry News & Features, 1998 (1): 29A-37A.

[10] Majors R E. Recent Development in LC Column Technology, 2003 (6): 8-13.

[11] Chen F, Drumm E C, Guiochen G. J Chromatogr A, 2005, 1083: 68-79.

[12] Dolan J W. LC-GC Europe, 2010, 23 (10): 524-530.

[13] Novlan Ⅲ D T, Best J W, Henry R A, et al. LC-GC Special Issues, 2013, 31 (4): 28-37.

[14] Dong M W. LC-GC North America, 2017, 35 (6): 374-381.

[15] Grumbach E S, Wheat T E, Kele M, et al. Separation Science Related, 2005 (6): 37-43.

[16] De Stefano J J, Langlois T J, Kirkland J J. J Chromatog Sci, 2008, 46 (3): 254-260.

[17] Dong M W, Fekete S, Guillarme D. LC-GC North America, 2014 (6): 420-423.

[18] Gritti F, Guiochon G. J Chromatogr A, 2014, 1333: 60-69.

[19] Janaka N, Kobayashi H, Nakanishi K, et al. Anal Chem, 2001, Aug 1: 421A-429A.

[20] Cabrera K. LC-GC Special Issues, 2012, Apr 1.

[21] Urban J, Janodera P. LC-GC Europe, 2014 (1): 284-295.